光电变换与检测技术

主　编　韩丽英　崔海霞

主　审　张　彤

编　委　杨中雨　郭丹伟　张　晶　赵　迎

　　　　张海馨　丁蕴丰　卢文昊

U0301345

国防工业出版社

·北京·

内 容 简 介

本书分为两大部分。第一部分(第1章~第5章)为光电信息变换内容,介绍有关光电器件的基本知识,各种光电探测器件、成像器件和热电探测器件的工作原理与特征,偏置电路及典型应用;介绍各种光电信息变换的方式、类型及其原理。第二部分(第6章~第12章)结合科研和生产的实际,介绍了辐射信号检测、零件尺寸检测、位移检测、光谱检测、光子计数技术、光纤传感技术及光电新技术等。

本书作为应用型教材在内容上反映了科研和生产的新技术,理论分析简洁,概念清晰,理论与实际密切相结合,有宜于应用型人才的培养。

本教材适用专业较广,可作为光信息科学与技术、电子科学与技术、光电子技术、光电信息工程、测控技术与仪器、科学电子与技术、电子信息与电气类专业教学用书,也可作为光电科技领域技术人员的参考书。

图书在版编目(CIP)数据

光电变换与检测技术/韩丽英,崔海霞主编. —北京:国防工业出版社,2015.2 重印
ISBN 978-7-118-07127-6

Ⅰ.①光… Ⅱ.①韩…②崔… Ⅲ.①光电子技术②光电检测 Ⅳ.①TN2

中国版本图书馆 CIP 数据核字(2010)第 220718 号

※

*国防工业出版社*出版发行
(北京市海淀区紫竹院南路 23 号 邮政编码 100048)
北京奥鑫印刷厂印刷
新华书店经售

*

开本 787×1092 1/16 印张 16 字数 368 千字
2015 年 2 月第 3 次印刷 印数 8001—10000 册 定价 36.00 元

(本书如有印装错误,我社负责调换)

国防书店:(010)88540777 发行邮购:(010)88540776
发行传真:(010)88540755 发行业务:(010)88540717

前　言

光电变换与检测技术是目前飞速发展的光电技术的重要组成部分,它是将传统光学技术、现代电子技术、精密机械及计算机技术有机结合,形成的一门光机电一体化的新技术,成为检取光信息或以光为媒介检取其他大量非电信息的重要手段。

随着光电技术的发展,新技术、新器件的不断涌现,它已深入到军事技术、空间技术、环境科学、天文学、生物医学及工农业生产的许多领域中,并得到广泛的应用。

本书是为满足应用型人才培养的教学需求,依据应用型人才培养的教学特点,为适应当前新技术的发展和"三个面向"对高校人才培养的需要而编著的。作者在编写《光电变换技术》、《光电检测技术》、《光电接收器件及其应用》和《光电成像器件及其应用》等教材的基础上,总结了多年的教学与科研经验,将《光电变换技术》和《光电检测技术》整合为《光电变换与检测技术》,使教材内容完整,体系紧凑,结构合理,同时减少了教学学时,符合教学改革精神。

作者在编著此书时,充分考虑到培养应用型人才的特点,在内容上尽量结合当今科技与生产的实际,力求做到理论联系实际,使全书内容新颖、有所创新、重点突出、注重应用。通过本教材的学习,让学生感受到课程的应用价值,提高学生的学习兴趣。实践可以证明《光电变换与检测技术》是一本培养应用型人才的好教材。

本书共分12章,主要内容包括绪论、光电信息变换的基本知识、光电探测器件、热电探测器件、光电成像器件、光电信息变换、辐射信号检测、零件尺寸检测、位移检测、光谱检测、光子计数技术、光纤传感技术、光电信息技术应用。

本书内容充实,涉及面广,可适合不同类型专业的教学用书。不同专业在选用本书时,可根据本专业的特点和面向,可以对本书的章节适当地选用。

本书由韩丽英、崔海霞主编,杨中雨、郭丹伟、张晶、赵迎、张海馨、丁蕴丰和卢文昊等人编著。具体写作分工如下:韩丽英编写前言、第1章、第2章和附录,崔海霞编写绪论和第4章,赵迎编写第3章,张海馨编写第4.1节和第5.3.5节,杨中雨编写第5章和第10章,郭丹伟编写第6章、第7章,张晶编写第8章,卢文昊编写第9章和第11章,丁蕴丰编写第12章。

本书由张彤教授主审,他对书稿进行了认真细致的审校,并提出了许多宝贵意见,在此表示衷心的感谢。本书在编写过程中参考了大量的国内外资料,特此对这些文献的作者表示感谢。本书在编写过程中还得到长春理工大学光电信息学院各级领导和相关部门的大力支持和帮助,在此向他们表示感谢。

由于作者水平有限,书中难免出现错误和不足,诚恳希望读者批评指正。

编　者
2010 年 9 月

目　录

绪　　论

1. 光电技术的内涵

光电信息变换与光电检测技术是光电技术的两个主要组成部分,可以统称为光电技术。光电技术是光学和电子技术相结合而产生的一门新科学,它是将光学信息转换成电信号,再利用电子技术进行检测、传递、存储、控制、计算和显示等。近年来,光电技术发展非常迅速,并已得到广泛应用。

目前,光电技术在精密计量、红外探测、宇宙航行、激光雷达、夜视、空中侦察、武器的制导、自动跟踪、光通信、图像信息处理和计算技术等方面都得到了广泛的应用。在工业生产中其优越性也更加显著,由于光电检测精度高、速度快,是一种非接触式的检测方法,所以适于生产过程中的自动检测和控制,如机床位移量的精确控制,生产过程中产品尺寸和外观的自动光电检测等。

在实际中所要检测、传递和控制的信息量往往都是非电量,如温度、照度、浓度、速度、长度、角度、粗糙度和图像信息等。工作时,首先要将这些信息量通过光学变换装置变为光学信息量,然后用光电器件将光学信息量变为电信号。电信号经前置放大器和电路处理后,便能实现对非电信息量的检测、传递、控制、计算和显示等。这种信息变换和电信号的检测便是光电技术的主要内容。

下面通过一个实例来介绍光电技术的主要内容。图0-1为直读式光学轴角测量仪结构原理图。

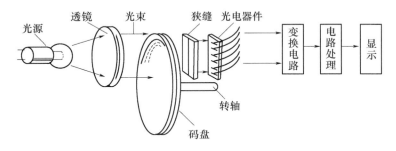

图0-1　直读式光学轴角测量仪结构原理图

闪光灯或白炽灯发出的光线,经过光学系统变为一束平行光射到码盘上。码盘由光学玻璃制成,上面刻有许多同心码道,每位码道上都按一定规律排列着许多透明和不透明的部分(亮区和暗区)。通过亮区的光线经狭缝后成一束很窄的光束照在光电器件上,光电器件通常采用硅光二极管组件。它们的排列与码道位置一一对应,一个码道对应一个光电器件。当转轴角度一定时,狭缝对应的码道位置也一定,对着亮区的光电器件有电信号输出,为"1"状态;对着暗区的光电器件无电信号输出,为"0"状态。所有光电器件输出的电信号的组合将代表按一定规律编码的数字量,即代表一定角度的代码。

光电器件输出的电信号经变换电路和电路处理后用数字显示角度。电路处理部分包括放大器、电子细分电路（量化细分）、比较器、存储器和译码器等。

由这个典型实例可画出一般光电测量装置的方框图，如图0－2所示。图中示出了主要组成部分和信息变换过程。

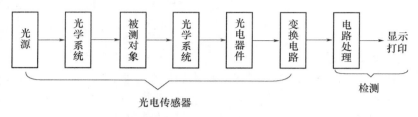

图0－2　光电装置方框图

一般将光源、光学系统、光电器件和变换电路称为光电传感器。光电传感器是完成光电信息转换的环节，它是以光为媒介，以光信息变换和光电效应为基础的传感器。

光是信息变换、处理和传递的媒介，所以光源是光电变换装置不可缺少的组成部分。光源发出的光通过光学系统一般被会聚为点光源或为一束平行光，入射到被检测的对象上，由对象反射或透射的光通量与被测对象的性质和状态有关，所以由被测对象反射或透射的光通量是一个光信息量。

光学系统还起信息变换作用，将与被测对象有关的光信息变为容易被检取和处理的光信息。被变换的光信息有模拟量和数字量两种形式，如图0－1中的码盘和狭缝为光学变换环节，将角度量变换为数字量（代码）。作为光信息变换的光学元件通常有透镜、反射镜、棱镜、光纤、狭缝、滤光片、调制器、偏振器、波片、光栅和码盘等。本书不讨论光学系统。

光电器件将光信息变为电信号（光电流或光电压），此过程称为光电转换。能够完成光电转换的器件的种类和型号很多。按照光电器件的工作原理分类有外光电效应和内光电效应。利用外光电效应的光电器件有真空光电管、真空摄像管、变像管和增强器等。内光电效应又分为光电导效应（如光敏电阻）和光生伏特效应（如半导体光电管和光电池）。按照光电器件的空间分辨能力分类有成像器件和非成像器件两种。

变换电路一般包括光电器件的偏置电路、负载和前置放大器。变换电路的作用是检取和放大光电信号。光电信号往往很弱，所以要进行前置放大，得到放大了的电信号便于下一步进行放大、传输和处理等。光电器件接入变换电路是很重要的一环，是整个变换技术的关键之一，变换电路性能的好坏直接影响电信号的质量。

电路处理是将电信号经过放大、整形、量化、单片机信号处理等，然后显示或打印。

2. 光电技术的特点

目前，光电技术的应用之所以非常广泛，主要由于它具有以下优点：

（1）光电传感器中的光电器件多为半导体器件，具有体积小、性能稳定、使用方便等特点，容易实现将非电量变换为电信号，可用电子技术进行信号处理。因此，光电技术也具有电子技术的六大功能，即检测、传递、存储、控制、计算和显示等，便于数字化和智能化。

（2）用于检测非电量时速度快、精度高。在光电变换过程中，信息量的变换是以光为

2

媒介,并以光量子数、光的波长和速度为测量依据,因此,光电变换的速度快、精度高。例如,激光干涉测长仪的精度为 1/2 激光波长或 1/4 激光波长(根据采用结构而定),一般光栅测长仪的精度小于 $1\mu m$,光栅测角仪的精度可达 0.1″数量级。光电变换的时间响应最高可达 10^{-12}s 数量级。

(3)由于光电传感器是非接触式传感器,克服了接触式传感器的摩擦磨损和影响变换精度等缺点。另外,用光导纤维传输光信息不受方向和位置的限制,比较方便。因此,它适于生产过程(或其他过程)中的自动检测和控制。例如,生产过程中产品尺寸和外观的自动检测和控制等。

(4)利用光远距离传输的特点,便于遥测遥控。例如,用激光测距仪测量月球到地面的距离,其精度为 1m。此外,如武器的制导、激光引信、自动跟踪、电视监控等方面都是用光电技术进行遥测遥控的。

综上所述,光电信息变换与光电检测是整个光电技术的关键部分,因此,本书中心内容是光电信息变换和光电检测两部分。通过学习本书希望达到下列要求:

(1)掌握光的基本量度和单位;掌握光电器件的有关基础知识。

(2)掌握光电器件的工作原理和外特性;能正确地选择和使用光电器件;能够用等效电路进行信号分析,能够用作图法进行参量计算和设计。

(3)掌握光电变换电路的基本形式,并能正确选择和设计变换电路。

(4)熟知光电信息变换的基本形式和特点,掌握各种光电信息变换的工作原理,并能根据任务要求选择光电传感器的形式。

(5)掌握典型光电检测的基本方法和工作原理;能够设计简单的光电检测系统。

第1章 光电信息变换的基本知识

光电器件是光电信息变换的核心器件,其输出的光电信息量与入射光的强弱和性质有关。为了深入了解光电器件的转换特性,先简单介绍入射光的性质和最基本度量单位、辐射度量与光度量之间的关系;常用光源及光调制器;然后介绍光电器件的光电效应及光电器件的主要特性。

本章重点是了解光的性质及入射光的基本度量单位、光电效应、光电器件的基本特性,熟知常用光源的工作原理和特点,以及光调制的基本方法。

1.1 光的两重性

1.1.1 电磁波谱和光谱

光有波动性和粒子(或量子)性两重性。

光和其他形式的电磁辐射一样,都是以约 $3 \times 10^8 \mathrm{m/s}$ 的速度进行传播。可见光的频率甚高,约为几百万亿次每秒,因此,用波长来说明光的类型比用频率更方便些。光的波长 λ、频率 ν 和光速 c 的关系为

$$\lambda \nu = c \tag{1-1}$$

图 1-1 列出了波长为 $10^{-10} \mu\mathrm{m} \sim 10^5 \mathrm{km}$ 的全部电磁波谱。为了更清晰起见,将紫外光、可见光和红外光加以放大示出。

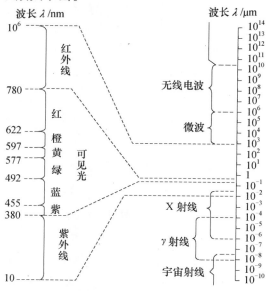

图 1-1 电磁波谱

光的波长单位用 Å（埃）表示，$1\text{Å} = 10^{-10}\text{m}$，如用 nm（纳米）来表示，$1\text{nm} = 10^{-9}\text{m}$。

紫外光的光谱范围为 $0.01\mu\text{m} \sim 0.38\mu\text{m}$；可见光的光谱范围为 $0.38\mu\text{m} \sim 0.78\mu\text{m}$；红外光的光谱范围为 $0.78\mu\text{m} \sim 1000\mu\text{m}$。

光的基本度量有光度量和辐射度量两种单位制。光度量是对可见光而言，与人眼的光谱范围一致，即为 $0.38\mu\text{m} \sim 0.78\mu\text{m}$。而辐射度量则包括整个光谱范围，即为 $0.01\mu\text{m} \sim 1000\mu\text{m}$。

利用光的波动性可以圆满地解释光的干涉、衍射和偏振等现象。

1.1.2 光的粒子性（或量子性）

在物理实验中发现，光能激发物质发射电子，这种现象称为外光电效应。实验又发现光激发电子的初动能只与入射光的波长有关，而与入射光的强度无关；单位时间内激发的光电子数与入射的光强成正比。这些实验现象难以用波动光学的理论来解释，而必须用光的量子性才能圆满解释。

按照光的粒子性，光是由一个个光子组成，每个光子具有能量，其能量为

$$E = h\nu = \frac{hc}{\lambda} \qquad (1-2)$$

式中：h 为普朗克常数。由式（1-2）可知，波长越短的光子其能量越大。

利用光的粒子性可以成功地解释光与物质相互作用所引起的光电效应。这一点很重要，在1.5节中将利用这一结论。

1.2 入射光的基本度量单位

入射到光电器件光敏面上的光，其基本度量单位有通量和照度两种。对于光度量则是光通量和光照度；而对于辐射度量则是辐通量和辐照度。

1.2.1 通量单位

1. 辐通量

辐通量是用来表示光源的辐射本领。光源表面一个元面积 $\text{d}S$ 的辐通量，即在单位时间内通过该元面积 $\text{d}S$ 的辐能，亦即辐功率。称此功率为该元面积 $\text{d}S$ 的辐通量。若光源的辐能 Q_e 是时间 t 的函数，辐通量 ϕ_e 可表示为

$$\phi_e = \frac{\text{d}Q_e}{\text{d}t} \qquad (1-3)$$

式中：Q_e 的单位为 J（焦），t 的单位为 s（秒），ϕ_e 的单位为 W（瓦）。

2. 光通量

人眼只对波长为 $0.38\mu\text{m} \sim 0.78\mu\text{m}$ 的辐能引起视觉，而且即使在此范围内，人眼对不同波长光的视觉灵敏度也不一样。这就是说，人眼对光感觉的强弱不仅取决于光源辐射能量的大小，同时还取决于眼睛对辐射波长的视觉灵敏度。按人眼的感觉强度进行度

量的辐能大小称为光能,它和辐能大小以及人眼的视觉灵敏度成正比。

在单位时间内通过元面积 dS 的光能,称为该元面积 dS 的光通量。若光能 Q_v 是时间 t 的函数,光通量 ϕ_v 可表示为

$$\phi_v = \frac{dQ_v}{dt} \tag{1-4}$$

式中:若 Q_v 的单位为 lm·s,t 的单位为 s,则光通量单位为 lm(流)。

1.2.2 照度单位

1. 辐照度

辐照度是用来表示光源辐射到物体表面的辐通量强弱的量。辐射到元面积 dS 的辐通量 $d\phi_e$ 与该元面积 dS 之比称为辐照度 E_e,即

$$E_e = \frac{d\phi_e}{dS} \tag{1-5}$$

在均匀辐射下,则

$$E_e = \frac{\phi_e}{S} \tag{1-6}$$

式中:ϕ_e 的单位为 W,S 的单位为 m²,E_e 的单位为 W/m²。

2. 光照度

与辐照度相对应的光照度,是表示物体表面被光源照明强弱的量。照射到元面积 dS 的光通量 $d\phi_v$ 与该元面积 dS 之比称为光照度 E_v,即

$$E_v = \frac{d\phi_v}{dS} \tag{1-7}$$

在均匀照明下

$$E_v = \frac{\phi_v}{S} \tag{1-8}$$

式中:ϕ_v 的单位是 lm,S 的单位是 m²,E_v 的单位为 lx(勒)。

表 1-1 是辐射度量和光度量单位对照表。

表 1-1　基本度量的单位和符号

辐 射 度 量				光 度 量			
量的名称	符号	单位名称	代号	量的名称	符号	单位名称	代号
辐[射]能量	Q_e	焦[耳]	J	光能量	Q_v	流[明]·秒	lm·s
辐射通量	ϕ_e	瓦[特]	W	光通量	ϕ_v	流[明]	lm
辐照度	E_e	瓦[特]/米²	W/m²	光照度	E_v	勒[克斯]	lx

为了对光照度有些具体数值上的概念,表 1-2 列举了一些常见情况下的光照度的近似值。

表 1 - 2　　一些实际情况下的光照度近似值(单位为 lx)

无月夜天光在地面上所生的照度	3×10^{-4}
接近天顶的满月在地面所生的照度	0.2
办公室工作所必需的照度	20 ~ 100
晴朗的夏日在采光良好的室内照度	100 ~ 500
夏天太阳不直接照到的露天地的照度	1000 ~ 10000

1.2.3　辐射度参数与光度参数关系

由图 1 - 1 可知,人眼可见光只占一小部分,大部分为不可见光。而人眼在不同光强下,对不同波长的光视感程度也不同,在白天人眼视网膜的锥状细胞敏感,称为白昼视觉或明视觉,其光谱范围为 $0.38\mu m \sim 0.78\mu m$,在 $0.55\mu m$ 处最为敏感,称为峰值波长 λ_m,且能分辨出各种颜色;在夜间人眼视网膜的柱状细胞起作用,称为夜间视觉或暗视觉,其光谱范围为 $0.33\mu m \sim 0.73\mu m$,峰值波长 $\lambda_m = 0.507\mu m$,但不能分辨颜色。

对于明视觉,在峰值波长 λ_m 处,由实验确定辐通量与光通量的换算关系为 $\phi_{v,\lambda_m} = K_m \phi_{e,\lambda_m}$,其中 $K_m = 6831m/W$ 为明视觉峰值波长 λ_m 处的光度参数与辐射度参数的转换常数。对于其他波长处的转换关系为

$$\phi_{v,\lambda} = K_m V(\lambda) \phi_{e,\lambda} \tag{1 - 9}$$

式中:$V(\lambda)$ 为人眼的明视觉光谱视效率,可由光度参量手册查得。对于其他参数间的转换关系可用通式表示,即

$$X_{v,\lambda} = K_m V(\lambda) X_{e,\lambda} \tag{1 - 10}$$

式中:$X_{v,\lambda}$ 和 $X_{e,\lambda}$ 分别为光度参数和辐射度参数。

仿照明视觉光度参量与辐射度参量的转换关系,可得暗视觉的参量转换关系,但其转换常数 $K'_m = 17251m/W$,暗视觉光谱光视效率 $V'(\lambda) \neq V(\lambda)$,也可由手册查得。

1.3　常　用　光　源

光是光电信息变换与传输的媒介或载体,所以光源是光电信息变换中的重要组成部分。光源分为自然光和电光源两大部分,自然光包括太阳光、月光和星光等。常用电光源有半导体发光二极管(LED)和半导体激光器。

1.3.1　半导体发光二极管

1. PN 结发光原理

电致发光的半导体发光二极管其结构与普通二极管相同,但机理各异。对发光二极管施加正偏压时,在注入电流激发下使电能直接转变为光能。电注入发光原理如图 1 - 2 所示。

若在 PN 结上施加正向电压时,PN 结区势垒降低,促进了扩散电流增加,由于电子的迁移率比空穴的迁移率高达 20 倍,所以有大量电子注入 P 区,并在 P 区内与空穴相遇复

合,并以光的形式放出能量。可见,发光主要发生在P区内。

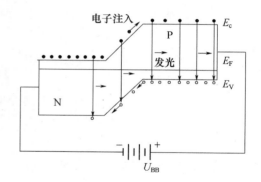

图1-2 电注入发光原理

目前实用的发光二极管大多用Ⅲ-Ⅴ族半导体材料制成,如磷化镓、砷化镓和磷砷化镓等。由于材料和禁带宽度的不同,可以制成不同型号的LED,使其发出不同颜色的光。

2. 发光二极管的主要特点

(1)发光二极管的发光强度与正向电流之间的关系为:当工作电流低于25mA时,两者基本为线性关系;当电流超过25mA后,由于PN结发热而使曲线弯曲。采用脉冲工作方式,可以减少结发热的影响,扩大线性范围。

(2)发光二极管的响应速度快,时间常数为$10^{-6}s \sim 10^{-9}s$。如果发光二极管进行调制,其调制频率可以很高。

(3)发光二极管的正向电压低,可以直接与集成电路匹配使用。

(4)具有小巧轻便、耐振动、寿命长(大于5000h)和单色性好等一系列优点。

(5)发光二极管的主要缺点是发光效率低。另外,短波光(如蓝、紫光)的材料极少。

由于上述优点,发光二极管越来越得到广泛应用,除了用于光电信息变换外,在数码管、阵列组合显示文字、图像等方面得到普遍应用。

有关发光二极管驱动电路在2.4节里介绍。

1.3.2 半导体激光器

1. 激光器的基本原理及特点

激光器是由激光工作物质、激励(泵浦)源和光学谐振(共振)腔组成,如图1-3所示。

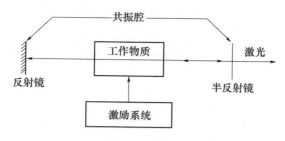

图1-3 激光器的组成结构

工作物质是激光器的核心部分,它能将外部提供的能量转换为激光。工作物质包括半导体、固体(晶体玻璃)、气体(原子、分子、离子等)、液体(有机或无机)等材料,用不同的工作物质可以制成各种类型的激光器,如半导体激光器、固体激光器和气体激光器等。激励源的作用是向工作物质提供能量。对于不同的工作物质提供能量的方式也不同,例如:对固体工作物质采用光激励,气体工作物质采用气体放电激励,半导体工作物质采用电激励等。

光学谐振腔的作用是提供光学反馈能力,以形成激光的持续振荡,并且对振荡光束的方向和频率进行限制,可保证输出激光的高单色性和高定向性。

激光器的工作过程是,激励源向工作物质提供能量,工作物质中的粒子(分子、原子或离子)受激吸收能量后,从低能级跃迁到高能级上。如果使处于高能级的粒子数大于低能级上的粒子数,形成粒子数反转(通常低能级上的粒子数大于高能级上的粒子数),因为高能级上的粒子处于暂稳态,在特定频率的光子激发下使高能级上的粒子被迫集中地跃迁到低能级上,并发射出与激发光子频率相同的光子,称为受激发射。受激发射出的光在谐振腔内维持振荡,同时激励源不断提供能量,使受激发射持续进行,这样一来受激发射的光子数远远大于激发光子数,这种现象称为光的受激发射放大。最后,放大了的激光在瞬间输出。因此,激光器可称为具有光的受激发射放大功能的器件。

激光器发射激光具有三个显著的特点:

(1)高单色性。例如稳频的氦氖激光器的单色性 $\Delta\lambda/\lambda$ 达 $10^{-13} \sim 10^{-10}$ 数量级。利用这一特点可以使光学干涉测长的量限扩展 1000km 以上,而误差小于 $10^{-1}\mu m \sim 10^{2}\mu m$;在计时和频标方面,一年内计时误差小于 $10^{-6}s$;在激光通信方面,一条激光通道,按其信息携带容量,可同时传送地球上所有电视台、广播台的节目。另外在对物质结构的精细分析方面得到应用。

(2)高定向性。固体激光器输出激光的平面发射角可达零点几毫弧度,这样,可以进行远距离通信、测距、导航和制导等。

(3)高亮度。采用 Q 突变技术的大功率固体激光器的辐亮度高达 $10^{16}W/(sr \cdot m^{2}) \sim 10^{19}W/(sr \cdot m^{2})$,比太阳表面辐亮度高 10^{11} 倍 ~ 10^{14} 倍。利用这一特性可制做激光武器,摧毁或破坏一些高空或高速飞行目标(如飞机、导弹、人造卫星等),激光制盲,破坏地面监测系统等。另外,在医疗上目前广泛用于激光手术,在工业上用做激光打孔、切割、焊接、熔炼、表面处理、工艺雕刻、激光核聚变等。

2. 半导体激光器

半导体激光器是半导体材料作为工作物质的激光器,最常用的材料为砷化镓(GaAs)。其结构原理与发光二极管十分类似,如图 1-4 所示。将 PN 结切成长方块,典型尺寸为 $100\mu m \times 300\mu m$。其侧面磨成非反射面(粗面),而端面研磨成平行平面作为反射镜,形成谐振腔起光反馈作用。电源作激励源以电流形式提供能量。

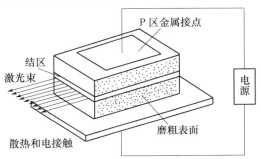

图 1-4 半导体激光器结构原理

电源正向偏压,向 PN 结注入大电流进行激励,使大量电子跃迁到高能级,形成粒子数反转,然后进行受激辐射,大量电子由高能级跃迁到低能级时与空穴复合并把多余的能量以光的形式放射出来,在谐振腔内振荡并光放大,最后产生激光输出。

半导体激光器体积小、重量轻、寿命长,具有高转换效率,砷化镓激光器可达 20% ,寿命超过 10000h。砷化镓激光器发射的激光在室温下的波长为 $0.9\mu m$,在 77K 温度下为 $0.84\mu m$ 。

半导体激光器是目前备受重视的激光器,它的商品化程度高,新型的半导体激光器也在不断出现。目前可制成单模或多模、单管或列阵,波长可从 $0.4\mu m$ 到 $1.6\mu m$,输出功率由连续输出功率几百毫瓦,到脉冲输出功率几十瓦至上百瓦不等。它除了用于光电信息变换外,还应用于光纤通信、光存储、光集成、光计算机和激光器泵浦等领域。

1.4 光 调 制

光信号是被测信息的载体,为了对光信号的处理更加方便、可靠和准确,常将直流信号转变为特定形式的交变信号,这一过程称为调制。

1.4.1 调制光的优点

(1)消除了背景光或杂散光的影响。背景光指太阳光或灯光,这些光的光强远大于信号光的强度,经光电探测器后变为直流量附加在信号上,对检测结果有很大影响,甚至无法检测。经光调制后,信号光变为交变的光信号,再由光电探测器转换为交变的光电信号。采用交流放大电路便很容易地除掉非信号的直流分量,从而消除了自然光或杂散光的影响。

(2)消除光电探测器暗电流的影响。任何光电器件在无光的照射下,总有电流输出,这种电流称为暗电流。暗电流随着环境温度和电源电压的变化而变化,并且附加在信号上一起输出,对检测信号结果有直接影响。同样,采用上述方法很容易消除暗电流的影响。

(3)消除了直流放大器零点漂移的影响。没有调制的光信号一般为直流或缓慢变化的光信号,若光电信号进行放大只能采用直流放大电路。直流放大电路的主要缺点是零点漂移,而且这种漂移与环境温度的变化和电源电压的波动有关。放大电路输出的电信号与漂移量混合在一起,往往很难去掉,给微弱信号检测结果带来很大误差。采用光调制后,用交流放大电路就能克服零点漂移的影响。

(4)能提供各种形式的光电信息变换方式。在光电检测中,为了提高检测精度,使信号处理方便、稳定可靠,通常采用光调制方法实现各种形式的光电信息变换,达到最佳光电检测方案的设计。

因为有各种光电信息变换方式,所以对光的调制方法种类较多,下面仅介绍常用的几种方法。

1.4.2 光调制的方法

1. 电光源调制

这种方法是直接对光源进行调制。该方法要求光源有较好的频率响应,比较适合于半导体发光二极管和半导体激光器。光源驱动电路容易实现,用正弦信号或脉冲信号驱动光源,则光源输出为正弦光信号或脉冲光信号。半导体发光二极管驱动电路在 2.4 节里介绍。

2. 机电调试

图 1-5 为振子调制示意图。利用电磁铁通电后对铁振子的吸合原理,当线圈通上交变电压时,电磁铁产生交变的吸合作用,与弹簧配合,振子与遮光板上下往返振动,使遮光板交替地通断光束,达到对光的调制作用。

图 1-6 为转镜式调制方法。入射光束经狭缝射入反射式转镜,转镜在机电转动机构的带动下,在一定的角度范围内左右转动,致使反射光束上下移动,达到了对光的调制。

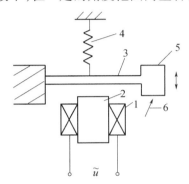 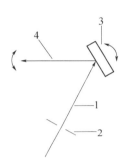

图 1-5 振子式调试示意图
1—线圈;2—铁芯;3—振子;
4—弹簧;5—遮光板;6—光束。

图 1-6 转镜式调试示意图
1—入射光束;2—狭缝;
3—转镜;4—反射光束。

目前,常用的方法是光学调制盘。电机驱动调制盘旋转就能实现对通过调制盘的光束的调制。有关详细的内容在 6.1 节内介绍。

3. 电光调制

电光调制是基于晶体材料的电光效应,晶体在外电场作用下,晶体的折射率会发生变化。利用这一现象来实现对光的调制。

下面举一典型实例说明其工作原理。图 1-7 为泡克耳斯电光调制器的原理图。常用的晶体材料有磷酸二氢钾(KH_2PO_4)和磷酸氘钾(KD_2PO_4)。在晶体 3 上加有电极,外加电压 U 在晶体内沿光束的传播方向建立电场。起偏器 1 和检偏器 2 只允许某一方向的偏振光通过,且它们的线偏振面彼此垂直,当晶体未加电压时,通过起偏器的线偏振光全部被检偏器遮挡。加入电压后在电场的作用下晶体的折射率改变,产生旋光作用,透过晶

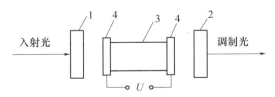

图 1-7 泡克耳斯调制器
1—起偏器;2—检偏器;3—晶体;4—电极。

体传播的线偏振光变成椭圆偏振,并在检偏器的偏振方向上产生光束分量,因此,有部分光束透过检偏器。当外加电压 U 达到某一值时,晶体输出光束由椭圆偏振变为线偏振,并和检偏器偏振方向重合,这时调制器处于全开状态,全部光束通过检偏器。可见,外加电压 U 作为调制电压,实现对入射光的调制,根据需要调制电压有正弦波、脉冲波或其他形状的波形。

4. 声光调制

光波在传播时被超声波衍射的现象叫做声光效应。光束与声束之间的相互作用能导致光束的偏转,以及光束在偏振性、振幅、频率及相位上的变化。利用声光效应实现了声光调制。

声光调制的原理示意图如图 1-8 所示。固体声光介质材料有铌酸锂、氧化锌和硫化镉等,液体介质材料有苯、四氯化碳、甘油和甲苯等。超声波换能器常用压电晶体,如石英晶片或电气石晶片等。在晶片上施加高频电压时,由于逆压电效应,使晶片产生高频机械振动,形成声波,其频率可达 $10^8\mathrm{Hz}$。晶片产生的声波向声光介质发射,与入射光相互作用,产生衍射光输出,完成了声光调制。

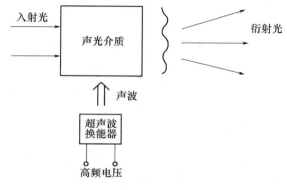

图 1-8 声光调制原理示意图

1.5 光 电 效 应

所谓光电效应是物质在光的作用下释放出电子的物理现象。光与物质的作用实质上是光子与电子的作用,电子吸收光子的能量后,改变了电子的运动规律。由于物质的结构和物理性能不同,以及光和物质的作用条件不同,所以,在光子作用下产生的载流子有不同的运动规律,即有各种不同的光电效应。

光电效应分为内光电效应和外光电效应。内光电效应又分为光电导效应和光生伏特效应。

1.5.1 光电导效应

图 1-9 为本征半导体能带简图。光入射到本征半导体材料后,处在满带中被束缚的电子吸收光子的能量,由满带跃过禁带进入导带成为自由电子(用墨点表示),而在原来的满带中留下空穴(用圆圈表示)。光激发的电子—空穴对在外电场作用下,将同时参加

导电。因此当光入射到半导体材料后,能改变半导体材料的导电性能,随着光强的增加,其导电性能越好,这种现象称为光电导效应。具有光电导效应的半导体材料称为光电导体。用光电导体制成的光电器件叫光敏电阻。

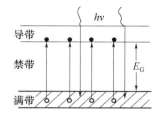

图 1-9　本征半导体能带简图

一个光子具有的能量为 $h\nu$,h 为普朗克常数,ν 为光的频率。光激发出的电子若能跃过禁带必须满足

$$h\nu \geqslant E_G \qquad\qquad (1-11)$$

式中:E_G 为禁带宽度。由式(1-1)得

$$\nu = c/\lambda$$

所以,对应于某一波长 λ 的光子能量为 hc/λ。从公式可看出,波长越短的光子能量越大,波长越长的光子能量越小。光激发电子的长波限(红限)为

$$\lambda_0 = \frac{hc}{E_G} = \frac{1.24}{E_G} \; (\mu m) \qquad\qquad (1-12)$$

式中:E_G 单位为 eV(电子伏)。

杂质半导体材料制成的光电导体,情况有所不同。光激发载流子主要是杂质起作用。图 1-10 为杂质光电导体能带简图。

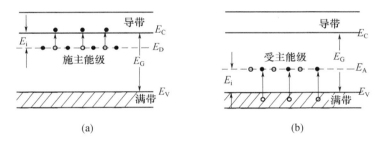

图 1-10　杂质光电半导体能级简图
(a) N 型半导体;(b) P 型半导体。

N 型光电导体,主要是光子激发施主能级中的电子跃迁到导带中去,电子为主要载流子。P 型光电导体,主要是光子激发满带中的电子跃迁到受主能级,与受主能级中的空穴复合,而在满带中留有空穴,作为主要载流子参加导电。只要光子能量满足下列条件就能激发出光生载流子:

$$h\nu \geqslant E_i \qquad\qquad (1-13)$$

式中:E_i 为禁带中的施主能级 E_D 与导带 E_C 能级差(N 型光电导体),或受主能级 E_A 与满带 E_V 能级差(P 型光电导体)。光电导体的长波限为

$$\lambda_0 = \frac{1.24}{E_i} \; (\mu m) \qquad\qquad (1-14)$$

可见,掺入杂质后,由于 E_i 比 E_G 小得多,可使长波限向红外扩展。

1.5.2　光生伏特效应

光生伏特效应产生在 PN 结型光电器件里。半导体 PN 结的导电特性在学习半导体

晶体管时已经知道,半导体光电器件 PN 结的结构和特性与晶体管有相同之处。PN 结光电器件的结构同样有两种类型:一种是以 N 型半导体为基片进行 P 掺杂形成 PN 结;另一种是以 P 型半导体为基片进行 N 掺杂形成 PN 结。下面以 PN 结的结构和能带简图(图 1-11)说明光生伏特效应。

图 1-11 所示是 N 型硅为基片进行 P 掺杂而形成的 PN 结,在 P 端面处是入射光敏面。

光入射半导体内部,光子将激发出电子—空穴对。这种激发现象有的在 P 区内产生,而大部分在耗尽层内激发,这样能提高转换效率。电子由满带被激发到导带后,而在满带中留有空穴,在内电场(位垒差)作用下,自由电子流向 N 区,而空穴流向 P 区,这样使 PN 两端产生电位差(电压),P 端为正,N 端为负。这种电位差值是由于入射光子激发的结果,所以称为光生伏特效应。如果在 PN 两端外接负载电阻 R_L,则有光电流 I_ϕ 由 P 端流经负载电阻 R_L 到 N 端。

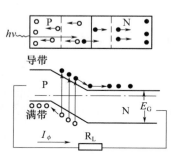

图 1-11 PN 结和能带简图

光子激发出电子—空穴对的条件为

$$h\nu \geqslant E_G \qquad\qquad (1-15)$$

那么,长波限也决定于禁带宽度 E_G:

$$\lambda_0 = \frac{1.24}{E_G} \quad (\mu m) \qquad\qquad (1-16)$$

具有光生伏特效应的器件有半导体光电二极管、半导体光电三极管、光电池等。

1.5.3 外光电效应

具有外光电效应的材料(如金属和半导体等)称为光电发射材料。当光入射光电发射材料后,光子激发出的电子能逸出光电发射材料表面,在真空中参与导电。这种现象称为外光电效应,又称为光电发射效应。

若保证电子能逸出光电发射材料表面,必须使电子获得的能量能够激发到导带并克服表面电子亲和势 X,如图 1-12 所示,即电子吸收光子的能量要满足

$$h\nu \geqslant E_P \qquad (1-17)$$

式中:$E_P = E_G + X$,即光电发射逸出功。

电子逸出材料表面后的多余能量为动能。根据能量守恒定律,得出能量转换公式

$$h\nu = E_P + \frac{1}{2}m\nu_0^2 \qquad (1-18)$$

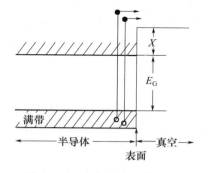

图 1-12 光电发射能带简图

式中:m 为电子质量;ν_0 为电子离开材料表面的初速度。

通过实验得出光电发射的基本规律是:

（1）光激发的电子个数与入射光的通量成正比。

（2）光电子的初始动能 $\frac{1}{2}mv^2$ 正比于光频率 ν，而与光的通量无关。

（3）电子从吸收光子到逸出物质表面的时间是很短的，时间常数约为 10^{-12} s，几乎是惯性的。

当电子的初始速度为零时，激发光的波长为长波限，即

$$\lambda_0 = \frac{1.24}{E_P} \ (\mu m) \tag{1-19}$$

具有外光电效应的光电器件有真空光电管和真空光电倍增管。

1.6　光电器件的基本特性

1.6.1　灵敏度

光电器件灵敏度是指光电器件输出电流（或电压）与入射通量（或照度）之比。其灵敏度又分单色灵敏度和积分灵敏度两种。

1. 单色灵敏度

单色是指单一波长的光。当某一波长为 λ 的光入射到光电器件时，光电器件输出的光电流 I_λ 与该波长 λ 的入射通量 ϕ_λ（或照度 E_λ）之比，称之为该器件的绝对单色灵敏度 S_λ，即

$$S_\lambda = \frac{I_\lambda}{\phi_\lambda} \left(\text{或 } S_\lambda = \frac{I_\lambda}{E_\lambda} \right) \tag{1-20}$$

入射光采用不同单位制时，单色灵敏度的单位也不同。若入射光是辐通量或辐照度时，则灵敏度单位为 $\mu A / \mu W$ 或 $\mu A / (\mu W \cdot cm^{-2})$；若入射光是光通量或光照强度时，则灵敏度单位为 A / lm 或 A / lx。

因为光电器件对某一波长最敏感，因此对此波长有最大灵敏度 $S_{\lambda max}$。为了测试方便往往采用相对单色灵敏度 $S_{r\lambda}$，其定义为某一波长的绝对单色灵敏度 S_λ 与最大灵敏度 $S_{\lambda max}$ 之比，称为相对单色灵敏度 $S_{r\lambda}$，即

$$S_{r\lambda} = \frac{S_\lambda}{S_{\lambda max}} \tag{1-21}$$

2. 积分灵敏度

对于连续光谱的辐射光源，包含有各种波长的光，那么入射到光电器件的总通量等于所有波长的通量的积分，即总通量为

$$\phi = \int_0^\infty \phi_\lambda d\lambda \tag{1-22}$$

光电器件输出的电流（或电压）与入射的总通量（或照度）之比，称为积分灵敏度，即

$$S = \frac{I}{\phi} \left(\text{或 } S = \frac{I}{E} \right) \tag{1-23}$$

积分灵敏度 S 的单位同单色灵敏度。输出的光电流 I 可表示为

$$I = \int_{\lambda_1}^{\lambda_2} \mathrm{d}I_\lambda = \int_{\lambda_1}^{\lambda_2} S_\lambda \phi_\lambda \mathrm{d}\lambda \qquad (1-24)$$

式中:λ_1 和 λ_2 为光电器件的短波限和长波限。将式(1-22)和式(1-24)代入式(1-23)可得到

$$S = \frac{\int_{\lambda_1}^{\lambda_2} S_\lambda \phi_\lambda \mathrm{d}\lambda}{\int_0^\infty \phi_\lambda \mathrm{d}\lambda} \qquad (1-25)$$

从式(1-25)可知,光电器件的积分灵敏度不仅与器件本身特性有关,而且与光源的辐射特性有关。所以,在测试光电器件的积分灵敏度时,要标定出光源的辐射条件。

1.6.2 光谱响应

光电器件和单色灵敏度与入射光的波长关系称为光谱响应。光电器件的单色灵敏度是入射光波长的函数,即单色灵敏度的大小随入射光的波长 λ 改变而改变。图1-13画出 2DU 型半导体硅光电二极管的光谱响应曲线。其他光电器件的光谱响应曲线与 2DU 型有相似之处,都有截止波长(短波限和长波限)和峰值波长(灵敏度最大的波长)。在截止波长内都有灵敏度响应。2DU 型的短波截止波长为 $0.4\mu m$ 左右,长波截止波长为 $1.1\mu m$ 左右,即光谱范围为 $0.4\mu m \sim 1.1\mu m$,2DU 型的峰值波长为 $0.9\mu m$。

不同种类的光电器件的光谱范围和峰值波长是不同的。由光电效应可知,其长波限主要决定于光电器件本身的特性。内光电效应的器件由禁带宽度 E_G(或 E_i)决定;外光电效应的器件由逸出功 E_P 决定。其短波限主要决定于材料对光的吸收。具有窗口的光电器件(如真空光电器件)短波限将决定于窗口材料对光的吸收,一般光学玻璃的窗口的截止波长在 $0.33\mu m$ 左右,石英玻璃窗口的截止波长在 $0.2\mu m$ 左右。没有窗口的半导体光电器件的短波限决定于器件光敏表面对光的吸收,一般短波截止波长为 $0.4\mu m$。

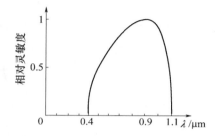

图1-13 光谱响应曲线

1.6.3 频率响应

频率响应或时间响应是从两个方面反映光电器件对快速变化光信号的响应能力。频率响应是从频域角度进行分析,而时间响应是从时域角度进行分析。

当入射到光电器件的光为幅值恒定的交变光,光的调制频率为 f,随着频率 f 不断增加,光电器件输出的交变光电信号的幅值将随着减小。当信号幅值减小到原来幅值的 0.707 时,此时的光频率为截止频率 f_h。图1-14为光电器件的频率响应特性曲线,则有

$$f_h = \frac{1}{2\pi\tau} \qquad (1-26)$$

式中:τ 为光电器件的时间常数。

由式(1-26)可知,光电器件的时间常数 τ 越小,光电器件的频率响应越好,说明光

电器件能够检测变化很快的光信号。

当入射到光电器件的光为脉冲光信号时,由于光电器件有时间常数 τ 的影响,使光电器件输出的光电信号的前后沿变斜,如图 1-15 所示。图中所示 t_r 和 t_f 分别表示光电信号的上升时间和下降时间,t_r 和 t_f 值越小,器件时间响应越快,理想的器件 t_r 和 t_f 为零值,则输出的光电信号为理想的脉冲波形。实际上任何光电器件都有 t_r 和 t_f 值,利用 t_r 值或 t_f 值的大小表示光电器件的时间响应特性。这一特性对探测激光脉冲信号来说非常重要。

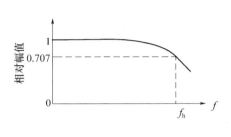

图 1-14　频率特性曲线

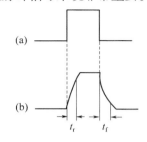

图 1-15　时间响应特性波形
（a）脉冲光信号；（b）光电信号。

思考题与习题

1-1 光的度量中两种单位制的概念是什么? 说明辐通量与光通量之间的换算关系。

1-2 习题 1-2 图给出一个理想光源的光谱功率密度曲线。算出入射一个面积为 $4cm^2$ 表面的辐通量。

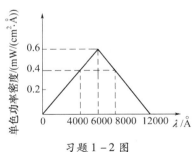

习题 1-2 图

1-3 0.5lm 的光均匀照射到面积为 $2 \times 2cm^2$ 的光敏面上,问光敏面的照度为多少勒?

1-4 一支氦氖激光器,发射出波长为 6328Å 的激光 $\phi_e(\lambda) = 5mW$,投射在屏幕上的光斑直径为 0.1m,其光照度是多少? 已知 $\lambda = 6328$Å 时 $V(\lambda) = 0.265$。

1-5 已知本征硅材料的禁带宽度 $E_G = 1.13eV$,求该半导体材料的长波限。

1-6 试说明光电器件的光谱响应和频率响应(或时间响应),在实际应用中有何实际意义?

1-7 利用光的粒子性说明各种光电效应? 指出与之对应的光电器件。

1-8 说明半导体发光二极管的工作原理及特点?

1-9 说明半导体激光器的工作原理及特点?

1-10 简述光调制的几种方法。

第2章 光电探测器件

半导体吸收光子后,产生光电效应,基于各种光电效应制成各种光电探测器件。本章介绍各种光电探测器件的结构、工作原理、基本特征、偏置(或变换)电路的原理及电路分析,以及各种光电探测器件的典型应用。

本章重点是各种光电器件的结构、工作原理及主要特性,掌握典型的偏置电路及运用能力。

2.1 光 敏 电 阻

2.1.1 光敏电阻的结构及种类

光敏电阻是利用半导体光电导体材料制成的。最简单的光敏电阻的原理图和符号如图 2-1 所示。它由一块涂在绝缘板上的光电导体薄膜和两个电极所构成。当加上一定电压后,光生载流子在电场的作用下沿一定方向运动,即在电路中产生电流,这就达到了光电转换的目的。

因为吸收光子的能量而产生的载流子只限于光敏电阻的表面层内,所以要提高光敏电阻的光电导灵敏度,光电导体薄膜的厚度越薄越好,一般光敏电阻都制成薄层结构。光敏电阻的基本结构有梳状式、涂膜式、刻线式。图 2-2 为光敏电阻结构示意图。

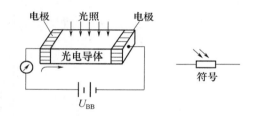

图 2-1 光敏电阻的原理图及符号

光敏电阻按照它的光谱特性及最佳工作波长范围,基本上可以分为三类,对紫外光灵敏的光敏电阻,如硫化镉和硒化镉等;对可见光灵敏的光敏电阻,如硒化镉、硫化铊和硫化镉等;对红外光灵敏的光敏电阻,如硫化铅、碲化铅、硒化铅和锑化铟等。

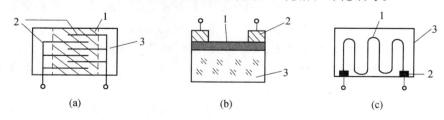

图 2-2 光敏电阻结构示意图

(a) 梳状式;(b) 涂膜式;(c) 刻线式。

1—电阻;2—电极;3—衬底。

2.1.2 光敏电阻的基本工作原理

1. 光电流

用图 2 - 1 的电路来测量电流。当光敏电阻无光照时,测得有微小电流通过,这种电流称为暗电流(I_{Dk})。暗电流是在室温条件下热激发载流子而形成的电流。当有光照射时,又测得某一电流值,称为亮电流(I_{Lt})。由于光照而产生的光电流(I_{ϕ})应等于电流的增加值,即

$$I_{\phi} = I_{Lt} - I_{Dk} \qquad (2-1)$$

一般暗电流很小,有时可以忽略。

光电流 I_{ϕ} 与外加直流电压 U 和入射照度 E 的关系,可用下式表示:

$$I_{\phi} = S_g U^{\alpha} E^{\beta} \qquad (2-2)$$

式中:S_g 是光电导灵敏度,它与材料特性有关;α 是电压指数,与电压值大小有关,一般在工作电压范围内,α 近似为 1;β 是照度指数,其值在弱光时为 1,在强光时为 0.5。当所加电压一定时,光电流与照度曲线如图 2 - 3 所示。

从图 2 - 3 可以看出,在强光照射下,光电流与照度呈非线性关系,而在弱光照射下则近似呈线性关系,即

$$I_{\phi} = S_g U E \qquad (2-3)$$

因为光敏电阻的电导为

$$g = \frac{I_{\phi}}{U} \qquad (2-4)$$

$$g = S_g \cdot E \qquad (2-5)$$

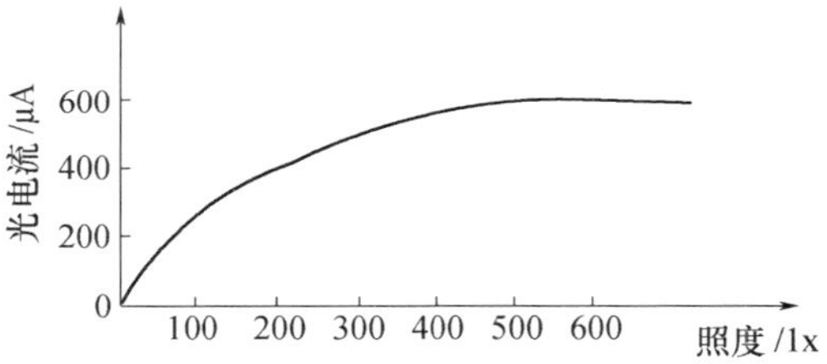

图 2 - 3 光电流——照度特性曲线

若考虑暗电导 g_0 所产生的电流时,流过光敏电阻的电流

$$I_{Lt} = I_{\varphi} + I_{Dk} = gU + g_0 U \qquad (2-6)$$

在光电技术中入射光大都为弱光信号,所以,式(2 - 3)、式(2 - 5)和式(2 - 6)是光敏电阻电路计算的基本公式。通常采用光电导计算比用光电阻计算方便得多。

因为 $\phi = A_g E$,通量 ϕ 与照度 E 只差光敏面积 A_g,所以,当光敏电阻的入射光采用通量单位时,电路计算基本公式的形式与式(2 - 3)、式(2 - 5)和式(2 - 6)相同,只是将 E 换为 ϕ 和光电导灵敏度 S_g 所采用的单位不同。光电导灵敏度 S_g 的表示式为

$$S_g = \frac{dg}{dE} \left(\text{或} \ S_g = \frac{dg}{d\phi} \right) \qquad (2-7)$$

电导的单位为 S(西[门子])。所以,电导灵敏度 S_g 用光度量单位时,其单位为 S/lm 或 S/lx。用辐射单位时,其单位为 S/μW 或 S/(μW $\cdot$ cm^{-2})。

光敏电阻在弱光照射时,S_g 值近似为一个常数,即光电导 g 与照度 E(或通量 ϕ)是线性关系。

图 2 - 4 为硫化镉光敏电阻在不同光照射下所得到的伏安特性曲线。

2. 时间常数

光敏电阻的频率响应与其他光电器件比较起来低得多。其频率响应特性往往用时间

常数大小来表示,如图 2-5 所示。用一个理想的脉冲光照射光敏电阻,在 t_1 时刻突然照射,但产生的光电流不能立刻增大到稳态值,而是要经过一段时间后才能上升到稳态值。在 t_2 时刻突然消失,光电流也要经过一段时间后才能下降到 I_{Dk} 值。

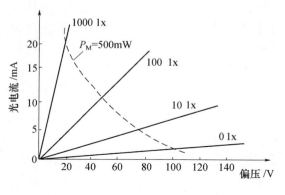

图 2-4 硫化镉的伏安特性曲线

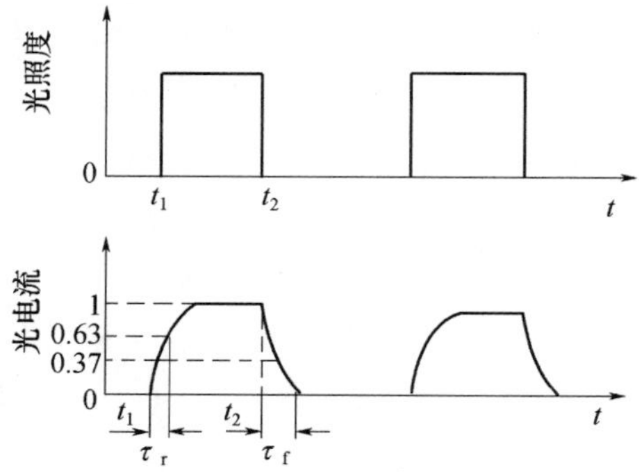

图 2-5 时间响应

对于弱光时间常数是这样确定的:光电流由 t_1 上升到稳态值的 63% 时所花费的时间定义为上升时间常数 τ_r。光电流由 t_2 下降到稳态值的 37% 所花费的时间定义为下降时间常数 τ_f。一般下降时间常数比上升时间常数大些。另外,时间常数与光照强弱有关,光照越强时间常数越小,光照越弱时间常数越大。

3. 耗散功率

光敏电阻的简单偏置电路如图 2-6 所示。加在光敏电阻两端的电压 U 与流过它的电流 I 乘积为光敏电阻 R 的耗散功率 P。为了不使光敏电阻 R 因过热而烧坏,要求光敏电阻的实际耗散功率 P 小于或等于极限功率 P_M。图 2-7 为光敏电阻的极限功率特性曲线。

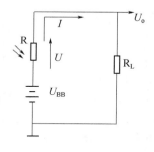

图 2-6 偏置电路

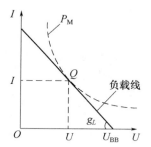

图 2-7 极限功率特性

当电源电压 U_{BB} 值确定后,负载电阻 R_L 值的选取应保证负载线在极限功率曲线以内,R_L 的最小值应是负载线与极限功率曲线相切,切点为 Q,如图 2-7 所示。此时光敏电阻两端的电压为 U,流过它的电流为 I,并且列出下面一组方程:

$$\begin{cases} I = g_L(U_{BB} - U) \\ P_M = IU \end{cases} \qquad (2-8)$$

解方程式(2-8)得出

$$I = \frac{U_{BB}g_L \pm \sqrt{(U_{BB}g_L)^2 - 4g_L P_M}}{2}$$

若使负载线与功率曲线不相交,则

$$(U_{BB}g_L)^2 - 4g_L P_M \leq 0$$

所以

$$g_L \leq \frac{4P_M}{U_{BB}^2}, \quad R_L \geq \frac{U_{BB}^2}{4P_M} \qquad\qquad (2-9)$$

式(2-9)是确定负载电阻 R_L 的最小极值公式,式中 U_{BB} 和 P_M 均可由产品手册中查出。

4. 噪声

在检测微弱信号(如红外探测)时,应当考虑器件的噪声。光敏电阻的固有噪声主要有三种:热噪声、产生—复合噪声及低频噪声(或叫 $\frac{1}{f}$ 噪声)。这些噪声与调制频率的定性关系示如图 2-8 所示。在频率 f 低于 100Hz 以下时,以 $\frac{1}{f}$ 噪声为主;频率在 100Hz 以上以产生—复合噪声为主,频率在 1000Hz 左右之后以热噪声为主。

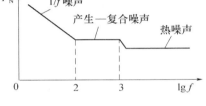

图 2-8 噪声随调制频率的分布关系

在红外探测中,为了减小噪声一般采取如下措施:

(1)采取光调制技术(如光调节制盘),一般调制频率为 800Hz 或 1000Hz,这样可以消除 $\frac{1}{f}$ 噪声和产生—复合噪声;

(2)采用制冷装置来降低器件的温度,使热噪声减至最小;

(3)设计合理的偏置电路,达到最佳运用状态,即选择最佳偏置电流使信噪比最大。

2.1.3 光敏电阻的偏置电路

1. 基本偏置电路

最简单的基本偏置电路如图 2-9 所示。

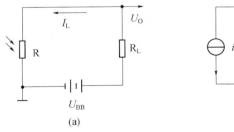
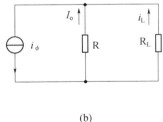

图 2-9 基本偏置电路

(a)原理电路;(b)微变等效电路。

设在某一辐通量 ϕ 时,光敏电阻的阻值为 R,电导为 g,流过电阻 R_L 的电流(回路电流)为

$$I_L = \frac{U_{BB}}{R + R_L} \tag{2-10}$$

若用微变量表示,式(2-10)变为

$$dI_L = -\frac{U_{BB}}{(R + R_L)^2}dR$$

而

$$dR = -R^2 S_g d\phi$$

所以

$$dI_L = \frac{U_{BB}R^2 S_g}{(R + R_L)^2}d\phi \tag{2-11}$$

若令 $i_L = dI_L, \varphi = d\phi$,式(2-11)可表示为

$$i_L = \frac{U_{BB}R^2 S_g}{(R + R_L)^2}\varphi \tag{2-12}$$

加在光敏电阻上的电压 $U = U_{BB}R/(R + R_L)$,所以,光电导上产生的光电流的微变量为

$$i_\varphi = S_g \cdot U\varphi = S_g \frac{U_{BB}R}{R + R_L}\varphi \tag{2-13}$$

将式(2-13)代入式(2-12),得

$$i_L = i_\varphi \frac{R}{R + R_L} \tag{2-14}$$

由式(2-14)得到光电流微变量的等效电路如图2-9(b)所示。

若入射的辐通量 ϕ 为交变量时,则交流等效电路的形式与图2-9(b)相同,只是电流源为交变电流源。设辐通量 ϕ 的调制角频率为 ω,则辐通量 ϕ 的表示式为

$$\phi = \phi_Q + \phi_m \sin\omega t \tag{2-15}$$

式中:ϕ_Q 为直流分量(均匀背景);ϕ_m 为交变量的振幅。

考虑到光敏电阻的时间常数后,光电导产生的光电流表示式为

$$i_\varphi(t) = I_Q + \frac{I_m}{\sqrt{1 + (\omega\tau)^2}}\sin\omega t \tag{2-16}$$

式中:$I_Q = S_g\phi_Q U, I_m = S_g\phi_m U$;$U$ 为光敏电阻两端的电压;τ 为光敏电阻的时间常数。

2. 恒流偏置电路

1)简单的恒流偏置电路

如图2-9所示,当 $R_L \gg R$ 时,由式(2-10)可知,可认为恒流偏置电路的偏置电流为

$$I \approx \frac{U_{BB}}{R_L} \tag{2-17}$$

可见偏置电流 I 近似为恒定值。

2)晶体管恒流偏置电路

当光敏电阻的阻值较高,如几十千欧以上,若采用图2-9所示电路维持恒流偏置,将要求电源电压很高,这样使用起来很不方便。因此,采用图2-10所示的偏置电路。

22

图中 VD_Z 是稳压管,C 是滤波电容器。由于晶体管 VT 的基极被稳压,所以晶体管 VT 的基极电流 I_B 和集电极电流 I_C 是恒定的,即光敏电阻 R 被恒流偏置。设晶体管基极电压为 U_B,则输出电压信号的微变量为

$$dU_o = - I_C dR$$

即

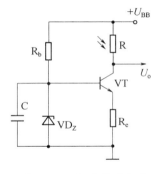

$$u_o \approx \frac{U_B}{R_e} \cdot S_g R^2 \varphi \qquad (2-18)$$

图 2-10 恒流偏置电路

3. 恒压偏置电路

1)简单的恒压偏置电路

在图 2-9 所示的电路中,当 $R_L \ll R$ 时,可认为是恒压偏置电路,即加在光敏电阻上的偏置电压为

$$U = \frac{R U_{BB}}{R + R_L} \approx U_{BB} \qquad (2-19)$$

光敏电阻输出的电流信号的微变量由式(2-13)得

$$i_o \approx S_g U_{BB} \varphi$$

输出电压信号的微变量

$$u_o = - i_o R_L \approx - S_g U_{BB} R_L \varphi \qquad (2-20)$$

由式(2-20)可知,因为一般情况下,$R \gg R_L$ 都成立,所以恒压偏置电路输出的电压信号与光敏电阻的阻值无关。故在更换光敏电阻或其阻值发生变化时,不影响仪表的精度。

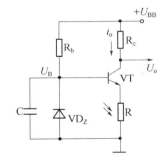

2)晶体管恒压偏置电路

典型晶体管恒压偏置电路如图 2-11 所示。

图中 VD_Z 为稳压管,C 为滤波电容,U_B 为恒定基极电压值,在忽略晶体管 VT 基射结压降时,光敏电阻 R 上的偏压近似为 U_B(恒定电压)。所以,输出电压信号的微变量

图 2-11 晶体管恒压偏置电路

$$u_o = - i_o R_c \approx - S_g U_B R_c \varphi \qquad (2-21)$$

从式(2-21)可知,晶体管恒压偏置电路输出电压信号也与光敏电阻的阻值 R 无关,即起到稳定输出信号的作用。

例 2-1 图 2-12 所示电路为光控继电开关电路。光敏电阻为硫化镉(CdS)器件,3DG4 的 β 值为 50,继电器 J 的吸合电流 10mA,计算继电器吸合(动作)时需要多大照度?

解:设 CdS 器件暗电阻 $R_0 = 10M\Omega$,暗电导 $g_0 = 1/R_0 = 0.1\mu s$。在 100lx 时,亮电阻 $R_{Lt} = 5k\Omega$,亮电导 $g_{Lt} = 200\mu S$。照度在 100lx 范围内可认为光电导是线性变化的,所以由式(2-7)可求出光电导灵敏度为

$$S_g = \frac{g_{Lt} - g_0}{E_v} = \frac{200 \times 10^{-6} - 0.1 \times 10^{-6}}{100} = 2 \times 10^{-6} (S/lx)$$

当继电器 J 动作时,加在光敏电阻上的电压为

$$U = U_{BB} - U_{BE} - R_e I_E \approx 12 - 0.7 - 100 \times 10 \times 10^{-3} = 10.3(\text{V})$$

再由式(2-3)求得所需照度值为

$$E_v = \frac{I_\phi}{S_g U}$$

而忽略暗电流时

$$I_\phi = \frac{I_C}{\beta}$$

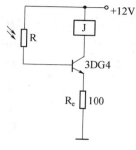

图 2-12　光控继电开关电路

所以

$$E_v = \frac{I_C}{\beta S_g U} = \frac{10 \times 10^{-3}}{50 \times 2 \times 10^{-6} \times 10.3} = 9.7(\text{lx})$$

2.2　光生伏特器件

2.2.1　光生伏特器件的基本原理

1. 光生伏特器件的电流特性

光生伏特器件的光电效应发生在 PN 结内,所以它属于 PN 结半导体器件。在不加光照时,PN 结的导电特性与一般半导体二极管相同,其二极管电流

$$I_D = I_S(e^{U/U_T} - 1) \tag{2-22}$$

式中:I_D 为 PN 结二极管电流;I_S 为反向饱和电流;U 为外加电压;$U_T = \dfrac{kT}{q}$ 为温度的电压当量,其中,$k = 1.38 \times 10^{-23}\text{J/K}$,$q = 1.6 \times 10^{-19}\text{C}$,在常温(300K)下,$U_T = 26\text{mV}$。$U_T$ 和 U 应采用同一单位。

当光照时,器件产生的光电流 $I_\phi = S\phi$,其中 S 为器件的灵敏度,ϕ 为入射的光通量。因为光电流 I_ϕ 为二极管反向电流,所以器件输出的电流以光电流方向为正时表示为

$$I = I_\phi - I_D = S\phi - I_S(e^{U/U_T} - 1) \tag{2-23}$$

上式表明光生伏特器件输出的电流值与入射通量 ϕ 和外加偏压 U 有关。光生伏特器件的偏压有三种情况:①正偏压,即 $U > 0$。例如光电池负载上产生的自给偏压。②零偏压,即 $U = 0$。例如光电池负载为零,输出电流 $I = S\phi$。③反向偏压,即 $U < 0$。例如半导体光电二极管工作偏压。

光生伏特器件在反向偏压下,若 U 大于 U_T 几倍时指数项 e^{U/U_T} 近似为零,则

$$I = S\phi + I_S \tag{2-24}$$

上式为半导体光电管输出电流的表达式。当无光照时,$I = I_S$ 为光电管的暗电流。一般情况下暗电流很小(小于 $0.1\mu A$),往往可以忽略。

2. 结电容

光生伏特器件的结电容与一般半导体二极管相同,其表达式为

24

$$C_{\mathrm{B}} \propto A_{\mathrm{g}} \cdot U_{\mathrm{h}}^{-\frac{1}{2}} \qquad (2-25)$$

式中：A_{g} 为 PN 结面积（光敏面积）；U_{h} 为 PN 结两端的反向电压。上式表明，结电容 C_{B} 与光敏面积 A_{g} 成正比，与 PN 结两端的反向电压 U_{h} 的平方根成反比。因此，为了提高光电器件的频率响应，可选光敏面积小的器件和适当增加反向偏压。

3. 噪声

光生伏特器件的噪声主要是输出电流产生的散弹噪声，其表达式为

$$I_{\mathrm{N}} = \sqrt{2qI_{\mathrm{DC}}\Delta f} \qquad (2-26)$$

式中：q 为电子的电荷；I_{DC} 为输出电流的直流分量；Δf 为频带宽度。

在一般情况下，光生伏特器件的散弹噪声与前置放大器的噪声相比，散弹噪声可以忽略。

2.2.2　半导体光电管

目前，光生伏特器件的种类很多，随着激光技术的发展，相应的接收器件不断出现。由于硅材料稳定性较好，所以大多数光生伏特器件用硅材料制作，一般硅光电管的光谱范围为 $0.4\mu m \sim 1.1\mu m$，峰值波长为 $0.9\mu m$。但是，锗光电管的光谱范围向红外扩展到 $2.14\mu m$，其峰值波长为 $1.465\mu m$，在光谱响应上有它的优点。

用硅和锗制作光电管，又分为以 P 型材料为基片进行 N 掺杂和以 N 型材料为基片进行 P 掺杂两种类型。它们的工作原理基本相同，下面主要介绍硅光电管器件。

1. 光电二极管

1）2DU 和 2CU 型光电二极管

图 2-13(a) 为 2DU 型光电二极管结构原理图。用高阻 P 型硅作为基片，其电阻率约为 $1k\Omega \cdot cm$，然后在基片表面进行 N 掺杂形成 PN 结。N 区扩散得很浅，约为 $1\mu m$ 左右，而空间电荷区（耗尽层）较宽，所以保证了大部分光子入射到耗尽层内。在光敏面上涂一层硅油保护膜，既可保护光敏面又可增加对光的吸收率。

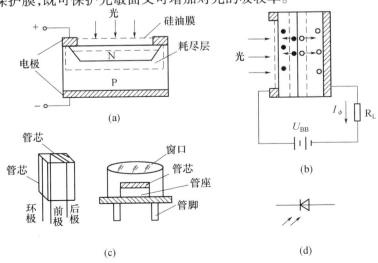

图 2-13　2DU 型光电二极管
(a) 管芯结构；(b) 工作原理；(c) 管型；(d) 符号。

图 2-13(b)为工作原理图。当光子入射到耗尽层内被吸收而激发出电子-空穴对时,电子-空穴对在外加反向偏压 U_{BB} 的作用下,空穴流向负极,电子流向正极,便形成了二极管的反向电流——光电流。光电流 I_ϕ 流过外加负载 R_L 产生电压信号输出。

2DU 光电二极管还有一个环极,制作环极的目的是为了消除表面漏电流。在制作器件进行平面工艺的过程中,在表面上要求制作二氧化硅保护层。但在氧化过程中,会吸附一些正离子。由于在氧化层里含有正离子,所以在氧化层下面的 P 型区内感应负电荷,出现了反型层。因此在氧化层下面的 P 区表面与 N 区形成沟道。在外加反向电压时形成沟道效应即表面漏电流,如图 2-14(a)所示。

为了消除表面漏电流,在氧化层中间也扩散一个环型 PN 结,将光敏面环绕起来,故为环极,如图 2-14(b)、(c)所示。

当环极电位高于前极电压时,在环极形成阻挡层阻止表面漏电流通过。

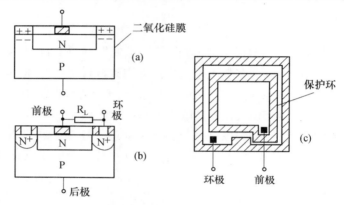

图 2-14 环极结构原理图

(a)沟道效应;(b)、(c)环极结构。

2DU 型光电二极管的基本电路如图 2-15 所示。环极接电源正极,后极接电源负极,前极通过负载 R_L 接电源正极,保证环极电位高于前极。这种接法可使负载电阻 R_L 中的暗电流很小,一般小于 0.05μA。光电流在负载 R_L 上的压降为负电压信号。

2CU 型光电二极管采用 N 型材料为基片,在表面层扩散很浅的 P 型层,形成 PN 结,其工作原理上与 2DU 型管相同。2CU 型基本电路如图 2-16 所示。

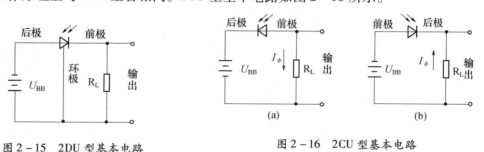

图 2-15 2DU 型基本电路

图 2-16 2CU 型基本电路

(a)正信号输出;(b)负信号输出。

2)锂漂移光电二极管 2DU$_L$

锂漂移光电二极管的峰值波长为 1.06μA,恰好与掺钕钇铝石榴石激光器的激光波长

26

匹配,所以,它可作为掺钕钇铝石榴石激光器的接收器件。目前,生产厂家定为 2DU$_L$ 型号。图 2-17 为 2DU$_L$ 的结构原理图。

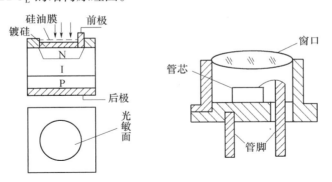

图 2-17　2DU$_L$ 结构原理图

将高阻 P 型硅片,用锂(Li)作为 N 型杂质扩散,形成 PN 结。然后在一定温度下加直流反向电压进行锂漂移。最后形成本征层 I,其 I 层厚度为 500μm 左右。由于 I 层较厚,结电容很小,提高了频率响应。

在光敏面上蒸镀二氧化硅膜和涂硅胶油,使器件对红外光有良好的透过率,同时对光敏面也起到了保护作用。

3) 雪崩光电二极管

雪崩光电二极管是具有内增益的光电器件,它是利用光生载流子在高电场区内的雪崩效应而获得光电流增益。其雪崩过程是这样的:光子入射到光敏面后,激发出电子—空穴对,被激发的电子在高电场作用下获得足够大的动能,在定向运动中碰撞晶格原子,使晶格原子电离出新的二次电子;被撞出的二次电子在电场作用下获得足够动能,碰撞晶格原子,使原子再电离出二次电子,如此下去,像雪山上的"雪崩"一样迅速反应。电离出来的二次电子数远远大于原来的光电子数,所以信号电流大大地增加了,其倍增数可达几百倍,甚至上千倍。

为了适应不同的光谱范围、高的光电流增益、快的响应速度和低的噪声等要求,人们制造出多种类型的雪崩光电二极管。图 2-18 为三种简单的结构示意图。

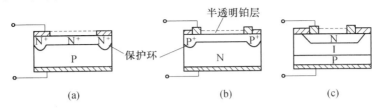

图 2-18　雪崩光电二极管结构示意图
(a) P 型 N 结构;(b) N 型铂金属膜结构;(c) PIN 结构。

图 2-18(a)是 P 型硅做基片,扩散杂质浓度大的 N$^+$ 层,图 2-18(b)是 N 硅做基片,上面蒸涂金属铂形成硅化铂膜(约 0.01μm),呈半透明状态。图中注明的保护环作用有两个:①由于保护环为深扩散,结区形成较宽,呈现高阻区,所以减少了表面漏电流;②由于 PN 结边缘不均匀而且缺陷密度较高(微等离子区),容易在结的边缘发生击穿现象,加

保护环后,避免了边缘击穿现象,迫使雪崩击穿发生在体内。图 2 – 18(c)为 PIN 型雪崩光电二极管。从以上结构图可以看出,其结构基本上类似于前面所介绍的光电二极管,但本质上又有所不同。为了实现雪崩过程,基片的杂质浓度高(电阻率低),容易碰撞电离,另外片子的厚度比较薄,保证有高的电场强度,以便电子获得足够的功能。

雪崩光电二极管能够获得高增益,这是它的优点,但是雪崩的过程是无规则的碰撞,所以噪声比一般光电二极管大些。另外,在雪崩过程中 PN 结上的反向偏压容易产生波动,将影响增益的稳定性,而且受温度的影响也比较大。

在使用雪崩光电二极管时,为了获得较大的光电信号输出,必须选择一个最佳工作点。

从图 2 – 19 可以看到,工作偏压增加时,输出电流按指数形式增加,在偏压较低时,不产生雪崩过程(无光电流倍增过程)。所以,当光脉冲信号入射后,光电流输出信号很小(如 A 点波形)。当反偏压升至 B 点时,光电流便产生雪崩倍增,这时光电流脉冲信号输出最大(如 B 点波形)。当偏压超过雪崩击穿电压时,雪崩电流维持自身流动,使暗流迅速增加,而光子激励的载流子的雪崩倍增将减小,即光电流灵敏度则随反向偏压的增加而越来越小,如在 C 点处光电流脉冲信号输出减少。换句话说,当反向偏压超过 B 点后,由于暗电流增加得更快,使有用的光电流脉冲幅值减少,所以

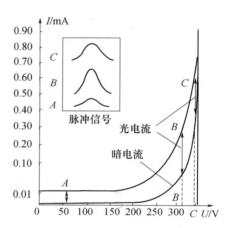

图 2 – 19 光电流和暗电流偏压变化曲线

最佳工作点应选在接近雪崩击穿点附近。有时为了压低暗流,把工作点往左移,而牺牲了高灵敏度的要求。一般雪崩光电二极管的反向击穿电压在几十伏到几百伏之间,由雪崩光电二极管的型号决定。目前,雪崩二极管的偏压分低压和高压两种,低压在几十伏左右,高压在几十伏到几百伏之间。最佳工作点的选择可由实验确定。

在雪崩击穿点附近电流随偏压变化较大,当反向偏压有较小变化时,光电流将有较大变化,所以确定工作点后,对偏压的稳定度要求较高。

2. 光电三极管

光电三极管有 NPN 型和 PNP 型结构两种。用硅材料制作时,NPN 结构为 3DU 型,PNP 结构为 3CU 型。图 2 – 20 为 3DU 型光电三极管的工作原理和符号。图 2 – 20(a)只引出了两个电极(集电极和发射极),没有基极。有的引出了基极。为了区别起见称前者为光电晶体管,称后者为光电三极管。但它们的工作原理基本相同。

光电三极管的工作有两个过程:一是光电转换;二是光电流放大。光电转换过程是在集—基结区内进行,它与一般光电二极管相同。光激发电子—空穴对,其电子流向集电区被集电极所收集,空穴流向基区作为基极电流被晶体管放大,其放大原理与一般晶体管基本相同。不同之处是一般晶体管是由基极向发射结注入载流子控制发射区的扩散电流;而光电晶体管是由光生载流子注入到发射结控制发射区的扩散电流。最后,集—基结区内产生的光电流 I_ϕ 被晶体管放大 β 倍,一般放大倍数 β 为几十倍。因此,光电晶体管的

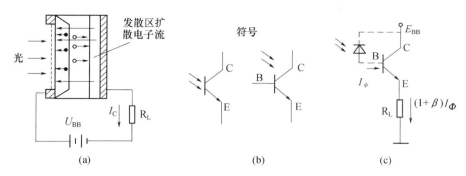

图 2-20　光电三极管工作原理及符号

（a）结构；（b）符号；（c）工作原理示意图。

灵敏度比二极管的灵敏度高几十倍。

集电极输出电流

$$I_C = I_\phi \beta = S_1 \beta E \qquad (2-27)$$

式中：$I_\phi = S_1 E$，S_1 为集—基结光电流灵敏度，E 为入射照度；$S_1\beta$ 又称为光电晶体管的灵敏度。

光电三极管接入基极电阻后，其光电流输出特性发生变化，如图 2-21 所示。图 2-21（b）为 R_{BE} 等于不同值时 I_C 和 E 特性曲线。当 $R_{BE} = \infty$ 时，相当于光电晶体管工作状态（没有基极）。当 R_{BE} 值变小时，R_{BE} 将对集—基结区产生的光电流 I_ϕ 进行分流，只有当 R_{BE} 上的电压降大于基—射结的死区电压时，晶体管才导通并有放大作用。一般硅管的死区电压为 0.5V，所以，要求 $I_\phi R_{BE} > 0.5V$，即入射照度 $E > 0.5V/S_1 R_{BE}$ 时，光电三极管才正常工作，其集电极输出电流的增量

$$\Delta I_C \approx \frac{S_1 R_{BE}}{R_{BE} + r_{be}} \beta \Delta E = \frac{S_1 \beta}{1 + \dfrac{r_{be}}{R_{BE}}} \Delta E \qquad (2-28)$$

由式（2-28）可知，当 $R_{BE} = \infty$ 时，$\Delta I_C = S_1 \beta \Delta E$，同式（2-27），即为光电晶体管；当 R_{BE} 减小时，在同一照度下 I_C 值减小，即 $I_C - E$ 曲线右移；当 $R_{BE} = 0$ 时，$I_C = 0$，即无光电信号输出。

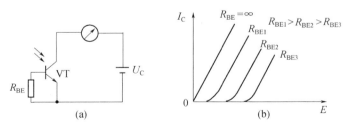

图 2-21　基极电阻及光电特性

（a）光电三极管电路；（b）光电特性。

适当地选取 R_{BE} 值，可以消除背景光的影响，同时可减小暗电流。

光电三极管与光电二极管比较，其优点是光电流灵敏度比光电二极管增加 β 倍。光电三极管的缺点是暗电流比较大，大约为 10μA 左右；另外，为了提高光电转换效率，使

集—基结接触面积增大,这样一来集—基结电容就比较大,可达20pF,所以光电三极管的频响特性较光电二极管差,尤其是采用共射极电路时,由于有"密勒效应"影响,使高频截止频率有明显下降。

为了改进光电三极管的频率响应特性,减小体积,增大增益,人们制出了集成光电晶体管。图2-22(a)为光电二极管—晶体管集成块,图2-22(b)为达林顿光电晶体管集成块。

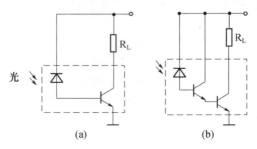

(a)   (b)

图2-22 集成光电晶体管

(a)光电二极管—晶体管;(b)达林顿光电晶体管。

3. 光电场效应管

光电场效应管与普通结型场效应管类似,图2-23为结构原理和基本电路图。

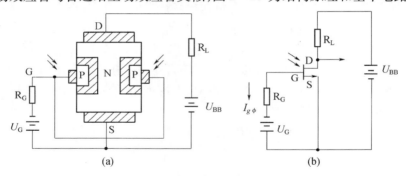

(a)   (b)

图2-23 光电场效应管基本原理

(a)结构原理;(b)基本电路图。

图中栅极P区和沟道N区所形成的PN结具有光生伏特效应,相当于光电二极管,P表面为光敏面。其基本原理是利用PN结产生的光电流来控制沟道电流的强弱。

U_G为栅极偏压,使PN结处于反向偏置,一般$|U_G|>|U_P|$,U_P为夹断电压,所以在无光照时沟道被夹断,漏极电流$I_D=0$。当有光入射光敏面时,PN结产生的光电流$I_{g\phi}$由栅极流过栅电阻R_G,在R_G产生电压降为$R_g \cdot I_{g\phi}$,只要满足条件

$$R_G I_{g\phi} \geqslant |U_G| - |U_P| \qquad (2-29)$$

就产生沟道电流,即有漏极电流。光电流$I_{g\phi}=S_I E$,其中S_I为PN结光电流灵敏度,E为入射照度。保证沟道开启的最小照度

$$E_{min} = \frac{|U_G| - |U_P|}{S_I R_G} \qquad (2-30)$$

光电场效应管与普通光电三极管相比,其优点是:①有更高的灵敏度;②有更大的增益—带宽乘积;③灵敏度可以调节。

4. 光电管的主要特性

在 1.3 节曾介绍过光电器件的基本特性，如灵敏度、光谱响应、频率响应等，这些特性是选择器件的主要根据。要正确使用光电管，必须了解它的外特性，即光电管的输出特性。

1）光电特性

当光电管的工作偏压一定时，光电管输出光电流与入射光的照度（或通量）的关系，称为光电特性。在光强小于 100mW 时，光电二极管和光电三极管输出的光电流与入射照度（或通量）为线性关系，如图 2－24 所示。

2）伏安特性

当入射光的照度（或通量）一定时，光电管输出的光电流与偏压的关系称为伏安特性。图 2－25（a）为光电二极管伏安特性曲线；图 2－25（b）为光电三极管的伏安特性曲线。其不同点是由于光电三极管发射结的位垒作用，使光电三极管在零偏压时输出光电流为零。相同点是在偏压较低时，输出的光电流呈非线性变化，即光电流与偏压有关，当偏压在几伏以后，输出光电流基本恒定（光电流饱和）。在恒定区内，光电管的输出信号是线性变化，即为光电管的线性工作区。

因此，在一般情况下，对光电管偏压的波动要求不严格。有时为了减小结电容提高频率响应，往往将偏压提高为 50V。

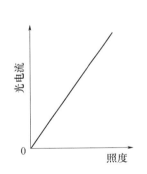

图 2－24　光电流与照度特性曲线

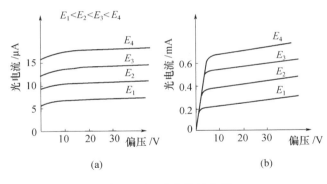

图 2－25　伏安特性曲线
（a）光电二极管；（b）光电三极管。

3）温度特性

光电二极管的暗电流和光电流随温度的变化均有变化。对于硅光电二极管来说，在偏压和光强不变的情况下，一般在 0℃ 以上时温度改变 25℃~30℃，暗流可增大 10 倍，光电流变化量在 10% 左右，图 2－26 所示曲线是在偏压为 50V 时测得的。

光电三极管因有电流放大作用，所以，光电三极管的光电流和暗电流受温度影响比光电二极管大得多，其变化曲线规律同光电二极管。

锗光电管的温度特性比硅光电管差。

在弱信号检测时要考虑温度的影响，一般采取的措施是恒温和电路补偿。

2.2.3　光电管的基本电路

1. 缓变信号的基本电路

当入射光信号为恒定或缓变（如测量光的照度）时，基本变换电路如图 2－27 所示。

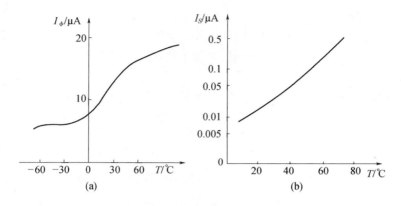

图 2-26 硅光电二极管的温度特性

(a) 光电流随温度变化；(b) 暗电流随温度变化。

在线性变化时，光电管可视作恒流源，其等效电路如图 2-28(a) 所示，R_S 为光电管的内阻，R_L 为负载电阻。当 $R_S \geq R_L$ 时，等效电路为图 2-28(b)。

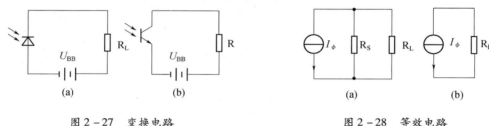

图 2-27 变换电路

(a) 光电二极管电路；(b) 光电晶体管电路。

图 2-28 等效电路

(a) 等效电路；(b) 简化等效电路。

下面通过伏安特性曲线分析负载电阻选取的范围，如图 2-29 所示。

电压 U_2 为拐点 M 对应的偏压，当偏压大于 U_2 时，输出电流为线性变化。设 E_2 为最大照度，所以最大负载电阻 R_{Lmax} 应通过 M 点。最大负载电阻值为

$$R_{Lmax} = \frac{U_{BB} - U_2}{SE_2} \qquad (2-31)$$

当负载电阻 $R_L \leq R_{Lmax}$ 时，光电管可视作恒流源，输出电流与负载电阻大小无关。入射照度由 E_1 增到 E_2 时，电流增量为

$$\Delta I_o = I_2 - I_1 = S(E_2 - E_1) \qquad (2-32)$$

负载电阻 R_L 上的电压增量为

$$\Delta U_o = U_1' - U_2' = S(E_2 - E_1)R_L \qquad (2-33)$$

当负载电阻为最大值时，将式(2-31)代入式(2-33)得最大电压输出为

$$\Delta U_{max} = \frac{E_2 - E_1}{E_2}(U_{BB} - U_2) \qquad (2-34)$$

2. 交变信号的基本电路

交变光信号如调制光，光的干涉条纹和光栅产生的莫尔条纹，这些信号近似为正弦波形，激光脉冲信号用富氏级数展开也可分解为若干正弦波信号。所以，入射光按正弦信号分析。入射照度为

$$e(t) = E_Q + E_m \sin\omega t \qquad (2-35)$$

式中: E_Q 为直流分量; E_m 为交变幅值。光照的最大值 $E_2 = E_Q + E_m$, 最小值 $E_1 = E_Q - E_m$, 光信号波形如图 2-30 所示。

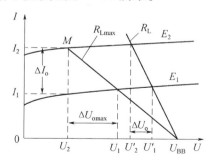

图 2-29　负载作图法

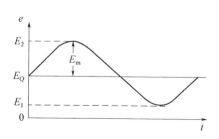

图 2-30　光信号波形

图 2-31 为变换电路的低频等效电路。

图 2-31(a) 中 C 为耦合电容, r_i 为放大器输入电阻, 若忽略内阻 R_S 和电容 C 时, 等效电路如图 2-31(b) 所示, 图中, $R'_L = R_L // r_i$, $i = SE_m \sin\omega t$, 则输出电压信号为

$$u_o = iR'_L = S\frac{R_L r_i}{R_L + r_i}E_m \sin\omega t \qquad (2-36)$$

如图 2-32 所示, 直流负载线 $U_{BB}M$ 与交流负载线 NP 均通过 Q 点, Q 为直流工作点。输出电流信号的幅值为

$$I_m = I_2 - I_Q = S(E_2 - E_Q) = SE_m \qquad (2-37)$$

输出电压信号的幅值

$$U_m = I_m R'_L = SE_m \frac{R_L r_i}{R_L + r_i} \qquad (2-38)$$

输出电流和电压表达式

$$i_o = SE_m \sin\omega t \qquad (2-39)$$

$$u_o = S\frac{R_L r_i}{R_L + r_i}E_m \sin\omega t \qquad (2-40)$$

当 $r_i \gg R_L$、$R'_L \approx R_L$ 时, 即交流负载线与直流负载线重合, 此时输出交流电压信号最大。所以, 放大器作为电压放大时, 高输入阻抗有利。当 R'_L 小于最大直流负载电阻 R_{Lm} 时, 输出电流与负载无关, 为线性工作区。

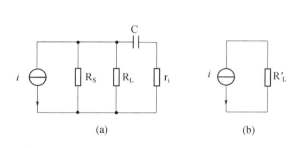

图 2-31　等效电路图
(a) 等效电路; (b) 简化等效电路。

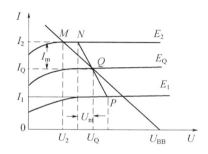

图 2-32　负载作图法

例 2 – 2 用 2DU1 光电管探测缓变辐射通量,设最大辐射通量 $\phi_2 = 100 \mu W$,求保证最大信号输出时负载 R_L 值为多少?并计算在辐射通量变化 $10 \mu W$ 时,输出电压的增量值。

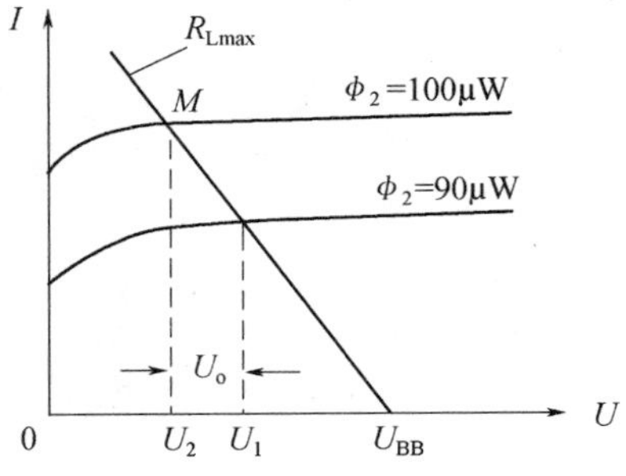

解:假设采用图 2 – 27 所示基本变换电路。首先用图解法求负载 R_L 值。按题意画出图 2 – 33。为了保证在线性输出时获得最大电压信号,负载线应过拐点 M。

设 $U_2 = 10V$,$U_{BB} = 15V$,查附表,取 2DU1 的 $S = 0.4 \mu A/\mu W$,暗电流 $I_{Dk} = 0.1 \mu A$,所以,忽略暗电流后,最大负载值为

图 2 – 33 负载作图法

$$R_{Lmax} = \frac{U_{BB} - U_2}{S\phi_2} = \frac{15 - 10}{0.4 \times 100 \times 10^{-6}} = 125(k\Omega)$$

入射辐射通量变化 $10 \mu W$ 时,输出电压的增量值为

$$\Delta U_o = S\Delta\phi R_{Lmax} = 0.4 \times 10 \times 10^{-6} \times 125 \times 10^3 = 0.5(V)$$

2.2.4 光电池

光电池是一种把光能转成电能的器件。制造光电池的材料有硅、硫化镉、砷化镓和碘化铟等,其中硅光电池的转换率最高,最大的转换效率为 17%,这与理论上的最大转换率 21.6% 已经接近。

虽然光电池种类较多,但基本原理相同,下面重点介绍硅光电池。

1. 光电池的结构及工作原理

1)硅光电池的结构

目前,硅光电池有两种系列:2DR 型和 2CR 型。2DR 型是以 P 型硅为衬底,进行 N 掺杂形成 PN 结。在结构上与光电二极管相似,其区别在于硅光电池衬底材料的电阻率低,为 $0.1\Omega \cdot cm \sim 0.01\Omega \cdot cm$,而硅光电二极管衬底材料的电阻率约为 $1000\Omega \cdot cm$。图 2 – 34 为 2DR 型硅光电池的结构原理和符号。光敏面从 $0.1cm^2 \sim 10cm^2$ 不等,光敏面积大则接收辐射能量多,输出光电流大。大面积光敏面采用梳状电极,可以减少光生载流子的复合,从而提高转换效率,减少表面接触电阻。

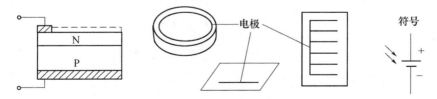

图 2 – 34 硅光电池结构及符号

2)硅光电池的工作原理及特性

硅光电池的工作原理如图 2 – 35 所示。R_L 为外接负载电阻,I_ϕ 为光电流,I_D 为二极管电流,I 为外电流。

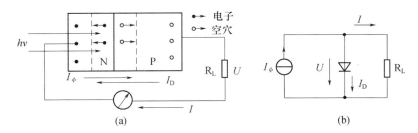

图 2-35　硅光电池的工作原理

(a) 原理图；(b) 等效电路。

当光电流流过负载电阻 R_L 时，在 R_L 上产生压降 U，此电压 U 为 PN 结二极管的正向偏压，在电压 U 的作用下，产生二极管电流 I_D，所以流过负载的外电流为

$$I = I_\phi - I_D = I_\phi - I_s(e^{\frac{U}{U_T}} - 1) \qquad (2-41)$$

式中：I_s 为二极管反向饱和电流；$U_T = kT/q$ 为温度的电压当量；$U = IR_L$。

由式(2-41)可知，当负载短路即 $R_L = 0$、$U = 0$ 时，此时输出的电流为短路电流：

$$I_{sc} = I_\phi = SE \qquad (2-42)$$

式中：S 为光电流灵敏度；短路电流 I_{sc} 与照度 E 成正比。

当负载开路即 $R_L = \infty$，$I = 0$，此时光电池输出电压为开路电压。在开路状态，光电流与二极管电流处在动态平衡状态。由式(2-41)得

$$U_{oc} = U_T\ln\left(1 + \frac{I_\phi}{I_s}\right) \qquad (2-43)$$

当照度增加很大时，开路电压 U_{oc} 与照度 E 几乎无关，所有照度下的 U_{oc} 值汇集一点。硅光电池的最大开路电压 $U_{oc} = 0.6V$，此值接近于二极管正向开启电压，开路电压不可能大于开启电压。

图 2-36 为短路电流 I_{sc} 和开路电压 U_{oc} 与照度关系曲线，即光电特性。

在一定光照下，如果改变负载电阻 R_L 时，R_L 上的电流 I 和电压 U 都在变化。输出电流和电压随负载变化曲线为光电池的伏安特性，图 2-37 为在不同照度时的伏安特性曲线。

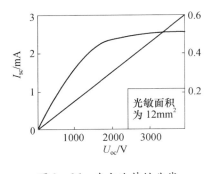

图 2-36　光电池特性曲线

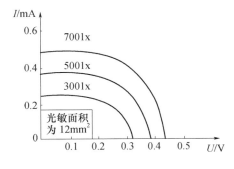

图 2-37　伏安特性曲线

从能量转换观点，希望负载电阻 R_L 上获得最大功率，即电流 I 与电压 U 的乘积值 IU 为最大。从图 2-38 曲线可知，Q 点对应的 IU 面积最大，即输出功率最大。过 Q 点的负

载电阻为最佳负载电阻 R_{opt}。

最佳负载电阻 R_{opt} 可由经验公式求出

$$R_{\text{opt}} = \frac{U_{\text{m}}}{I_{\text{m}}} \approx \frac{U_{\text{m}}}{I_{\text{sc}}} \qquad (2-44)$$

其中 $U_{\text{m}} = (0.6 \sim 0.8)U_{\text{oc}}$，$I_{\text{m}} \approx I_{\text{sc}} = SE$。上式表明最佳负载电阻 R_{opt} 与入射照度（或通量）成反比。$R_{\text{L}} \leqslant R_{\text{opt}}$ 时，二极管电流可以忽略，负载电流近似等于短路电流（光电流），可视为恒流源。当 $R_{\text{L}} > R_{\text{opt}}$ 时，二极管电流按指数形式增加，所以负载电流近似地以指数形式减小。

光电池输出的电流 I，电压 U 和功率 P 与负载电阻 R_{L} 的关系如图 2-39 所示。当 $R_{\text{L}} = R_{\text{opt}}$ 时，最大功率输出 $P_{\text{max}} = U_{\text{m}}I_{\text{m}}$。

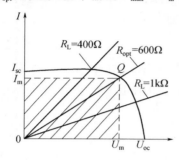

图 2-38　最佳负载电阻图

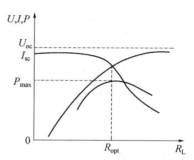

图 2-39　I、U、P 与 R_{L} 关系

2. 光电池的基本电路

光电池的应用有两个方面：一是作为光信息接收检测器件；二是作为太阳能电池。由于光电池频率响应不高，主要用在低频场合。因此，这里仅介绍低频电路。

1）自偏置电流

图 2-40 为自偏置基本电路和等效电路图。光电池输出电流在负载电阻 R_{L} 上的压降作为光电池的正向偏压，所以为自偏置电路。其内阻 R_{S} 等于二极管正向电阻 R_{D}，在线性工作范围内，$R_{\text{D}} \gg R_{\text{L}}$，所以等效电路可以不考虑 R_{D}。当光的照度由 E_1 变到 E_2 时，输出电流和电压变化值分别表示为

$$\Delta I_{\text{o}} = S_{\text{I}}(E_2 - E_1) \qquad (2-45)$$

$$\Delta U_{\text{o}} = S_{\text{I}}(E_2 - E_1)R_{\text{L}} \qquad (2-46)$$

式中：S_{I} 为光电池短路电流灵敏度；$R_{\text{L}} < R_{\text{opt}}$。用作图法求输出信号如图 2-41 所示。

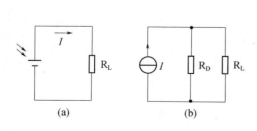

图 2-40　基本电路

（a）原理电路；（b）等效电路。

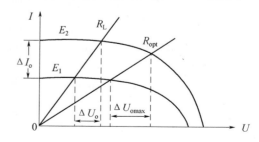

图 2-41　作图法

若利用输入光信号有和无两个状态进行电路控制或计数,如计算机纸带输入有光照为1,无光照为0。为获得较大的电压信号,光电池运用在开路状态,即 $R_L \to \infty$ 。如果光电池接入放大器,则要求放大器的输入电阻很高,这样放大器可以得到零点几伏的电压信号。

2)反向偏置电路

为了扩大光电池的线性范围,增大负载上的电压输出,在光电池上加反向偏置电压 U_{BB} ,如图2-42所示。

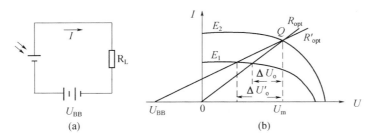

图2-42 反向偏置电路

(a)基本电路;(b)作图法。

加反向偏压后,照度为 E_2 时的最佳负载电阻为

$$R'_{opt} = \frac{U_{BB} + U_m}{SE_2} \qquad (2-47)$$

其中, $U_m = (0.6 \sim 0.8)U_{oc}$,一般取 $U_m = 0.7U_{oc}$ 。可见,加反向偏压后,负载电阻的线性范围增大,输出电压 $\Delta U'_o > \Delta U_o$ 。

另外,加反向偏电压后,PN结区加宽,结电容减小,频率响应提高。

3)零伏偏置电路

当光电池的负载为零时,光电池没有自给正偏压,即为零伏偏置,此时输出的短路电流与照度成线性变化。比较理想的零伏偏置电路是电流放大器。图2-43为电流-电压放大器原理电路。

图中 I_{sc} 为短路光电流, R_S 为光电池内阻,放大器为集成运算放大器,其输入电阻

$$r_i \approx \frac{R_f}{1 + A_0} \qquad (2-48)$$

式中: R_f 为反馈电阻; A_0 为运放器的开环放大倍数。若 $R_f = 100k\Omega$, $A_0 = 10^4$ 时,则 $r_i = 10\Omega$ 。一般 $R_f < 100k\Omega$,所以 $r_i \approx 0$ 。放大器输出电压为

$$U_0 = -I_{sc}R_f \qquad (2-49)$$

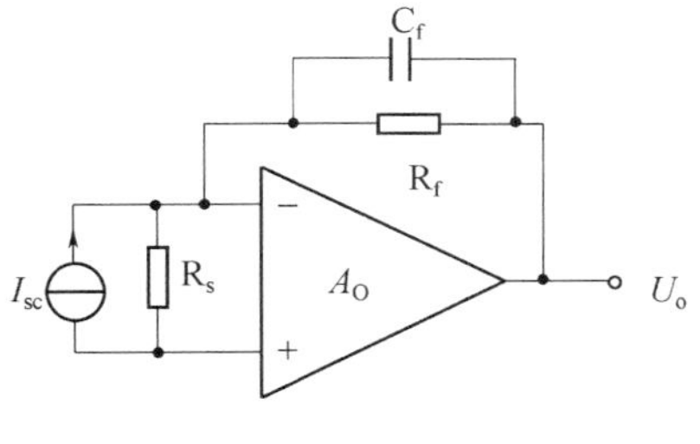

图2-43 电流—电压放大原理

为了降低高频噪声输出,在反馈电阻 R_f 上并联电容 C_f ,对高频噪声进行100%的负反馈。

光电池的交流等效电路和图解法基本上同光电二极管,因此不再介绍。

例2-3 用硒光电池制作照度计,图2-44为电路原理图。已知硒光电池在100lx

照度下,最佳功率输出时 $U_{m}=0.3V$,$I_{m}=1.5mA$。选用 $100\mu A$ 表头改装指示照度值,表头内阻 R_{M} 为 $1k\Omega$,若指针满刻度值为 $100lx$,计算电阻 R_1 和 R_2 值。

解:由题意得

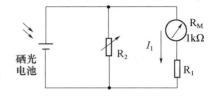

$$U_{m} = I_1(R_M + R_1)$$

$$R_1 = \frac{U_m - I_1 R_m}{I_1}$$

图 2-44 原理电路

当 $U_m = 0.3V$ 时,$I_1 = 100\mu A$,得

$$R_1 = \frac{0.3 - 100 \times 10^{-6} \times 1 \times 10^3}{100 \times 10^{-6}} = 2(k\Omega)$$

硒光电池运用在最佳功率输出时要满足负载匹配条件,即 $R_L = R_{opt}$,由电路图得

$$R_L = R_2 // (R_M + R_1)$$

而 $R_{opt} = \dfrac{U_m}{I_m}$,所以

$$R_2 // (R_M + R_1) = \frac{U_m}{I_m}$$

$$R_2 = \frac{(R_M + R_1)\dfrac{U_m}{I_m}}{R_M + R - \dfrac{U_m}{I_m}} = \frac{\dfrac{0.3}{1.5 \times 10^{-3}} \times (1 \times 10^3 + 2 \times 10^3)}{1 \times 10^3 + 2 \times 10^3 - \dfrac{0.3}{1.5 \times 10^{-3}}} \approx 214.3(\Omega)$$

取 $R_2 = 220\Omega$。

2.2.5 光生伏特器件组合件

光伏器件组合件是在一块硅片上制造出按一定方式排列的具有相同光电特性的光伏器件阵列。它广泛应用于光电跟踪、光电准值、图像识别和光电编码等应用中。用光电组合器件代替由分立光伏器件组成的变换装置,不仅具有光敏点密集量大、结构紧凑、光电特性一致性好、调节方便等优点,而且它独特的结构设计可以完成分立元件无法完成的检测工作。

1. 象限阵列光伏器件组合件

图 2-45 所示为几种典型的象限列阵光生伏特器件组合件。其中(a)为二象限光生伏特器件组合件,它是在一片 PN 结光电二极管(或光电池)的光敏面上经光刻的方法制成两个面积相等的 P 区(前极为 P 型硅),形成一对特性参数极为相近的 PN 结光电二极管(或光电池)。这样构成的光电二极管(或光电池)组合件具有一维位置的检测功能,或称具有二象限的检测功能。当被测光斑落在二象限器件的光敏面上时,光斑偏离的方向或大小就可以被如图 2-46 所示的电路检测出来。如图 2-46(b)所示,光斑偏向 P_2 区,P_2 的电流大于 P_1 的电流,放大器的输出电压将为大于零的正电压,电压值的大小反映光斑偏离的程度;反之,若光斑偏向 P_1 区,输出电压将为负电压,负电压的大小反映光斑偏向 P_1 区的程度。因此,由二象限器件组成的电路具有一维的检测功能,在薄板材料的生产中常被用来检测和控制边沿的位置,以便卷制成整齐的卷。

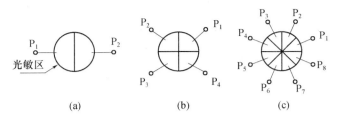

图 2 - 45　象限列阵光生伏特器件组合件示意图

（a）二象限器件；（b）四象限器件；（c）八象限器件。

图 2 - 45（b）所示为四象限光生伏特器件组合器件,它具有二维位置的检测功能,可以完成光斑在 x、y 两个方向的偏移。

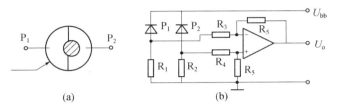

图 2 - 46　光斑中心位置的二象限检测电路

（a）光斑中心位置示意图；（b）二象限检测电路。

当器件坐标轴线与测量系统基准线间的安装角度为 0°（器件坐标轴与测量系统基准线平行）时,采用如图 2 - 47 所示的和差检测电路。用加法器先计算相邻象限输出光电信号之和,再计算和信号之差,最后,通过除法器获得偏差值。

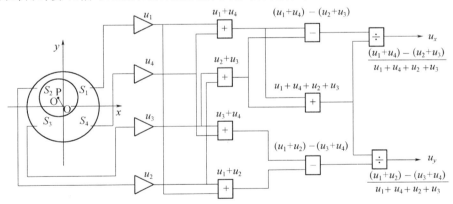

图 2 - 47　四象限组合器件的和差检测电路

2. 线阵列光伏器件组合件

线阵列光伏器件组合件是在一块硅片上制造出光面面积相等、间隔也相等的一串特性相近的光生伏特器件阵列。图 2 - 48 所示为由 16 只光电二极管构成的典型线阵列光生伏特器件组合件,其型号为 16NC。

图 2 - 48（a）所示为器件的正面视图,它由 16 个共阴的光电二极管构成,每个光电二极管的光敏面积为 5mm×0.8mm,间隔为 1.2mm。16 个光电二极管的 N 极为硅片的衬底,P 极为光敏面,分别用金属引出到管座,如图 2 - 48（b）所示。光电二极管线阵列器件

的原理电路如图2-48(c)所示,N为公共的负极,应用时常将N极接电源的正极,而将每个阳极通过负载电阻接地,并由阳极输出信号。

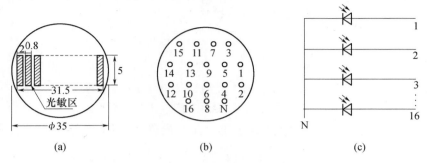

图2-48　光电二极管阵列光生伏特器件组合件
(a)正面;(b)背面;(c)原理电路。

图2-49所示为由15只光电三极管构成的线阵列光生伏特器件组合件。图2-49(a)为器件的俯视图,每只光电三极管的光敏面积为1.5mm×0.8mm,间隔为1.2mm,光敏区总长度为28.6mm,封装在如图2-49(a)所示的DIP30管座中。光电三极管线阵列器件的原理电路图如图2-49(b)所示。图2-49(c)与(d)所示分别为该管座的两个侧视图,表明其安装尺寸。显然,光电三极管线阵列器件没有公共的电极,应用时可以更灵活地设置各种偏置电路。

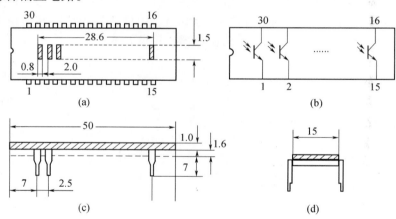

图2-49　光电三极管线阵列器件
(a)俯视图;(b)原理图;(c)侧视图;(d)侧视图。

另外,还有用硅光电池等其他光生伏特器件构成的线阵列器件。线阵列光生伏特器件组合件是一种能够进行并行传输的光电传感器件,在精密要求和灵敏度要求并不太高的多通道检测装置、光电编码器和光电读出装置中得到广泛的应用。但是,线阵列CCD传感器的出现使这种器件的应用受到很大的冲击。

2.2.6　光电位置敏感器件(PSD)

光电位置敏感器件是基于光生伏特器件的横向效应的器件,是一种对入射到光敏面上的光电位置敏感的器件。因此,称其为光电位置敏感器件(Position Sensing Detector,

PSD）。PSD 器件具有比象限探测器件在光点位置测量方面更多的优点。例如,它对光斑的形状无严格的要求,即它的输出信号与光斑是否聚焦无关;光敏面也无须分割,消除了象限探测器件盲区的影响;它可以连续测量光斑在光电位置敏感器件上的位置,且位置分辨高,一维 PSD 器件的位置分辨可高达 $0.2\mu m$。

1. PSD 器件的工作原理

图 2-50 所示为 PIN 型 PSD 器件的结构示意图。它由 3 层构成,上面为 P 型层,中间为 I 型层,下面为 N 型层;在 P 型层上设置有两个电极,两电极间的 P 型层除具有接收入射光的功能外,还具有横向的分布电阻特性。即 P 型层不但为光敏层,而且是一个均匀的电阻层。

当光束入射到 PSD 器件光敏层上距中心点的距离为 x_A 时,在入射位置上产生与入射辐射成正比的信号电荷,此电荷形成的光电流通过电阻 P 型层分别由电极①与②输出。设 P 型层的电阻是均匀的,两电极间的距离为 $2L$,流过两电极的电流分别为 I_1 和 I_2,则流过 N 型层上电极的电流为 I_0 为 I_1 和 I_2 之和。

若以 PSD 器件的几何中心点 O 为原点,光斑中心距离原点 O 的距离为 x_A,则利用

$$I_1 = I_0 \frac{L - x_A}{2L}, I_2 = I_0 \frac{L + x_A}{2L}, x_A = \frac{I_2 - I_1}{I_2 + I_1} L \qquad (2-50)$$

即可测出光斑能量中心对于器件中心的位置 x_A,它只与电流 I_1 和 I_2 的和、差及其比值有关,而与总电流无关。

一维 PSD 器件主要用来测量光斑在一维方向上的位置或位置移动量的装置。图 2-51(a)为典型一维 PSD 器件 S1543 的结构示意图,其中①和②为信号电极,③为公共电极。它的光敏面为细长的矩形条。图 2-51(b)所示为 S1543 的等效电路,它由电流源 I_P、理想二极管 VD、结电容 C_j、横向分布电阻 R_D 和并联电阻 R_h 组成。

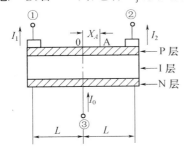

图 2-50 PSD 器件结构示意图

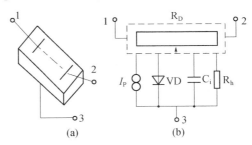

图 2-51 一维 PSD 器件 S1543

图 2-52 所示为一维 PSD 位置检测电路原理图。光电流 I_1 经反向放大器 A_1 放大后分别送给放大器 A_3 与 A_4,而光电流 I_2 经反向放大器 A_2 放大后也分别送给放大器 A_3 与 A_4,放大器 A_3 为加法电路,完成光电流 I_1 与 I_2 相加的运算(放大器 A_5 用来调整运算后信号的相位);放大器 A_4 用做减法电路,完成光电流 I_2 与 I_1 相减的运算。然后按式(2-50)

求出位置量 x。

可以用计算机的软件运算功能代替图 2-52 的硬件处理电路。将 A_1 和 A_2 两路输出量分别进行 A/D 转换后输入计算机,计算机按式(2-50)进行软件运算处理,最后输出位

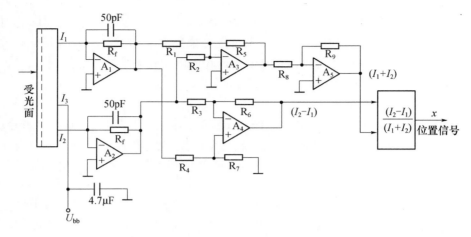

图 2-52　一维 PSD 位置检测电路原理图

置量 x。这样,即简化了硬件电路的结构,又充分发挥了计算机的软件功能,同时提高了测量的精度。

2. 二维 PSD 器件

如图 2-53(a)所示,在正方形的 PIN 硅片的光敏面上设置两对电极,分别标注为 Y_1、Y_2 和 X_3X_4,其公共 N 极常接电源 U_{bb}。二维 PSD 器件的等效电路如图 2-53(b)所示。

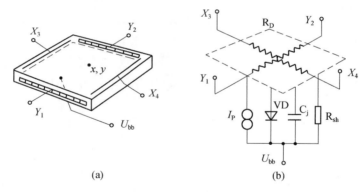

(a)　　　　　　　　　　　(b)

图 2-53　二维 PSD 的结构图和等效电路
(a)结构示意图;(b)等效电路。

2.3　真空光电倍增管

2.3.1　真空光电倍增管的基本原理

光电倍增管是具有外光电效应的器件,而且本身有很高的内增益。其光电转换分为光电发射和电子倍增两个过程。

1. 光电发射

光电倍增管的光电阴极是用光电发射材料制成。如图 2-54 所示,在玻璃管壳的内壁上先喷涂一层金属半透明的银膜作为阴极,然后再蒸涂光电发射材料。

目前,光电发射材料很多,其目的是为了接收不同波长的光和具有高的灵敏度。光电发射材料大致分为以下几种:

（1）金属化合物,如银氧铯、锑化铯、碲化铯和铋银氧铯等。

（2）多碱金属化合物,如钠钾锑和钾铯锑等。

（3）Ⅲ－Ⅴ族半导体化合物,如砷化镓－氧化铯、砷化镓铟－氧化铯、磷化砷铟－氧化铯等。由于这些材料的逸出功很小,所以短波限可扩展到红外范围。

光电倍增管的光谱特性决定于光阴极材料,其波长限决定于材料的逸出功,短波限决定于窗口材料。总之,光电倍增管的光谱范围比较窄,最大范围为 $0.2\mu m \sim 1.2\mu m$。

光入射到阴极后,光激发出的光电子逸出阴极表面成为自由电子,在外加电场作用下形成光电流称为阴极电流。若光均匀入射光阴极的强度为 E,则入射到光阴极的通量 $\phi = A_k E$, A_k 为光阴极的面积。当阴极电流为 I_k 时,光阴极灵敏度为

$$S_k = \frac{I_k}{E} \qquad (2-51)$$

在一般情况下,灵敏度 S_k 为常数。

如果光电阴极发射的光电流被阳极所收集,便构成了真空光电二极管,如图2-55所示。

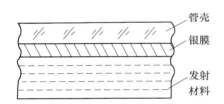

图 2-54　光电阴极结构

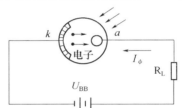

图 2-55　真空光电二极管原理图

图中 k 为阴极、a 为阳极,U_{BB} 为偏压。

真空光电二极管灵敏度较低,为了提高灵敏度,在管内加入具有增益作用的打拿极（又称倍增极）,使灵敏度大大提高。具有打拿极的真空光电管称为真空光电倍增管。

2. 光电倍增管的工作原理

光电倍增管的工作原理可用图 2-56 说明。图中 k 为光电阴极,D 为聚焦极,$D_1 \sim D_{10}$ 为相同的打拿极,而且递次增加相等的电压(80V～150V),a 为阳极。

光阴极发射的光电子被聚焦到第一打拿极 D_1 上,由于光电子具有很大动能,所以轰

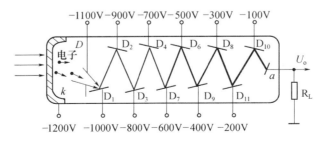

图 2-56　光电倍增管工作原理

击打拿极时就能打出多于一个的二次电子(一般为 3 个 ~6 个电子)。依次类推,从每一级打拿极上打出的电子立即被加速并聚焦到后一级的打拿极上,这样又产生出更多的电子,此过程一直继续下去,最后被阳极 a 收集而输出。

如果用 δ 表示每个打拿极的二次发射系数或称倍增系数,它定义为二次电子数 N_2 和激发二次电子的一次电子数 N_1 之比。在极间电压为 80V ~150V 时,δ 为 3 ~6。光电倍增管电流放大倍数 $G \approx \delta^n$,其中 n 为打拿极的个数,一般常用光电倍增管的打拿极数为 9 ~14,所以 $G = 10^5 ~ 10^8$。光电倍增管输出电流

$$I_a = GI_k = GS_k E = SE \tag{2-52}$$

式中:S 为光电倍增管的灵敏度。

如果考虑到电子在传输过程中会有损失,则实际电流放大倍数 G 可由下式确定:

$$G = f(g\delta)^n \tag{2-53}$$

式中:f 为第一打拿极对阴极的电子收集效率通常 $f \approx 0.9$;g 为打拿极间的传递效率,对聚焦型结构,$g \approx 1$,非聚焦型结构,$g < 1$;n 为打拿极的个数。

二次发射系数 δ 不仅与打拿极的二次发射材料有关,而且与打拿极的极间电压 U_D 有关。二次发射系数 δ 可由下列近似公式求出。对于锑化铯打拿极,则为

$$\delta = 0.2 U_D^{0.7} \tag{2-54}$$

对于银—镁打拿极,则为

$$\delta = 0.025 U_D \tag{2-55}$$

设所发射的全部电子均被收集($f = g = 1$),式(2-54)和式(2-55)代入式(2-53),分别给出放大倍数表示式,对于锑化铯打拿极,则为

$$G = (0.2)^n U_D^{0.7n} \tag{2-56}$$

而对于银—镁打拿极,则为

$$G = (0.025)^n U_D^n \tag{2-57}$$

在实际中只要分别测量出光电倍增管的阳极电流 I_a 值和阴极电流 I_k 值后,就可求出光电倍增管的电流放大倍数 $G = \dfrac{I_a}{I_k}$。

3. 打拿极结构

图 2-57 展示了几种不同打拿极结构的光电倍增管原理图。

图 2-57(a)为百叶窗打拿极结构。在每一打拿极中采用了若干小板,这些小板与管轴成 45°角,其倾斜方向与前一打拿极相反。为了从相邻的前一打拿极引出低能量的二次电子,每个打拿极前面都有金属栅网。

图 2-57(b)为盒—网机构。这两种机构是非聚焦式,其特点是打拿极的效率高,在低的极间电压下能给出高的倍增系数;另外,每一对打拿极的工作状态基本上与邻近的打拿极电压无关。但是,非聚焦式结构有较大的电子"散射"效应,使同时发射的一些电子在真空中飞行产生时间差,这些电子不能同时到达阳极,而是先后被阳极收集。这种现象通常称为时间"散差"。时间"散差"将使输出脉冲信号的前沿变斜。

图 2-57(c)和(d)为聚焦式结构,其中圆形鼠笼式结构小巧紧凑。聚焦式结构由于

极间电压高,有聚焦作用,所以电子速度快,时间散差小,输出脉冲的上升时间可小到
1ns。但是,每对打拿极的工作状态与邻近的打拿极的电压有关,所以对供电电源的稳定
度要求很高。

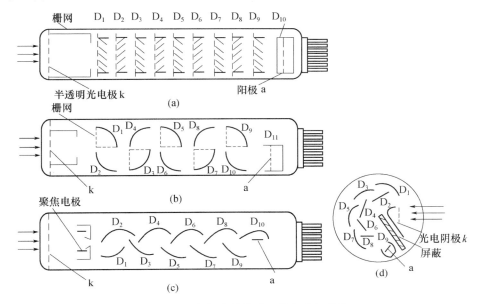

图 2-57　光电倍增管的几种打拿极结构

（a）百叶窗结构；（b）盒—网结构；（c）聚焦结构；（d）圆形鼠笼式聚焦结构。

2.3.2　真空光电倍增管的输出特性

1. 主要特性

1）伏安特性

（1）阴极伏安特性。当入射照度 E 一定时,阴极发射电流与阴极和第一打拿极之间
电压(简称为阴极电压 U_k)的关系称为阴极伏安特性。图 2-58 为不同照度下测得的特
性曲线,从曲线看出,当阴极电压在 20V 左右时,阴极电流开始趋向饱和,即为线性变化。

（2）阳极伏安特性。当入射照度一定时,阳极电流与最后一级打拿极和阳极之间电
压(简称为阳极电压 U_a)的关系称为阳极伏安特性,图 2-59 为不同照度下测得的特性曲
线,当阳极电压在 50V 之后阳极电流趋向饱和,即为线性变化。

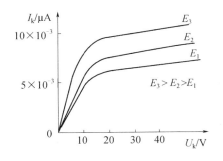

图 2-58　阴极伏安特性曲线

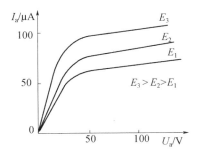

图 2-59　阳极伏安特性曲线

在实际应用中,感兴趣的是阳极伏安特性。

2)暗电流

在没有光照情况下的输出电流称为暗电流,暗电流对测量缓变弱信号不利。产生暗电流的主要因素有热电子发射、场致发射和极间的漏电流,一般暗电流为 10^{-8}A ~ 10^{-9}A,相当于入射光通量 10^{-10}lm ~ 10^{-13}lm。

3)疲劳和衰老

光电倍增管在瞬间或短期强光照射下,灵敏度会下降,但存放一段时间后可以恢复过来,这就是疲劳现象。光电倍增管在长期工作或短期强光照射后,使灵敏度下降又不能恢复过来,这种现象称为衰老。这是在使用光电倍增管时应特别注意的问题。否则,由于强光照射严重时将使光电倍增管烧毁。

因此,在工作时要求阳极电流不得超过额定值,一般在 100μA 以下,等于阳极入射光通量只有 10^{-5}lm,对于 $5cm^2$ 的光阴极面积来说,相当于 2×10^{-2}lx(相当于上弦月夜空对地面的照度)。

2. 噪声

光电倍增管的噪声主要是散弹噪声,包括阴极电流产生的散弹噪声和各级打拿极产生的散弹噪声。总输出的噪声电流的均方值

$$I_n^2 = 2qI_k G^2 \frac{\delta}{\delta-1}\Delta f = 2qI_a G \frac{\delta}{\delta-1}\Delta f \qquad (2-58)$$

式中:q 为电子电荷;I_k 为光阴极电流平均值;G 为光电倍增的放大倍数;δ 为打拿极的倍增系数;Δf 为频带宽度。若 $\delta=3\sim6$ 时,$\delta/(\delta-1)$ 在 $1.2\sim1.5$ 范围内变动。

显然,在弱信号测量时,光电倍增管的噪声不能忽略。

3. 输出信号及等效电路

光电倍增管的阳极伏安特性曲线与光电三极管相似。所以,用图解法求输出信号也基本相同,如图 2-60 所示。

设拐点 M 对应电压为 U_2,阳极电压为最后一级打拿极与阳极之间的直流电压 U_{aDn},则照度为 E_2 时的最大负载电阻为

$$R_{Lmax} = \frac{U_{aDn} - U_2}{SE_2} \qquad (2-59)$$

所以,当 $R_L < R_{Lmax}$ 时为线性运用。当光照由 E_1 变成 E_2 时,其输出电流和电压表示为

$$\begin{cases} \Delta I_o = S(E_2 - E_1) \\ \Delta U_o = SR_L(E_2 - E_1) \end{cases}$$

$$(2-60)$$

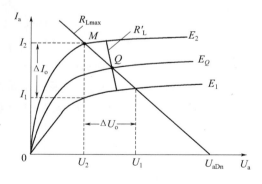

图 2-60　图解法

对交变信号的输出为

$$\begin{cases} i_0 = SE_m\sin\omega t \\ u_0 = SR_L'E_m\sin\omega t \end{cases} \qquad (2-61)$$

46

式中：E_m 为光照幅值；R'_L 为交流负载（图 2-60）。

光电倍增管的等效电路如图 2-61 所示。图中 R_S 为光电倍增管内阻，因为 $R_S \gg R_L$，所以在实际计算时可以忽略。C_0 为光电倍增管分布电容，约几皮法，r_i 和 C_i 分别为放大器的输入电阻和等效输入电容。

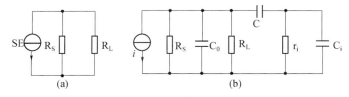

图 2-61　等效电路

（a）直流等效电路；（b）交流等效电路。

光电倍增管的交流分析方法与半导体光电二极管基本相同，此处从略。

2.3.3　光电倍增管的供电电路

1. 分压电阻的确定

光电倍增管各级间电压由电阻链分压获得。图 2-62 为供电电路原理图。

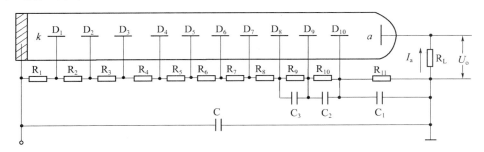

图 2-62　供电电源原理图

光电倍增管工作电压的选取要保证其伏安特性曲线工作在线性范围内。一般总电压 U_{ak} 为 700V~2000V，极间电压 U_D 为 80V~150V。

对式（2-56）和式（2-57）分别进行微分，并用增量值表示，可得到光电倍增管的电流放大倍数稳定度与极间电压稳定度关系式。对锑化铯打拿极，则为

$$\frac{\Delta G}{G} = 0.7n \frac{\Delta U_D}{U_D} \tag{2-62}$$

而对银—镁打拿极，则为

$$\frac{\Delta G}{G} = n \frac{\Delta U_D}{U_D} \tag{2-63}$$

由式（2-62）和式（2-63）可知，极间电压 U_D 的变化将严重影响电流放大倍数 G 的变化。假设 $n=10$，极间电压的稳定度为 1%，则电流放大倍数的稳定度对于锑化铯打拿极为 7%，对于银—镁打拿极为 10%。

当光电倍增管工作时，其内阻随电流信号的增加而减小，特别是最后几级变化较大，对分压电阻链有分流作用。因此，当电流信号增加时将导致流过分压电阻的电流减小，引

起极间电压变小,造成放大倍数下降和光电特性线性变坏。为了尽量减小光电倍增管的内阻变化对电阻链的分流作用,则要求分压电阻取得适当小,以保证流过电阻链的电流 I_R 较最大阳极电流 I_{amax} 大得多,这样可将分压电阻链供电电路看做恒压系统。通常要求

$$I_R \geq 20I_{amax} \tag{2-64}$$

但是,I_R 也不能取得太大,否则分压电阻链功耗增大。因此,当极间电压已经给定时,分压电阻的最大值取决于最大阳极电流值;而分压电阻的最小值则取决于供电电源功率。通常取极间分压电阻值为 $20k\Omega \sim 1M\Omega$。

要根据光电倍增管打拿极的结构来选用分压电阻,对于聚焦式结构,电阻选择比较苛刻,要求阻值误差为 $1\% \sim 2\%$,并且具有高的稳定性和小的温度系数;对于非聚焦式结构,电阻的选择就不那么苛刻。

在探测弱信号时,适当提高第一打拿极和阴极之间电压是很重要的。这样,可以提高第一打拿极对光电子的收集效率,同时使第一打拿极具有较高的二次发射系数,并减小杂散磁场的影响,因此,可大大提高信噪比。另外,因为电子飞越时间"散差"主要是由第一打拿极的收集时间"散差"所决定,所以,对于脉冲信号,使用较高的第一打拿极对阴极的电压,有利于缩短输出脉冲上升时间。提高第一打拿极和阴极间电压的方法是增大分压电阻 R_1 值(图2-62)。

当电流信号很大时,往往由于在最后两个打拿极之间形成负空间电荷效应而出现饱和现象。为了消除光电倍增管输出级的饱和,应适当加大最后两级或三级的极间电压。要做到这点,如图2-62所示,可适当增大电阻 R_9、R_{10} 和 R_{11} 的阻值。

2. 分压电容

在光脉冲入射时,最后几级打拿极的瞬间电流很大,使分压电阻 $R_9 \sim R_{11}$(图2-62)上的压降有明显的突变,导致阳极电流过早饱和,使光电倍增管灵敏度下降。为此,常在最后三级电阻上并联旁路电容 C_1、C_2 和 C_3,使电阻链上的分压基本不变。电容 C 作为储能元件,通过电容器 C 放电来维持分压电阻上电压不变。

3. 稳压电源

由式(2-62)和式(2-63)可知,光电倍增管对供电电源的稳定度有一定要求,不同类型的光电倍增管对供电电源的稳定度要求也不相同。假设在探测信号时要求光电倍增管放大倍数的稳定度为 1%,选有结构相同的光电倍增管,打拿极的个数 $n = 10$,对于锑化铯打拿极的则要求电源电压稳定度为 0.15%,而对于银—镁打拿极的则要求电源电压稳定度为 0.1%,在一般比较精密测量时,通常要求电源电压稳定度为 $0.01\% \sim 0.05\%$。

一般采用的稳压电源系统的方框图,如图2-63所示。首先,直流变换器将低压变为高压供给光电倍增管。光电倍增管高压电源一般有两种接法:一种是负高压接法,即光阴极接负高压。这种接法阳极信号输出方便,可以直流输出,但由于光阴极屏蔽困难,使阳极输出的暗电流和噪声较大;另一种是正高压接法,即在阳极接正高压,这种接法阳极信号输出必须通过耐高压、噪声小的隔直电容,只能输出交变信号,但在输出端可得到较低的暗电流和噪声。其次,从高压中分压一部分作为反馈电压加入低压稳压电路,控制其电源系统的稳定度。

过电流保护电路的作用是,一但有强光入射时,输出电流 I_a 便超过允许值(如

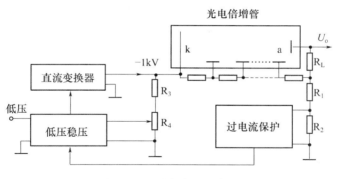

图 2-63 供电电路方框图

$100\mu A$），过电流保护电路立即关断低压电源，使整个电源系统停止工作，避免光电倍增管损坏。

例 2-4 用 GDB-239 型光电倍增管探测交变光信号，如图 2-64 所示。假设入射光通量 $\phi_\mu(t) = \phi_Q + \phi_m\sin\omega t = 10 + 5\sin\omega t(\mu lm)$。已知 GBD-239 的灵敏度 $S = 10A/lm$，阳极电压 $U_{aDn} = 100V$，拐点电压 $U_2 = 60V$，总分布电容 C' 为 5pF。电路设计要满足负载 R_L 获得最大功率，并工作在线性范围内。计算为获得最大电压信号输出时的 R_a 和 R_L 值、输出电压值和上限截止频率。

解：为使 R_L 获得最大功率，必须满足负载匹配条件，即 $R_L = R_a$，则交流负载电阻 $R'_L = R_a/2$，可用作图法计算阻值和输出电压值。

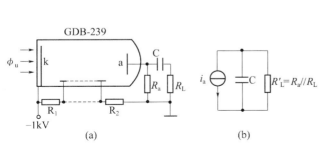

图 2-64 测量电路

（a）原理电路；（b）等效电路。

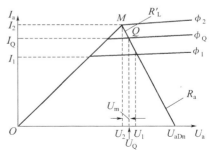

图 2-65 用作图法求阻值和输出

图 2-65 中，已对 GBD-239 阳极伏安特性曲线作了线性化处理。由已知条件得到，$U_{aDn} = 100V$，$U_2 = 60V$，$\phi_Q = 10\mu lm$，$\phi_2 = 15\mu lm$，$\phi_1 = 5\mu lm$。由所作负载线列出下列方程：

$$U_m = I_m R'_L = S\phi_m R_a/2$$
$$I_Q = S\phi_Q = (U_{aDn} - U_2 - U_m)/R_a$$

解上两式得

$$R_a = \frac{2(U_{aDn} - U_2)}{S(2\phi_Q + \phi_m)} = \frac{2 \times (100 - 60)}{10 \times (2 \times 10 \times 10^{-6} + 5 \times 10^{-6})} = 320(k\Omega)$$

输出电压的幅值和瞬时值分别为

$$U_m = I_m R'_L = S\phi_m R'_L = 10 \times 5 \times 10^{-6} \times \frac{320 \times 10^3}{2} = 8(V)$$

$$u_o = U_m \sin\omega t = 8\sin\omega t \, V$$

上限截止频率

$$f_h = \frac{1}{2\pi R'_L C'} = \frac{1}{2 \times 3.14 \times 160 \times 10^3 \times 5 \times 10^{-12}} = 199(kHz)$$

若要提高变换电路的频率响应,就得减小负载阻值。假设要求上限截止率为10MHz,则负载电阻 R'_L 值必须满足

$$R'_L \leqslant \frac{1}{2\pi f_h C'} = \frac{1}{2 \times 3.14 \times 10 \times 10^6 \times 5 \times 10^{-12}} \approx 3.2(k\Omega)$$

$$R_a = R_L = 2R'_L = 6.4(k\Omega)$$

此时输出电压的幅值为

$$U_m = S\phi_m R'_L = 10 \times 5 \times 10^{-6} \times 3.2 \times 10^3 = 0.16(V)$$

上面计算值说明,若要提高频率响应,必须减小负载电阻阻值,这样也降低了输出电压的幅值。

2.4 光电耦合器

2.4.1 光电耦合器的基本原理

1. 结构原理

光电耦合器(光耦合器)是一种光与电直接耦合的器件,它是由发光器件与光接收器件直接组合的统一体。其典型电路原理示意图如图 2-66 所示。

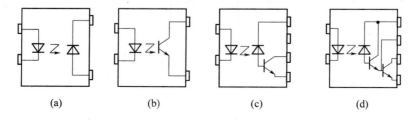

图 2-66　电路原理图

(a) GD-210 型;(b) GD-310 型;(c) 接收器件为光电二极管—晶体管;
(d) 接收器件为光电二极管—达林顿晶体管。

目前,光电耦合器结构有三种类型,其结构原理如图 2-67 所示。其中图(a)为封闭式结构,多应用于信号耦合与隔离。图(b)、图(c)为开放式结构,多应用于光电传感器。三种类型的光电耦合器的发光器件是半导体发光二极管,如砷化镓和磷砷化镓。光接收器件有半电导体光二极管(图 2-66(a))和光电晶体管(图 2-66(b)),前者为 GD-210 系列光电耦合器,后者为 GD-310 系列光电耦合器。

与其他类型的发光器件相比,砷化镓发光二极管具有发光效率高、寿命长、可靠性高、

频率响应快等特点。另外,它的发光波长为 9400Å ,这与硅光电管的峰值接收波长($\lambda_m =$ 9400Å)是接近的,因此用这两种器件所组成的光电耦合器可以有较高的传输效率和较高的频率响应。

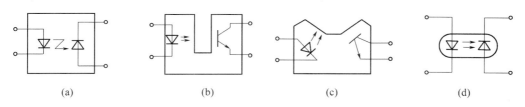

图 2 - 67　光电耦合器的三种类型及符号

(a) 封闭式结构;(b) 对射式结构;(c) 同侧式结构;(d) 电路符号。

为了提高频率响应和电流传输比,光电接收器件采用光电集成组件构成集成光电耦合器。图 2 - 66(c)光电接收器件为光电二极管—晶体管集成组件;图 2 - 66(d)光电接收器件为光电二极管—达林顿晶体管集成组件。

2. 光电耦合器的基本特征

1)隔离性

光电耦合器的输入端和输出端之间是通过光信号传输,对电信号起隔离作用。这样,没有电信号的反馈和干扰,因而性能稳定。由于发光管和光电管之间的耦合电容(级间电容)很小(小于 2pF),所以共模输入电压 U_c 通过级间耦合电容对输出电流 I_o 的影响很小,即 $\mathrm{d}\dfrac{I_o}{\mathrm{d}U_c}$ 很小。因而共模抑制比 CMRR 很大,如国产 GD - 310 系列的 CMRR 值可达到 10^4 以上,这样光电耦合器有较强的抗共模干扰能力。另外,由于输入电阻小(约 10Ω),所以对高内阻源的噪声等于被短接。

2)输出特征

光电耦合器的输出特征是指在一定发光电流 I_F 下,光电管所加偏压与输出电流之间的关系曲线。图 2 - 68 是二极管—三极管(GD - 310型)光电耦合器的输出特征性曲线,它与一般 NPN 型晶体三极管的输出特征性相类似。

图中一族曲线是在对应于不同的 I_F 值时画出的,其中 I_c 为集电极电流,U_c 为光电晶体管的集—射极间电压。

当 $I_F = 0$ 时,发光二极管不发光,这时光电三极管集电极输出电流称为暗电流,一般在 0.1μA以下,可以忽略不计。当 $I_F > 0$ 时,发光二极管开

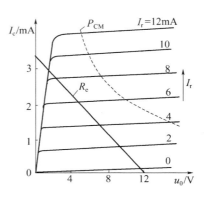

图 2 - 68　输出特性曲线

始发光,在一定的 I_F 下,所对应的 I_c 基本上与 U_c 的大小无关,而 I_F 的变化使 I_c 也呈线性变化。当在集电极串接一个负载电阻 R_C 后,输出电压在一定范围内也是线性变化的。负载电阻 R_C 设计原则在 2.2.3 节里已经介绍过。同样,光电晶体管在较大电流下工作时也要考虑集电极的功耗,其实际功耗不能超过集电极最大允许耗散功率 P_{CM},即负载 R_C 应在 P_{CM} 曲线之内。

3）电流传输比

在直流工作状态时,光电耦合器光电管的输出电流 I_o 与发光二极管的输入电流 I_F 之比称为电流传输比(电流传输系数)β,即

$$\beta = \frac{I_o}{I_F} \tag{2-65}$$

对于微小变量输出电流 ΔI_o 与输入电流 ΔI_F 之比称为微变电流传输比 β,即

$$\beta = \frac{\Delta I_o}{\Delta I_F} \tag{2-66}$$

电流传输比 β 值的大小与光电耦合器的类型有关,图 2-66(a)型一般为 0.2% ~ 2%,图 2-66(b)型一般为 10% ~ 80%,图 2-66(c)、(d)型一般为 10 倍左右。

4）频率特性

决定光电耦合器件频率特性的因素为:发光二极管的发光延时,约几十纳秒;光电二极管的时间常数,约几个纳秒,光电晶体管的时间常数为 $10^{-5}s \sim 10^{-7}s$。可见,GD-310 系列的频率特性比 GD-210 系列的差。

5）输入—输出绝缘特性

发光二极管和光电管之间的绝缘很好,其绝缘电阻达 $10^9\Omega \sim 10^{13}\Omega$,耐压值在 500V 以上。

2.4.2 光电耦合器的基本电路

1. 发光二极管的驱动电路

几种发光二极管的驱动电路如图 2-69 所示。图 2-69(a)是简单的驱动电路,其限流电阻为

$$R_F = (U_{BB} - U_F)/I_F \tag{2-67}$$

式中:U_{BB} 为所加电压;U_F 为发光管正向电压,一般在 1V 左右;I_F 为发光二极管工作电流,在设计时 I_F 值不能超过允许的极限电流,否则发光二极管将被烧毁。

图 2-69(b)电路的限流电阻为

$$R_F = \frac{U_B - U_{BE} - U_F}{I_F} \tag{2-68}$$

图 2-69(c)电路的限流电阻为

$$R_F \approx \frac{U_B - U_{BE}}{I_F} \tag{2-69}$$

图 2-69(d)是用场效应管驱动,其电阻 R_F 可由下面联立的方程求得:

$$\begin{cases} U_{GS} = I_D R_F \\ I_D = I_{DSS}\left(1 - \frac{U_{GS}}{U_P}\right)^2 \end{cases} \tag{2-70}$$

式中:U_{GS} 为栅极和源极之间的电压;I_{DSS} 为饱和漏极电流;U_P 为夹断电压;漏极电流 $I_D \approx I_F$。

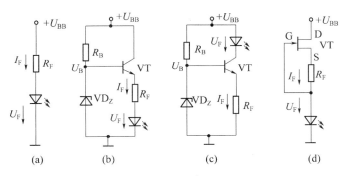

图 2-69 发光二极管的驱动电路

（a）简单驱动；（b）、（c）晶体管驱动；（d）场效应管驱动。

2. 输出电路

图 2-70 是光电耦合器件的几种输出电路。负载 R_C 值的计算方法见 2.2.3 节，有关典型电路的设计可参阅本节例题和有关参考文献。

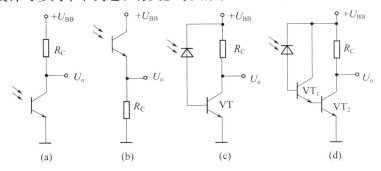

图 2-70 光电耦合器输出电路

（a）、（b）光电晶体管输出电路；（c）光电二极管—晶体管输出电路；（d）光电二极管—达林顿管输出电路。

例 2-5 小信号交流耦合电路如图 2-71 所示。设输入交流信号为 $u_i = u_m \sin\omega t$，$U_m = 4V$，$f = 1kHz$，R_S 是信号源内阻。计算电路中各电阻的阻值。

解：

1. 负载电阻 R_C 的确定

首先根据图 2-71(b) 所示的输出特性曲线，找出特性曲线上刚刚要饱和的那条曲线的拐点 M，把它与横轴上的 U_{BB2} 点相连，并延长使之与 I_C 轴相交，这就是最大线性工作区的一条负载线，从图中所标数据可得到最佳负载为

$$R_C = \frac{U_{BB2}}{I_C} = \frac{12}{6 \times 10^{-3}} = 2(k\Omega)$$

2. 发光回路直流限流电阻 R_{FO} 的确定

R_{FO} 是决定光电耦合器直流工作点的限流电阻。如图 2-71(b) 所示，设最佳负载线与线性工作区最下一条线的交点为 N，取 MN 之中点 Q 就是最佳静态工作点。设 Q 点所对应的直流发光电流 $I_{FQ} = 10mA$，发光二极管的正向电压 $U_F = 1V$，则

53

$$R_{\mathrm{FO}} = \frac{U_{\mathrm{BB1}} - U_{\mathrm{F}}}{I_{\mathrm{FQ}}} = \frac{4 - 1}{10 \times 10^{-3}} = 300(\Omega)$$

3. R_{F} 的确定

R_{F} 是交流发光回路中的限流电阻。选择耦合电容 $C = 20\mu\mathrm{F}$,它对于 1kHz 的输入信号,可近似地认为短路。从图 2-71(b)可知,集电极输出电压信号的幅值 $U_{\mathrm{cm}} = 5.5\mathrm{V}$,而对应的发光电流的幅值 $I_{\mathrm{Fm}} = 8\mathrm{mA}$,则

$$(R_{\mathrm{F}} + R_{\mathrm{S}})I_{\mathrm{Fm}} + \Delta U_{\mathrm{F}} = U_{\mathrm{m}}$$

式中:ΔU_{F} 为发光二极管在交变电压作用下的变化量,由于此时发光二极管的伏安特性已经较陡了,ΔU_{F} 很小,可以忽略不计,故

$$R_{\mathrm{F}} = \frac{U_{\mathrm{m}}}{I_{\mathrm{Fm}}} - R_{\mathrm{S}} = \frac{4}{8 \times 10^{-3}} - 100 = 400(\Omega)$$

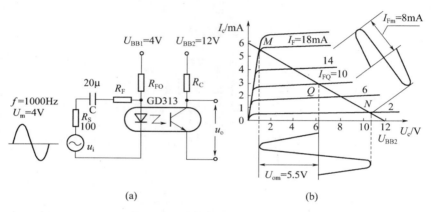

(a)　　　　　　　　　　　(b)

图 2-71　交流信号光电耦合电路

（a）交流耦合电路；（b）图解法。

2.4.3　光电耦合器的应用

1. 电平转换

图 2-72 为光电耦合器件的典型应用电路。

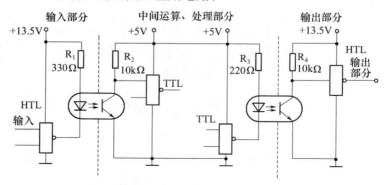

图 2-72　光电耦合器件的典型应用电路

由图可见,光电耦合器件实现了 HTL 与 TTL 的电源电平的转换,或者传感器与 TTL 的电平转换。

2. 隔离干扰

光电耦合器能有效地隔离前后极之间的相互影响。尤其是计算机控制感性伺服系统时,电磁干扰噪声通过电源线串入计算机内干扰了计算机的正常工作,采用图 2-72 所示的方法,有效地切断了机电干扰源,提高了计算机工作的可靠性。

3. 逻辑门电路

光电耦合器件可以构成各种逻辑电路,如图 2-73 所示。

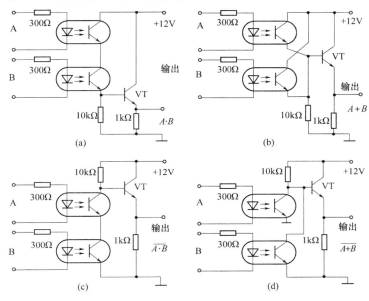

图 2-73　各种逻辑电路

(a) 与门;(b) 或门;(c) 与非门;(d) 或非门。

4. 线性放大

图 2-74 为线性放大电路,其中光电耦合器件既起到了线性传输放大作用,又起到了电源电平转换的作用。

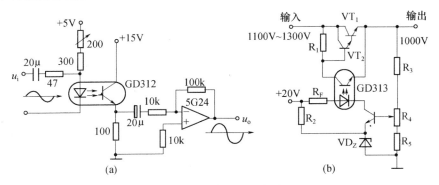

图 2-74　线性放大电路

(a) 放大电路;(b) 高压稳压电路。

5. 信息传感

图2-67中(b)和(c)所示的光电耦合器件可以作为光电传感器中的传感元件,将被测信息借助其他敏感元件通过光电耦合器件转换为光电信号。如借助调制盘可以测转轴的转速,借助遮挡板可以进行位移的定位。

思考题与习题

2-1 两个同一型号的光敏电阻,分别在强弱不同的光照射下,它们的光电导灵敏度和时间常数是否相等?

2-2 给 CdSe 光敏电阻加偏压为20V,问入射 CdSe 光敏电阻的极限照度为多少勒?已知 CdSe 光敏电阻的最大功耗 $P_M = 40mW$,光电导灵敏度 $S_g = 0.5 \times 10^{-6} S/lx$,暗电导 $g_0 \approx 0$。

2-3 用 CdS 光敏电阻控制继电器 J,如习题2-3图所示。继电器线圈电阻为 $4k\Omega$,继电器吸合电流为 2mA,问需要多少照度使继电器吸合?(CdS 光敏电阻参数见例题)

2-4 弱信号检测电路如习题2-4图所示。已知 PbS 光电导灵敏度 $S_g = 4\mu s \cdot \mu W^{-1} \cdot cm^2$,$B$ 点电压 $U_B = 8V$,$R_2 = 2k\Omega$。问入射辐照度增加 $10\mu W/cm^2$,输出电压的增量值 $\Delta U_o = ?$

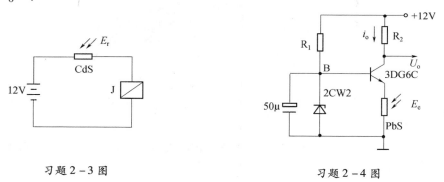

习题2-3图　　　　　　　　　　　　习题2-4图

2-5 从等效电路分析半导体光电二极管的频率响应与哪些因素有关?为什么 $2DU_L$ 的频率响应比 2DU 好?

2-6 为什么硅光电池的开路电压不是随强光照度增加而增加,只是接近0.6V?在同一照度下,为什么加小的负载电阻时输出电压小于开路电压?

2-7 2CU1 光电二极管接收辐射通量为 ϕ_e(习题2-7图),求获得最大电压输出时 $R_e = ?$ 当入射辐通量变化 $50\mu W$ 时,输出电压信号的增量 $\Delta U_o = ?$
已知 2CU1 的 $S = 0.4\mu A/\mu W$,暗电流小于 $0.3\mu A$,3DG4C 的 $\beta = 50$,设最大辐射通量 $\phi_{e2} = 400\mu W$,拐点电压 $U_2 = 10V$。

2-8 在习题2-8图中,已知 2CR24 的光敏面积为 $5 \times 5mm^2$,当入射辐照度 $E_e = 100mW/cm^2$ 时,其 $U_{oc} = 600mV$,$I_{SC} = 5mA$;3DG6C 的 $\beta = 100$。假设被测最大辐射通量为 0.5mW,求保证最大线性输出时 $R_e = ?$ 并计算 $U_0 = ?$

[提示:若光电池在辐射通量为 ϕ_{e1} 时,开路电压为 U_{oc1},则辐射通量为 ϕ_{e2} 时,其开路电压 $U_{oc2} = U_{oc1} + 26\ln\dfrac{\phi_{e2}}{\phi_{e1}}$。]

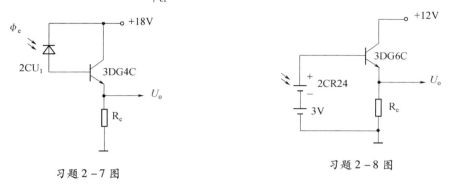

习题 2 − 7 图   习题 2 − 8 图

2 − 9 光电发射的基本规律与光电导和光生伏特效应相比有什么本质区别?

2 − 10 GBD − 146 光电倍增管的阳极积分灵敏度为 2A/lm,而最大输出直流电流不得超过 $100\mu A$,如何理解? 若限定阳极电流 $I_a \leqslant 50\mu A$,投射光阴极上的平均照度 $E_v = ?$(设光阴极有效面积为 $2cm^2$)。

2 − 11 PMT 的光谱响应的长波限与短波限由哪些因素决定?

第 3 章　热电探测器件

虽然光电探测器件具有一些优良的特性，替代了热电探测器件在某些领域内的应用，但是，由于热电探测器件利用辐射能的热效应，所以热电器件对辐射光谱的响应是无选择性的，即不像光电器件存在光谱响应的问题，这是它优于光电器件的一大特点，因此，热电器件仍得以发展和应用。

本章首先介绍温度变化规律，然后重点介绍热敏电阻、热电偶和热释电器件的结构、工作原理和主要特性，以及变换电路的分析。

3.1　热电探测器件的基本原理

1. 热电效应及其分类

某些热敏材料吸收辐射能后，其晶格热振动能量增加，温度上升，引起材料电性能发生变化的现象称为热电效应。具有热电效应的器件称为热电器件。迄今广泛应用的热电器件分为四大类：①吸收热辐射能后引起温度变化，导致电阻率发生变化的器件称为热敏电阻；②两种不同导体或半导体相接触，其中一个接触端（热端）吸收辐射后温度上升，致使热端与冷端（另一接触端）产生温差电动势的器件称为温差热电偶；③吸收辐射后引起温度变化，导致电荷释放，具有热释电效应的器件称为热释电器件；④吸收辐射后引起半导体 PN 结温度变化，从而使 PN 结正向压降变化，基于这一现象制成了 PN 结温度传感器件，至今，发展成集成温度传感器和智能温度传感器等。

2. 温度变化规律

热电探测器件输出信号的形成过程包括两个阶段：第一个阶段是将含有信息的辐射能转换为含有信息的热能（入射辐射能引起温升），这个阶段是所有热电器件都要经过的共性阶段；第二阶段是将含有信息的热能转换为各种形式的含有信息的电能（各种电信号输出），这是个性的表现，随具体器件而表现各异。下面先介绍辐射与温度变化规律，把第二阶段内容放在具体热电探测器内讨论。

图 3-1 为热电探测模型。设热电探测器件的热容为 C_θ，连接物的热导为 G_θ，这一热导包括传导和辐射的损失。散热体具有恒定温度 T，在无外辐射时热电器件的平均温度也是 T。

设入射到热电器件上的辐射功率为 ϕ_e，热电器件的吸收系数为 α，则热电器件吸收的辐射功率 $\alpha\phi_e$ 等于单位时间热电器件热能 ΔQ 的增加量 $\Delta\phi_i$ 及与外界热交换的损失量 $\Delta\phi_\theta$ 之和，而

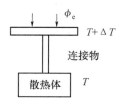

图 3-1　热电探测模型

$$\Delta\phi_i = \frac{\mathrm{d}(\Delta Q)}{\mathrm{d}t} = C_\theta \frac{\mathrm{d}(\Delta T)}{\mathrm{d}t} \quad (\Delta Q = C_\theta \Delta T)$$

$$\Delta\phi_\theta = G_\theta \Delta T$$

热传导方程为

$$C_\theta \frac{\mathrm{d}(\Delta T)}{\mathrm{d}t} + G_\theta \Delta T = \alpha\phi_e \tag{3-1}$$

设入射辐射为正弦辐射量,$\phi_e = \phi_m \exp(\mathrm{j}\omega t)$代入式(3-1),并考虑到当$t = 0$时,$\Delta T = 0$;$t \to \infty$时,达到热平衡状态。解方程可得

$$\Delta T(t) = \frac{\alpha\phi_m \tau_\theta \exp(\mathrm{j}\omega t)}{C_\theta (1 + \mathrm{j}\omega\tau_\theta)} \tag{3-2}$$

式中:$\tau_\theta = C_\theta / G_\theta = R_\theta C_\theta$,为热时间常数;$R_\theta = 1/G_\theta$为热阻,$\tau_\theta$一般为 ms 至 s 的数量级。上式又可写为

$$\Delta T(t) = \frac{\alpha\phi_m \exp(\mathrm{j}\omega t)}{G_\theta (1 + \mathrm{j}\omega t)} = \frac{\alpha\phi_m}{G_\theta \sqrt{1 + (\omega\tau_\theta)^2}} \sin(\omega t + \theta) \tag{3-3}$$

其中,$\theta = \arctan(1/\omega\tau_\theta)$。热电器件温度的增量为

$$\Delta T = |\Delta T(t)| = \frac{\alpha\phi_m}{G_\theta \sqrt{1 + (\omega\tau_\theta)^2}} = \frac{\alpha\phi_m}{\sqrt{G_\theta^2 + (\omega C_\theta)^2}} \tag{3-4}$$

由式(3-4)可知:热电器件的温升 ΔT 与 ϕ_m 和 α 成正比;随热导 G_θ、角频率 ω 及热容 C_θ 的增大而减小。热电器件的温度灵敏度(响应率)为

$$S_T = \frac{\Delta T}{\Delta\phi_e} = \frac{\Delta T}{\phi_m} = \frac{\alpha}{G_\theta \sqrt{1 + (\omega\tau_\theta)^2}} \tag{3-5}$$

当 $\omega\tau_\theta \ll 1$ 时,$S_T = \alpha/G_\theta$,表示单位入射辐射功率所引起的热电器件的温度增量。为了提高 S_T 值,一般热电器件表面涂黑提高 α 值,另外,可减小热导 G_θ,但 G_θ 减小使热时间常数 τ_θ 增加。

3.2　热敏电阻

1. 热敏电阻的结构、类型及特点

凡吸收入射辐射后引起温升而使电阻值改变的器件,称为热敏电阻。

图 3-2 为热敏电阻的结构及符号示意图。通常将半导热敏材料在衬底上制成薄片,装在称作散热体的底座上,电极引线供施加偏流及提取信号使用。热敏薄层厚约 10μm,边长为 0.1mm～10mm 的矩形、方形或圆形(图 3-3)。表面镀黑,以便提高吸收辐射能力。

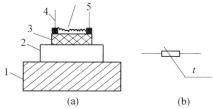

图 3-2　热敏电阻结构及符号

(a)结构;(b)符号。

1—底座;2—衬底;3—热敏电阻薄片;4—电极;5—镀黑材料。

半导体热敏电阻按其阻值随温度变化的特性(简称热电特性),可分为负温度系数热敏电阻(NTC)、正温度系数热敏电阻(PTC)和临界温度系数热敏电阻(CTC)三种类型,如图3-4所示。

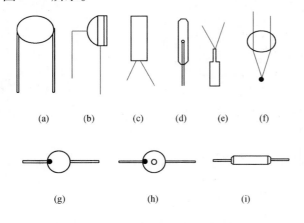

图 3 - 3　几种热敏电阻的外形图
(a)圆片型;(b)薄膜型;(c)柱型;(d)管型;(e)平板型;
(f)珠型;(g)扁型;(h)垫圈型;(i)杆型。

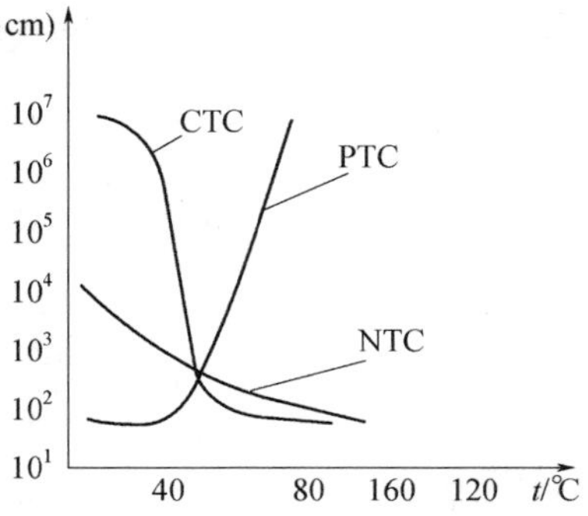

图 3 - 4　热敏电阻的典型热电特性

由图 3 - 4 可见,NTC 的电阻率 ρ 随温度增加比较均匀地减小。PTC 是当温度超过某一数值后,电阻率才随温度的增加迅速地增大。CTC 则有一个阻值突变点,当温度变化到此点附近时,电阻率产生突变,突变数量级为 2 ~ 4。由于这三种热敏电阻的热电特性不一样,所以它们的用途也不相同。NTC 有较均匀的感温特性,可用于一定范围的温度检测,它是构成半导体热敏电阻传感器的主要热敏元件。PTC 和 CTC 不能用于宽范围的温度检测,而用作某一特定温度的控制元件。

目前实用化 NTC,通常是 Mn、Co、Ni、Fe、Cu 等 2 种 ~4 种成分的氧化物的复合烧结体。通常用它检测 -100℃ ~ +300℃ 范围内的温度,与金属热电阻相比,其特点是:①电阻温度系数大,灵敏度高;②结构简单,体积小,可以测量点温度;③电阻率高,热惯性小,适于动态测量。

2. NTC 型热敏电阻的基本特征

(1)热电特性。由图 3-4 可知,NTC 的阻值与温度关系是一条指数曲线,可用下式表示:

$$R_{\mathrm{T}} = Ae^{B/T} \tag{3-6}$$

式中:R_{T} 为热力学温度 T 时的实际电阻值;A、B 是由材料和工艺所决定的常数,它们分别具有与电阻和温度相同的量纲。

当已知温度 T_0 的电阻值为 R_0 时,可将式(3-6)改写为

$$R_{\mathrm{T}} = R_0 \exp B\left(\frac{1}{T} - \frac{1}{T_0}\right) \tag{3-7}$$

材料常数可用实验法求得,通常 $B = 2000\mathrm{K} \sim 5000\mathrm{K}$。为了忽略自身发热变化所产生的误差,要求热敏电阻的耗散功率所引起自身阻值变化不超过 0.1%。一般将在环境温度为 25℃ ±0.2℃ 时测得的电阻值作为热敏电阻的标称电阻值。

表示热敏电阻热电特性的另一个重要物理参数是电阻温度系数 α_{T},它表示温度变化

1K(或1℃)时的电阻值的相对变化量,即

$$\alpha_T = \frac{1}{R_T}\frac{dR_T}{dt} \qquad (3-8)$$

由式(3-7)求得

$$\alpha_T = -\frac{B}{T^2} \qquad (3-9)$$

式中,负号表示 NTC 的阻值随温度的增加而减小。α_T 与温度 T 的平方成反比,表明在低温下 α_T 的数值很大,NTC 有很高的温度灵敏度,若设 $B=4000K$,$T=323.15K$,则 $\alpha_T = -3.8\%$,约为铂电阻 α_T 的 10 倍。

(2)伏安特性。在温度恒定时,NTC 型热敏电阻两端的电压 U 与流过它的电流 I 的关系 $U=f(I)$,称为伏安特性。由图 3-5 可见,在电流 I 较小时,$U=f(I)$ 是一条直线,电阻值完全由外界被测温度 T 所决定。随着流过 NTC 电流的增大,因 NTC 耗散功率而自身温度上升,使之阻值下降。这时 NTC 两端电压不再按比例随电流增大而增加,但在一个小区域内,电流的增大与电阻的减小相互补偿,使电压基本保持不变。随着电流的继续增大,使电阻值下降幅度超过电流增大幅度,

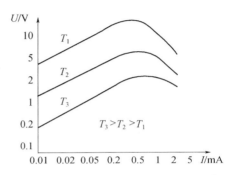

图 3-5 NTC 的伏安特性

电压将随电流的增大而下降。由图中给出的三条特性曲线可知,随着被测温度 T 的提高,伏安特性曲线向右下方移动,且线性范围变宽。显然,当 NTC 作测温元件使用时,应使它工作在线性范围内,选择最佳工作电流。

3. 热敏电阻的偏置电路

热敏电阻偏置电路通常采用简单电路和桥式电路。桥路又有单臂电桥和双臂补偿电桥。热敏电阻作为辐射热检测时,不管采用哪种偏置电路,其设计原则是热敏电阻应当工作在线性范围内,而且输出信号为最大。

1)简单电路

图 3-6 为简单偏置电路。图 3-7 为 NTC 的伏安特性曲线。图 3-7 中的 T_1 和 T_2 为被测温度的低温值和高温值,其对应的线性偏置电流的极限值分别为 I_{m1} 和 I_{m2}。

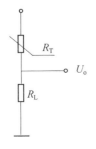

图 3-6 简单电路

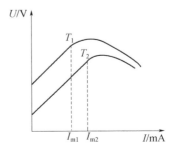

图 3-7 伏安特性曲线

61

由图 3-6 可得热敏电阻的偏置电流

$$I = \frac{U_{BB}}{R_T + R_L} \leqslant I_m \qquad (3-10)$$

当温度分别为 T_1 和 T_2 时,负载电阻 R_L 应满足

$$\begin{cases} R_{L1} \geqslant \dfrac{U_{BB} - I_{m1}R_{T1}}{I_{m1}} \\ R_{L2} \geqslant \dfrac{U_{BB} - I_{m2}R_{T2}}{I_{m2}} \end{cases} \qquad (3-11)$$

由式(3-11)确定 R_L 最佳值。

温度为 T 时对应的输出电压为

$$U_O = \frac{U_{BB}R_L}{R_T + R_L} \qquad (3-12)$$

当辐射变化 $\Delta\phi_e$ 时,对应温度变化为 ΔT, 阻值变化为 ΔR_T,则由式(3-12)得到微变输出为

$$\Delta U_O = -\frac{U_{BB}R_L}{(R_T + R_L)^2}\Delta R_T$$

由式(3-8)和式(3-4)得

$$\Delta U_O = -\frac{U_{BB}R_L}{(R_T + R_L)^2}\alpha_T R_T \Delta T$$

$$U_{Om} = -\frac{U_{BB}R_L R_T \alpha_T \alpha \phi_m}{(R_T + R_L)^2 G_Q \sqrt{1 + (\omega\tau_\theta)^2}} = -\frac{I(R_T // R_L)\alpha_T \alpha\phi_m}{G_Q \sqrt{1 + (\omega\tau_\theta)^2}} \qquad (3-13)$$

2)桥式电路

图 3-8 为单臂电桥,其中 R_T 为热敏电阻工作臂,$R_1 \sim R_3$ 为定值电阻非工作臂。电桥的输出电压 U_O 为 A、B 两点的电位差,即

$$U_O = U_A - U_B = \frac{U_{BB}R_3}{R_T + R_3} - \frac{U_{BB}R_2}{R_1 + R_2}$$

可见,U_B 为定值作为参考电压,而 U_A 随入射辐射 ϕ_e 的变化关系同简单偏置电路,因此,单臂电桥的分析方法同简单偏置电路。

单臂电桥与简单电路相比,虽然能克服电源电压波动的影响和提高了抗共模干扰的能力,但它不能消除环境温度的影响,环境温度的变化将带来测温误差,为此,采用双臂补偿电桥。

图 3-9 为双臂补偿电桥,其中 R_{T1} 为工作臂,R_{T2} 为补偿臂放在暗盒处。R_{T1} 和 R_{T2} 为两个特性一致的热敏电阻,当无辐射入射时,$R_{T1} = R_{T2} = R_T$,若 $R_1 = R_2 = R$,则电桥处于平衡状态,输出 $U_O = 0$,当环境温度变化 ΔT 时,对应两个热敏电阻的阻值变化 ΔR_T,则 A、B 两点电位仍然相等,即

$$U_A = U_B = U_{BB}\frac{R}{R_T + \Delta R_T + R}$$

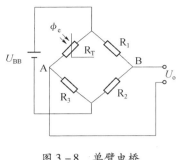

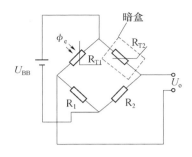

图 3-8 单臂电桥   图 3-9 双臂补偿电桥

所以,电桥输出 $U_o = 0$,不受环境温度的影响。

当有辐射信号入射到 R_{T1} 时,因 R_{T2} 处在暗盒中,不受辐射影响,故 U_B 值不随辐射信号改变,所以,双臂补偿电桥输出信号电压的分析方法与简单偏置电路相同。

3.3 热电偶与热电堆探测器

1. 热电偶的工作原理

把两种不同类型导体或半导体连接成图 3-10(a)所示的闭合回路,一个接触点置于温源中为热端,另一个接触点为冷端(通常为室温),由于两接触点的温度差在该回路中产生热电势的现象称为热电效应,也称为泽贝克热电效应(Seebeck Effect)。

基于热电效应制成的热电偶,按测温方式分为接触式和辐射式两种,用来接触测温的热电偶常用铂、铑、镍、铬和铜等合金组成,它具有较宽的测温范围,一般为 -200℃ ~ 1300℃,测温灵敏度约为 $100\mu V/℃$。

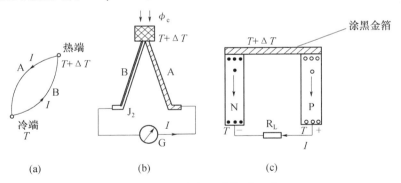

图 3-10 热电偶结构原理图
(a)温差热电偶;(b)辐射热电偶;(c)半导体辐射热电偶。

测量辐射能的热电偶称为辐射热电偶,如图 3-10(b)和(c)所示,辐射热电偶的热端接收辐射 ϕ_e,在热端装有一块涂黑的金箔,当入射的辐通量 ϕ_e 被金箔吸收后,金箔的温度升高形成热端,产生温差电势,在回路中有电流流过。

采用半导体材料构成的辐射热电偶不但成本低,而且具有更高灵敏度,高达 $500\mu V/℃$,图 3-10(c)为其结构原理图,图中涂黑金箔将 N 型半导体和 P 型半导体连在一起构成热端,N 型半导体及 P 型半导体的另一端(冷端)将产生温差电势,由于载流子热扩散原理,P 型的冷端带正电,N 型的冷端带负电。两端的开路电压(温差电势)U_{OC} 与入射辐射产生温升 ΔT 的关系为

$$U_{\mathrm{OC}} = M_{12}\Delta T \qquad (3-14)$$

式中:M_{12} 为泽贝克常数,又称温差电势率(灵敏度)(V/℃)。

2. 热电堆探测器

为了提高灵敏度,减小热电偶的响应时间,把辐射接收面分为若干块,每块都制作一个热电偶,并把它们串联起来构成如图 3-11 所示的热电堆。在镀金的铜衬底上蒸镀一层绝缘层,在绝缘层的上面蒸发制造工作结(热端)和参考结(冷端)。参考结与铜衬底之间既保证电绝缘又要保持热接触,而工作结与铜衬底是电和热都要绝缘的。热电材料敷在绝缘层上,形成膜片。热电堆芯结构如图 3-12 所示。

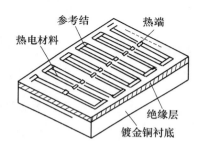

图 3-11　热电堆结构图

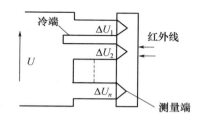

图 3-12　热电堆芯结构

热电堆的电压灵敏度为

$$S_V = nS_{1V} \qquad (3-15)$$

式中:n 为热电堆中热电偶的对数(或 PN 结的个数);S_{1V} 为每一个热电偶的电压灵敏度。

热电堆的热响应时间常数 $\tau_\theta = C_\theta/G_\theta = C_\theta R_\theta$,要想快速响应和高灵敏度两者并存,就要在不改变热导 G_θ 的情况下,在制造过程中要尽量减小热容 C_θ,如减小构成膜片的热电材料的厚度。

微机械制造工艺与微电子技术相结合,研制了微机械红外热电堆探测器(图 3-13)。它包括一个基座和一个热电堆。基座内有一个薄膜区和一个围在薄膜区外面的厚壁区,冷结(端)位于厚壁区上,而热结(端)则位于薄膜区上。与一般的红外探测器相比,它有以下主要优点:①具有较高的灵敏度;②非常宽的频谱响应;③与标准 IC 工艺兼容,成本低廉且适合批量生产;④测量精度高。因此,它作为温度检测器件,在很多领域内获得了广泛的应用。

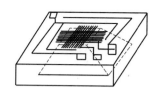

图 3-13　热电堆红外探测器

半导体热电堆是热能转换电能的过程,随着半导体热电材料技术的飞速发展,开辟了利用低温热源(如工业余热、地热、太阳能等)发电的一个崭新分支。半导体热电发电技术以其体积小、重量轻、无运动部件、寿命长、可靠性高以及无污染等诸多优点,必将有广泛的应用前景。

3.4 热释电器件

1. 热释电效应

当辐射照射到热释电薄片材料上时,引起薄片温度升高,表面电荷减少,相当于热"释放"了部分电荷,这种现象称为热释电效应。当电介质施加电场后,电介质产生极化现象,对于一般的电介质,在电场去除后极化状态随即消失,而对"铁电体"的电介质,在外加电场去除后仍能保持极化状态,称其为"自发极化"。图 3-14 给出两种电介质的极化曲线。由图 3-14(a)可知,当电场 $E=0$ 时,极化强度 $P_S=0$;而图 3-14(b)所示,当 $E=0$ 时,$P_S \neq 0$,保持一定的极化强度。

铁电体的自发极化强度 P_S(单位面积上的电荷量)随温度变化而改变,图 3-15 为两种材料的 P_S-T 关系曲线,从曲线可知,随着温度 T 升高,极化强度 P_S 减小,当 T 升高一定值,自发极化突然消失($P_S=0$),这个温度称为"居里温度"或"居里点"。在居里点以下,P_S 为 T 的函数 $P_S=f(T)$,利用这一关系制成的热电器件称为热释电器件。

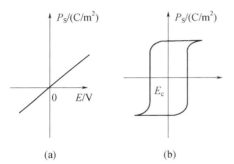

图 3-14　电介质的极化曲线
(a) 一般电介质;(b) 铁电体电介质。

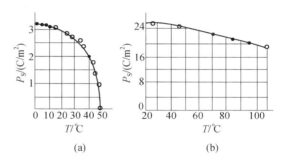

图 3-15　自发极化强度随温度变化的关系曲线
(a) 硫酸三甘钛材料;(b) $BaTiO_2$ 材料。

在恒定辐射作用下热释电器件表面产生面束缚电荷,经过一段时间后,这些面束缚电荷被来自晶体内部或外围空气中的异性自由电荷所中和,自发极化现象消失。这种中和时间与热释电材料的时间常数 τ 有关,大多数热释电材料的 τ 值一般为 1s ~ 1000s,即热释电晶体表面上的面束缚电荷可以保持 1s ~ 1000s。因此,热释电器件探测的辐射是变化的,且它的调制频率 $\omega > 1/\tau$ 时才会有热释电信号输出。

2. 热释电器件的工作原理

图 3-16 为热释电器件的结构示意图、符号及等效电路图。热释电材料薄片的两边制作电极板并引出电极引线(图 3-16(a)),设极板面积为 A,则接收辐射的极板表面上产生极化电荷

$$Q = AP_S \tag{3-16}$$

若辐射引起温度变化为 ΔT,则相应的束缚电荷变化为

$$\Delta Q = A\gamma\Delta T \tag{3-17}$$

式中:$\gamma = \Delta P_S/\Delta T$ 为热释电系数。

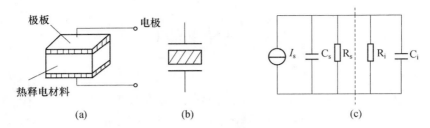

图 3 − 16　热释电器件结构原理图

（a）结构示意图；（b）符号；（c）等效电路。

将热释电器件接到放大器的输入端,其等效电路如图 3 − 16（c）所示。I_S 为信号电荷流过负载的电流源,R_s 和 C_s 为晶体薄片的等效电阻和电容,R_i 和 C_i 为放大器的等效输入电阻和电容。电路的等效负载阻抗

$$Z_L = \frac{R}{1 + j\omega RC} \tag{3 − 18}$$

$$|Z_L| = \frac{R}{\sqrt{1 + (\omega RC)^2}} = \frac{R}{\sqrt{1 + (\omega \tau_e)^2}} \tag{3 − 19}$$

式中:$R = R_s /\!/ R_i$、$C = C_s + C_i$ 为电路的时间常数。

流过负载的电流为

$$i_s = \frac{dQ}{dt} = A\gamma \frac{dT}{dt} \tag{3 − 20}$$

以调制频率为 ω 的辐射照射下,热释电器件的温度表示为

$$T(t) = \Delta T e^{j\omega t} + T_0 + \Delta T_0 \tag{3 − 21}$$

式中:T_0 为环境温度;ΔT_0 为热释电器件接收辐射后的平均温升;$\Delta T e^{j\omega t}$ 表示与时间有关的温度变化。温度变化率为

$$\frac{dT}{dt} = \omega \Delta T e^{j\omega t} \tag{3 − 22}$$

由式（3 − 4）可知

$$\Delta T = \frac{\alpha \phi_m}{G_\theta \sqrt{1 + (\omega \tau_\theta)^2}}$$

可得输入到放大器的电压为

$$\dot{U}_S = i_s Z_L = \frac{\alpha \omega \gamma A R \phi_m}{G_\theta \sqrt{1 + (\omega \tau_e)^2} \cdot \sqrt{1 + (\omega \tau_\theta)^2}} e^{j\omega t} \tag{3 − 23}$$

$$|\dot{U}_S| = \frac{\alpha \omega \gamma A R \phi_m}{G_\theta \sqrt{1 + (\omega \tau_e)^2} \cdot \sqrt{1 + (\omega \tau_\theta)^2}} \tag{3 − 24}$$

由式（3 − 24）可得热释电器件的电压灵敏度

$$S_V = \frac{dU_S}{d\phi_m} = \frac{\alpha \omega \gamma A R}{G_\theta \sqrt{1 + (\omega \tau_e)^2} \cdot \sqrt{1 + (\omega \tau_\theta)^2}} \tag{3 − 25}$$

分析式（3 − 25）可知:

（1）当入射辐射的 $\omega = 0$ 时，$S_V = 0$，这说明热释电器件不能检测恒定辐射；

（2）在低频段，$\omega < 1/\tau_e$ 或 $1/\tau_\theta$ 时，S_V 随 ω 增大而增大；

（3）在中频段，ω 在 $1/\tau_\theta \sim 1/\tau_e$ 范围内（通常 $\tau_e < \tau_\theta$），S_V 为与 ω 无关的常数；

（4）在高频段，$\omega > 1/\tau_\theta$ 或 $1/\tau_e$ 时，S_V 随 ω 的增大而变小。

3. 热释电器件的类型

目前，真正能满足制作热释电器件要求的材料不过十多种，按材料分热释电器件有三类：①铁电晶体热释电器件，如硫酸三甘肽（TGS）、钽酸锂（LT）、铌酸锶钡（SBN）等；②压电陶瓷热释电器件，如锆钛酸铅（PZT）；③聚合物热释电器件，如聚氟乙烯（PVF）和聚二氟乙烯（PVF_2）聚合物薄膜等。表 3 – 1 为热释电材料热性能特性参数。

表 3 – 1　热释电材料热性能特性参数

名　称	居里点 T_C /℃	介电常数 ε	极化强度 P_S /($C \cdot cm^{-2}$)	热释电系数 γ /($C \cdot cm^{-2} \cdot C^{-1}$)×$10^{-3}$	密度 /($g \cdot cm^{-3}$)	测量温度 /℃	测量频率 f /kHz
铌酸锂	450	1×10^5	50×10^{-6}	0.4	1	27	1
钽酸锂	660	47	50×10^{-6}	1.9	7.45	25	1
铌酸锶钡	115	380	29.8×10^{-6}	6.5	5.2	25	1
硫酸三甘肽	45	50	2.75×10^{-6}	3.5	1.65 ~ 1.85	25	1
氘硫酸三甘肽	62.9	20	2.6×10^{-6}	2.5	1.7	23	1
硝酸三甘肽	−67	50	0.6×10^{-6}	5	1.58	−77	10
磷酸三甘肽	−150	2500	4.8×10^{-6}	3.3	0.94	−178	1

图 3 – 17 为典型热释电器件的结构图，其中图（a）为 TGS 热释电器件结构。为了降低器件的总热导，一般采用热导率较低的基片（衬底）；管内抽成真空或充氮气等热导很低的气体；为获得均匀的响应，在器件敏感层表面涂特殊的漆，增加对入射辐射的吸收。为了提高灵敏度和信噪比，常把热释电器件与前置放大器（通常场效应管）做在一个管壳内，如图 3 – 17（b）所示。由于热释电器件的阻抗高达 $10^{10}\Omega \sim 10^{12}\Omega$，因此场效应管的输入阻抗应该高于 $10^{10}\Omega$，而且采用具有低噪声，高跨导（$g_m > 2000$）的场效应管作为前置放大器。

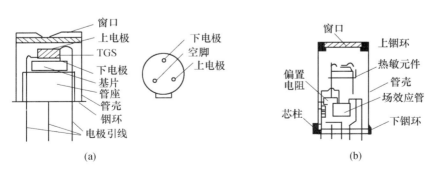

（a）

（b）

图 3 – 17　典型热释电器件的结构图
（a）TGS 热释电器件；（b）带前置放大器的热释电器件。

4. 热电探测器性能比较

热电探测器件是基于光辐射与物质相互作用的热电效应而制成的器件,这类器件的共同特点是:光谱响应范围宽,从紫外到 ms 量级的电磁辐射几乎都有平坦的响应,称为对光谱无选择性,而且灵敏度都很高,但响应速度较慢。

在热电探测器件中最受重视的是热释电器件,它除了具有一般热电探测器件的优点外,还具有探测率高、时间常数小的优点,其响应速度较热敏电阻和热电偶快得多。

在使用本章介绍的三类热电探测器件时,应注意以下几点:

(1) 热敏电阻采用制冷措施后,其灵敏度会进一步提高;它的机械强度较差,容易破碎,使用时要小心;流过它的偏置电流 I 要小于最大允许电流 I_m,以免电流产生的焦耳热影响热端温度,产生测量误差。

(2) 半导体热电堆,灵敏度很高,但机械强度较差,使用时必须十分当心;它的功耗很小,测辐射时,应对所测的辐射强度范围有所估计,不要因电流过大而烧毁热端的黑化金箔;保存时,输出端不能短路,要防止电磁感应损坏器件。

(3) 热释电器件是一种比较理想的热电探测器,其机械强度、灵敏度、响应速度都很高。但是它只能测量变化的辐射;利用它来测量辐射体温度时,它的输出是背景与热辐射体的温差 ΔT,要确定热辐射的实际温度时,必须另设一个辅助探测器,用来测出背景温度 T_0,则热辐射体实际温度 $T = T_0 + \Delta T$;因各种热释电材料都有一个居里点,所以它只能在低于居里点的范围内使用。

思考题与习题

3-1 什么是热电效应?热电探测器件通常分为哪两个阶段,哪个阶段能产生热电效应?

3-2 热电探测器的灵敏度和响应速度与哪些参量有关?如何提高热电探测器件的灵敏度和响应速度?

3-3 说明热敏电阻的种类及其应用?

3-4 在设计 NTC 型热敏电阻的偏置电路时,其偏置电流和负载电阻应如何选择?

3-5 说明温差热电势产生的条件是什么?结合热电偶的结构原理图说明辐射热电偶和半导体辐射热电偶的工作原理?

3-6 为什么热电堆灵敏度高?要想提高响应速度应考虑什么参量?

3-7 什么是热释电效应?什么是居里点?为什么热释电器件不能检测恒定辐射?

3-8 热释电器件输出的电压灵敏度与哪些参量有关?试画出灵敏度 S_V 与工作频率的关系曲线?

第4章　光电成像器件

用眼睛观察周围图像信息是人类生存、生产活动和科学实践的需要。因此,从古至今人人都珍惜自己的视力。但是,用人眼直接观察图像信息还受到种种限制:①光谱限制,人眼仅对波长为 $0.38\mu m \sim 0.78\mu m$ 的光敏感;②灵敏度限制,当可见光减弱到一定的程度(如夜间),人的视力近于丧失;③分辨率限制,没有足够的亮度对比或物体间距,就无法分辨图像细节;④时间限制,人眼只能实时观察景象,但是,观察过的景象不能保留在视觉上。为此,很早以前人类就在扩展视觉功能方面进行了大量的工作和探索,并取得了显著的成效。例如,望远镜延长了人眼的视见距离;显微镜扩展了人眼观察微小物体的能力;照相技术可以长期保存影像等。可是,应用光电成像技术来扩展视见光谱范围和提高视见灵敏度等方面已取得飞速发展,并已形成一门新的学科。本章介绍典型直接显示型和间接显示型光电成像器件的结构、工作原理及典型应用电路。

4.1　光电成像器件的类型

直接显示型的成像器件由变像管、像增强器、微通道板像增强器,发展到微光夜视。像管(变像管和像增强器总称)可以将红外线、紫外线和 X 射线图像转换并增强为可见图像,这样便大大扩展了人眼的视觉功能。间接显示型的电视摄像器件已经发展到相当成熟的阶段。新型视像管、二次电子电导管和增强硅靶管的出现大大提高了摄像管的灵敏度和分辨率。热释电视像管的研制为红外电视开拓了新的前景。电荷耦合固体摄像器件的发明是摄像器件领域中的一次革命。如今摄像器件已被成功的应用在电视广播、工业电视、军用电视、微光电视和红外电视等各个领域中。

直接显示型:

变像管 $\begin{cases} \text{红外线变像管} \\ \text{紫外线变像管} \\ \text{X 射线变像管} \end{cases}$

像增强管 $\begin{cases} \text{串联式像增强器} \\ \text{级联式像增强器} \\ \text{微通道板像增强器} \\ \text{负电子亲和势光阴极像增强器} \end{cases}$

间接显示型:

电真空摄像管 $\begin{cases} \text{光电型} \begin{cases} \text{光电导式摄像管} \\ \text{光电发射式摄像管} \end{cases} \\ \text{热电型:热释电摄像管} \end{cases}$

固体摄像器件型:电荷耦合摄像器件

4.1.1　直接显示型光电成像器件

直接显示型光电成像器件用于直接观察的仪器中,器件本身具有图像的转换、增强和显示等部分。例如,变像管和像增强器属于这类器件。它的工作过程:景像通过外光电效应转化为电子图像;电子图像进行增强;经过增强的电子图像被聚焦在荧光屏上产生可见光图像。

直接显示型光电成像器件按接收的辐射波段又分为两种。一种是接收不可见辐射图像(包括红外线、紫外线和 X 射线图像),然后把它转换成可见图像,这种仪器称为变像管。例如红外变像管和 X 射线变像管等,其中红外变像管多用于主动式红外夜视技术中。另一种是把接收到的微弱光的图像增强到在荧光屏上可以观察或摄像的程度,这种器件称为像增强器,如串联式像增强器、级联式像增强器、二次透射式像增强器、微通道板式像增强器等。这类器件通常用于被动式夜视技术、高速摄影技术、天文观测以及医疗诊断和金属探伤等方面。

4.1.2 间接显示型光电成像器件

间接显示型器件一般用于电视技术中的摄像方面。器件本身具有图像的转换、储存和扫描等部分。它的工作过程:景像通过光电转换在靶面上积累电荷图像;电子束扫描输出视频电信号。因此,这类器件本身不能显示图像,其输出信号可供图像信息传输和处理等。间接显示型器件按其结构和工作原理分为电真空摄像器件和固体摄像器件两类。

电真空摄像器件按图像转换的物理效应分光电效应和热释电效应两类。光电效应的摄像器件又分为内光电效应的摄像器件和外光电效应的摄像器件两种。内光电效应的摄像器件通常称为视像管,如硫化锑管、氧化铅管、硅靶管和异质结靶管等。外光电效应的摄像器件可称为光电发射式摄像管,如二次电子电导(SEC)管和增强硅靶(SIT 或 SEM)管等。

基于热释电效应的摄像器件为热释电摄像管,如硫酸三甘肽(TGS)热释电摄像管和氟铍酸三甘肽(TGFB)热释电摄像管等。

电荷耦合器件(CCD)是固体摄像器件。它将图像的转换、寄存、扫描和输出等部分实现了固体化。因此它是摄像器件的一次革命,必将促进电视技术和夜视技术的迅速发展。

4.2 光电成像器件的基本特性

4.2.1 光谱响应

光电成像器件的光谱响应取决于光电转换材料(光敏材料)的光谱响应,其短波限则取决于窗口材料的吸收特性。例如,属于外光电效应的像管和光电发射式摄像管的光谱响应由光阴极材料决定;属于内光电效应的视像管和 CCD 摄像器件的光谱响应则分别由光电靶材料和硅材料决定,热释电摄像管基于热释电效应,所以它能无选择性地吸收辐射光谱,其光谱响应特性近似直线。

图 4-1 示出了三种成像器件的光谱响应特性。图示光谱响应曲线表明,由于像管、摄像管和 CCD 三种器件的光电转换材料不同,因而它们的光谱响应特性有很大的差异。

在选用光电成像器件时,应当考虑器件的光谱范围与被观测目标的辐射光谱范围要尽量一致或接近。这就是通常所说的辐射源与器件的光谱分布之间的匹配关系,即光谱匹配。如果选用合适的成像器件,达到良好光谱匹配条件,将使整个观测系统获得更高的灵敏度。

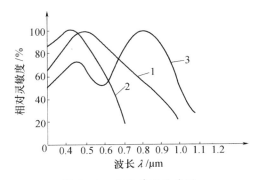

图 4 - 1　光谱特性曲线图
1—多碱锑化物光阴极像管;2—氧化铅摄像管;3—CCD 摄像器件。

4.2.2　转换特性

转换特性通常被定义为器件的输出物理量与对应的输入物理量的比值关系。转换特性的参量有灵敏度(或响应度)、转换系数及亮度增益等。如果器件的输入量与输出量用量子数表示时,则转换特性的参量为量子效率。

像管的输入量有辐射和光度两种度量单位,输出量为光度量单位,而每种度量的量和单位又较多,因此,表示像管转换特性有很多参量。目前,表示像管转换特性的参量大体上有两种:一是转换系数;二是亮度增益。

例如,红外变像管和 X 射线变像管的输入量为辐射量,输出量为光度量,它们的转换特性通常用转换系数表示。若红外变像管的输入量为辐射通量(ϕ_e)或辐照度(E_e),输出量为光通量(ϕ_v)或光出射度(M_v)时,红外变像管的转换系数(Conversion Coefficient,C.C.)按定义表示为

$$C.C. = \frac{\phi_v}{\phi_e} \ (\mathrm{lm/W}) \quad 或 \quad C.C. = \frac{M_v}{E_e} \ (\mathrm{lm/W}) \quad\quad (4-1)$$

X 射线变像管的输入量设为照射量率($\dot{X}$),其单位为 R/s,输出量为亮度(L_v),则 X 射线变像管的 C.C. 表示为

$$C.C. = \frac{L_v}{\dot{X}} \left(\frac{\mathrm{cd/m^2}}{\mathrm{R/s}}\right) \quad\quad (4-2)$$

当像管的输入量和输出量采用光度量单位时,一般用亮度增益(G_L)来表示像管的转换特性。通常它的定义是:像管荧光屏的光出射度(M_v)与照射在光电阴极上的照度(E_v)之比,即

$$G_L = \frac{M_v}{E_v} (倍) \quad\quad (4-3)$$

摄像器件的输出量为信号电流,而输入量有辐射量的光度量,因此,摄像器件的灵敏度单位也较多。若摄像器件的输入量为辐照度(E_e)或辐通量(ϕ_e)时,按照定义灵敏度表

示为

$$S = \frac{I_s}{E_e} \ (\mu A/\mu W \cdot cm^{-2}) \quad 或 \quad S = \frac{I_s}{\phi_e} \ (\mu A/\mu W) \tag{4-4}$$

式中：I_s 为摄像器件的信号电流。

若摄像器件的输入量为光照度（E_V）或光通量（ϕ_V）时，则 S 表示为

$$S = \frac{I_s}{E_V} \ (\mu A/lx) \quad 或 \quad S = \frac{I_s}{\phi_V} \tag{4-5}$$

为了保证摄像器件的光电转换特性为线性，希望器件的灵敏度 S 在一定范围内为一恒定量。

在双对数坐标上描绘信号电流与照度的关系曲线，其曲线的斜率称为"γ 特性"，则有

$$\ln I_s = \ln A + \gamma \ln E_V \tag{4-6}$$

式中：A 为常数。

电视系统的 γ 值关系到大面积信号灰度等级在转换过中有无丧失。若 $\gamma=1$，则从输入（景物）到输出（图像）的灰度等级没有丧失。若 $\gamma<1$，则强光信号受到压缩；反之，若 $\gamma>1$，则对比度低的输入信号得到提高。

摄像管的 γ 特性取决于光电转换元件（光阴极或光电靶）的特性。一般光电阴极的 γ 值等于 1，光导靶的 γ 值小于 1，硅靶的 γ 值近似为 1。

4.2.3 分辨力

分辨力是用来表示能够分辨图像中明暗细节的能力。分辨力通常有两种方式来表示：一种是极限分辨力；另一种是调制传递函数。分辨力有时也称为鉴别力或分解力等。

测量成像器件的极限分辨力时，要用专门的测试卡来进行。在测试卡上有几组不同宽度的黑白线条，黑白线条要等宽度，而且它们之间的对比度要尽可能大。通过光学系统把测试卡上的线条成像到器件的光阴极（或光电靶是）上，并在器件的荧光屏（或显像管的屏幕）上显示出来。然后用人眼观察，人眼能分辨的最细线条数就是器件的极限分辨力。对于不同类型的器件其极限分辨力的表示方法也不一样。例如，像管的极限分辨力用每毫米线对数（1p/mm）表示；摄像器件的极限分辨力用在图像（或光栅）范围内所能分辨的等宽度黑白线条数来表示。摄像器件的分辨力又有水平分辨力和垂直分辨力之分。如在水平宽度内最多能分辨 300 对垂直的黑白线条，则水平分辨力为 600 线；若在垂直高度内最多能分辨 250 对水平的黑白线条，则垂直分辨力为 500 线。

用人眼分辨的方法带有很大的主观性。为了客观地表示成像器件的分辨力，一般采用调制传递函数（Modulation Transfer Function，MTF）。

成像器件的调制传递函数的测试是通过正弦扫描板或黑白相间的线条光栅调制光信号，然后用光电方法测量器件的输入、输出调幅波信号的幅值大小，最后通过计算得到 MTF 与空间频率的关系曲线。一般采用光栅调制方法，如果调制信号为非正弦（例如矩形），可以用电学方法滤掉高次谐波，得到正弦信号。

一黑一白线条为一对"线对"，透过对应光的亮度为一暗一亮，构成调制信号的一个周期。每毫米长度上所包含线对数为空间频率，单位是"线对/毫米"，符号为 lp/mm。如

在 1mm 长度上包含 5 对黑白相间的线条,则空间频率 $f = 5\text{lp/mm}$。设调幅波信号的最大值为 $A_{\max}$,最小值为 $A_{\min}$,平均值为 A_0,振幅为 M_{m},则调制度 M(有时也称对比度)的定义为

$$M = \frac{A_{\max} - A_{\min}}{A_{\max} + A_{\min}} = \frac{A_{\text{m}}}{A_0} \tag{4-7}$$

所以,M 为调幅波振幅与平均值之比。图 4-2 注示了调制度的各个参量。

调幅波信号通过器件传输到输出端后,通常调制度受到损失而减小,一般讲,调制度随着空间频率的增加而减小。输出调制度与输入调制度之比定义为调制传输系数(因子)$T(f)$,即

$$T(f) = \frac{M_{\text{o}}}{M_{\text{i}}} \tag{4-8}$$

$T(f)$ 随空间频率 f 的关系函数称为 MTF。MTF 能客观地表示器件对不同空间频率的目标的传递能力。当 $f = 0$ 时,器件在传递过程中调制度没有损失,即 $T(f)$ 为最大,令 $T(f) = 1$(或 100%),以此作为比较的标准,这个过程为归一化。随着空间频率的增加,MTF 值减小。当减小到某一值时,图像就不能清晰分辨,该值所对应的空间频率为成像器件所能通过的最高空间频率,它与极限分辨力相对应。

图 4-3 为测试摄像管的线数与调幅信号图。

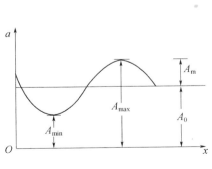

图 4-2　调制度定义

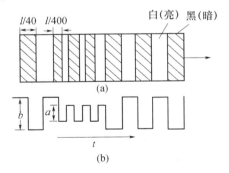

图 4-3　线数与条幅信号
(a) 光电靶上线条图像;(b) 示波器上条幅信号。

把 40 线和 400 线两组黑白线条(图 4-3(a))投射到摄像管的光阴极或光电靶上,并沿箭头方向扫描。然后用示波器测量摄像管输出的电信号,得到如图(4-3(b))所示的调幅信号。图中 l 为图像(光栅)的宽度尺寸。

在低空间频率(即 40 线)时,将摄像管的 MTF 值定为 1(100%),随着空间频率提高到 400 电视线,调幅信号的幅值将明显减小(由 b 变为 a)。摄像管 400 线时的 MTF 值可用 a/b 比值的百分数来表示。在广播电视中,要求摄像管在 400 线时的 MTF 值为 35% ~ 45%。一般将 MTF 值为 10% 时对应的线数定为摄像管的极限分辨力。可见用此定义来描述分辨力将更为客观。

图 4-4 为调制传递函数曲线示意图。图 4-4(a)为像管的调制传递函数曲线,横坐标通常用每毫米线对数 lp/mm 表示。图 4-4(b)为摄像管的调制传递函数曲线,横坐标通常用图像(或光栅)内的线数表示。

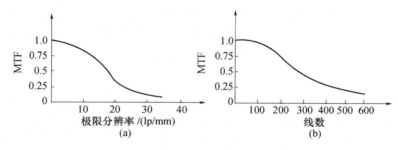

图 4-4 调制传递函数曲线示意图

（a）像管调制传递函数；（b）摄像管调制传递函数。

4.3 变像管和像增强器

把各种不可见图像转换成可见图像的器件称为变像管,把微弱的辐射图像增强到可以观察程度的器件称为像增强器。这两种器件总称为像管,都有光谱变换和图像增强的功能。

用于夜间观察目标的像管叫做夜视器件。夜视器件可分为主动式夜视器件和被动式夜视器件两种。主动式夜视器件是用红外光照射被观察的目标,然后用像管观察;而被动式夜视器件则借助于星光观察目标,故又称微光夜视。夜视器件在第二次世界大战期间就用于军事。今天,像管除了应用于夜视技术外,还应用于其他领域中,例如,用于观察和拍摄天体、高速摄影等。X 射线像管用于医疗诊断和金属探伤等。此外,像增强器与摄像管耦合构成微光电视射像管,可以在约 10^{-4} lx 的低照度下摄像。

4.3.1 变像管和像增强器的工作原理

1. 像管的基本原理

像管的工作过程分三步:辐射图像转换成电子图像、增强电子图像、能量增强的电子图像转换成可见光图像。完成上述过程的基本结构由三部分组成:光电阴极(简称光阴极)、电子光学系统和荧光屏,如图 4-5 所示。

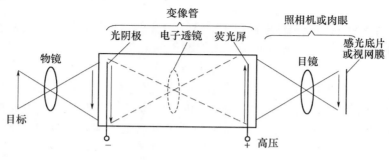

图 4-5 像管示意图

图 4-5 是最简单的静电聚焦像管示意图。以它为例说明像管的基本原理。光阴极、电子光学系统和荧光屏共同封闭在一个保持真空的管壳(玻璃或金属壳体)内,其真空度

一般为 10^{-6}Torr① 以上。像管的一个端面为半透明的光阴极,另一端面为荧光屏,在外电场作用下,中间部分通过静电聚焦形成电子透镜即电子光学系统。被观察目标通过物镜在光阴极上形成目标像,它引起光阴极的电子发射,每一点发射的光电子数目正比于该点的辐通量。由于光阴极任一点 p 发射的光电子流是发散的,因此电子透镜的作用是使这些发散电子被加速并聚焦在荧光屏相对应点 p' 上,p' 点即是 p 点的像。电子轰击荧光屏引起荧光材料发光;荧光屏上每个像点的亮度与光阴极上对应点的辐通量成正比。这样就在荧光屏上得到可见的被观察目标的像。

像管的作用是把图像做了两次变换,首先把光学图像(可见的或不可见的)变为电子图像,然后又把电子图像变为光学图像。第一次转换是由光阴极完成,第二次转换是由荧光屏完成。图像的增强一般采用两种方法:增强电子流密度、增强电子动能。增强电子流密度一般利用二次电子发射来实现,增强电子动能一般用静电场和磁场来实现。有的器件只采用其中的一种方法;有的器件同时采用两种方法。由于图像的变换和增强的手段不同,因而产生了各种变像管和像增强器。

2. 光电阴极

像管光电阴极(简称光阴极)种类基本上与真空光电倍增管阴极类似。光阴极按光电发射材料基本上分为四类:单碱与多碱锑化物光阴极;银氧铯和铋银氧铯光阴极;紫外光阴极;Ⅲ - Ⅴ族化合物光阴极。这些光电发射材料都具有较好的外光电效应,并且有不同的光谱响应。

锑铯(Cs_3Sb)光阴极是最常用的单碱锑化物光阴极。锑铯光阴极的长波限约为 $0.65\mu m$,峰值量子效率为 20% ~ 30%,比银氧铯光阴极大 30 倍。两种或三种碱金属与锑化合形成多碱锑化物光阴极。其峰值量子效率可高达 30%,且暗电流低,在传统光阴极中性能最佳。如(Na_2KSb)光阴极的光谱响应峰值在蓝光区,K_2CsSb 光阴极的光谱响应峰值为 $0.385\mu m$,含有微量铯的 $Na_2KSb[Cs]$ 光阴极不仅对蓝光灵敏,而且光谱响应延伸至近红外区。

银氧铯($Ag - O - Cs$)光阴极是最早使用的光阴极。它的特点是对近红外辐射灵敏。它的光谱响应曲线有两个峰值:一个在 $0.35\mu m$ 处,一个在 $0.75\mu m$ 处。它的光谱范围为 $0.3\mu m$ ~ $1.2\mu m$,量子效率不高,峰值处为 0.5% ~ 1%。铋银氧铯($Bi - Ag - O - Cs$)光阴极的量子效率大致为(Cs_3Sb)光阴极的 1/2,其特点是光谱响应和人眼相匹配。

一般来说,对可见光灵敏的光阴极也对紫外线有较高的量子效率。前面已经提到像管的短波限与窗口材料有关。所以,紫外变像管必须采用适当的窗口材料。常见的紫外窗口材料及其最短透过波长如下:石英 $0.16\mu m$;蓝宝石 $0.142\mu m$;氟化钙(CaF_2)$0.125\mu m$;氟化镁(MgF_2)$0.115\mu m$;氟化锂 $0.105\mu m$。常用的紫外线阴极材料有碲化铯(Cs_2Te)、碲化铷(RB_2Te)、碘化铯(CsI)、溴化铯($CsBr$)和氟化锂(LiF)等。

Ⅲ - Ⅴ族化合物光阴极是负电子亲和势光阴极的一种。它是由 Ⅲ - Ⅴ族元素构成的单晶结构薄层,表面铯、氧激活,使逸出功降低,电子亲和势变为负值。因此,这类光阴极的特点是:量子效率高,可以超过 50%;较长的长波限,波长可延伸到近红外 $1\mu m$ 以外;光谱响应曲线较为平坦;低的暗发射;光电子能量分布和角度分布都比较集中,所以当成

---

① 1Torr = 133.322Pa。

75

像器件应用这类光阴极时分辨力高。

3. 电子光学系统

电子光学系统的作用是将光阴极发射的光电子图像加速并聚焦到荧光屏上。它由特定的电极和线圈所构成,当加以适当的电极电压及线圈电流后将形成特定的电场与磁场。电子图像在该电磁场中受到洛仑兹力的作用,因而被加速并聚焦到荧光屏上。电子光学系统通常分为两种形式:一是静电系统;二是电场和磁场复合系统。前者靠静电场加速和聚焦,后者靠静电场加速和磁场聚焦。静电系统又分非聚焦式和聚焦式两种。

非聚焦型电子光学系统结构很简单,它由两个平行电极构成,光阴极为物面,荧光屏(阳极)为像面。因两电极距离很近,所以非聚焦式又称作近贴式。近贴型像管的电极结构如图4-6所示,图中 K 为光阴极,A 为荧光屏。当 A 与 K 之间加高压时,两电极间形成纵向均匀电场,场强为 E,由光阴极发出的光电子受电场作用飞向荧光屏。由于均匀电场没有聚焦作用,所以从光阴极同一点发出的不同初速 v_0 的电子不能在荧光屏上会聚成一个像点,而是一个弥散圆斑。

非聚焦型电子光学系统的弥散现象影响像管的分辨力。要使分辨力提高,就要缩小极间距离 l 或提高极间电压 U,使弥散圆半径 r_{max} 减小。极间距离目前已达到 0.1 mm,一般限制在 1 mm 以内,极间电压 $U \leqslant 10$ kV,电场强度 E 约为 10^4 V/mm,像管的分辨力高达 50 lp/mm。

图4-7为双圆筒静电聚焦示意图。两个电极分别同光阴极和荧光屏联结,阳极带有小孔光栏,以使电子透过。工作时阴极置于零电位,阳极加上直流高压,此时在两电极之间形成以轴对称的静电场。由等位线可以看出,电子从光阴极到阳极的路程上受到会聚作用,并得到加速,而后通过阳极小孔经过等位区射向荧光屏。电子束经聚焦后以直线轨迹射入荧光屏上。由于电子透镜的聚焦作用,使光阴极面上的物像在荧光屏上成一倒像。

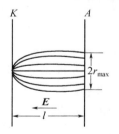

图4-6　近贴式电极结构

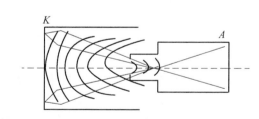

图4-7　双圆筒静电聚焦示意图

电场和磁场复合系统是由磁场聚焦电场加速。轴向均匀磁场是由像管外面的长螺旋线圈通以直流电流产生,轴向均匀电场是 A、K 两电极加以直流高压产生。这样,在像管内形成一个轴向均匀的复合电磁场,并且电场方向与磁力线方向平行。电子在均匀复合场的运动轨迹如图4-8所示。当电子作轴向运动时,因为与磁力线平行,故只受电场加速并垂直射到荧光屏上。若光电子运动方向与磁力线不平行,既有轴向速度分量 v_z,又有径向速度分量 v_y,则电子将受到洛仑兹力作用,沿螺旋线轨迹前进。由光阴极一点发出的多个电子,只要轴向初速度相等,就能保证在每旋转一周之后相交于一点,因而起到了聚焦作用。

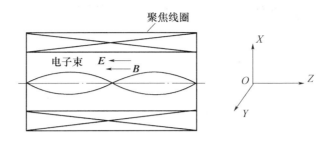

图4-8 电子在均匀复合场中的轨迹

磁聚焦的优点是聚焦作用强,并且容易调节(只要调节线圈电流即可);容易保证边缘像差;像差较小,分辨力较强。它的缺点是由于有长螺线圈和直流激磁等,使得尺寸、重量增大,结构复杂。

4. 荧光屏

荧光屏是发光材料(荧光粉)的微晶颗粒(粒度为$1\mu m \sim 3\mu m$)沉积而成的薄层。在电子入射的一边覆盖一层铝膜,其作用是防止光向光阴极方向反馈,增加光的有效输出,同时使屏得到高压。

当光阴极发出的光电子轰击到荧光粉层上时,将产生受激辐射光子即发光。荧光粉属于晶体电介质,其电阻率为$10^{10}\Omega \cdot cm \sim 10^{14}\Omega \cdot cm$。纯净而无缺陷的晶体一般不具有发光特性,只有掺入微量金属杂质(如铜、银、锌等)激活后才具有较强的发光特性。例如,银激活的硫化锌、银激活的硫化锌镉、铜激活的硫化锌、铜激活的硫硒化锌等。实验证明,荧光屏受高能电子激发发光的亮度 L 表示为

$$L = k j (U_a - U_0)^n \tag{4-9}$$

式中:k 为表征荧光粉特性的实验常数;j 为入射电子流密度;U_a 为入射电子的加速电压,U_0 为电子穿过铝膜所消耗的加速电压;n 为实验指数,一般为 $1 \sim 3$,对大多数荧光粉 $n \approx 2$。

4.3.2 变像管

1. 近贴式变像管

近贴式变像管的结构如图4-9所示,它由输入窗、输出窗、封接件和管壳组成。光阴极和荧光屏分别涂在输入窗和输出窗的内表面,两者之间距离约为1mm。光阴极加以负电压为阴极,荧光屏加以正高压,作为阳极,其间形成强的纵向均匀电场。当光阴极接收辐射图像时,产生的光电发射形成电子图像,并在纵向均匀电场作用下投射到荧光屏上。

图4-9(a)为光学玻璃窗结构,图4-9(b)为光学纤维窗结构。光学纤维面板是由直径为微米数量级的玻璃纤维紧密排列后熔压成块,然后经切割、磨制和抛光等工序制成的。每根光纤可独立传光,在传光过程中产生全反射现象,使入射光以低的损耗由一端传到另一端。为了保证全反射的条件,光学纤维由高折射率 n_1 的芯子和低折射率 n_2 的包层组成。图4-9(c)为光纤构造图。光以全反射形式通过光学纤维。

20 世纪 70 年代以来,由于制造工艺和材料的新进展,研制出了新型的近贴式像管产品,如微通道板像管,所以近贴式结构又引起了人们的重视。近贴式变像管的优点是轴上

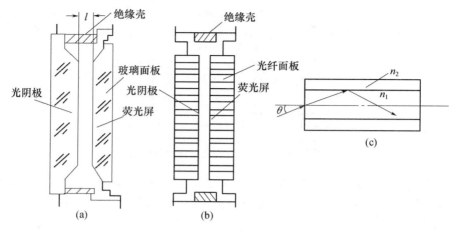

图 4-9 近贴式变像管示意图

(a) 玻璃窗结构；(b) 光纤窗结构；(c) 光纤的结构。

与轴外像差均匀，输出像基本上无畸变；成像面积大；体积小、重量轻。所以它适于摄像或眼睛观察等仪器中应用。但是，近贴式变像管有两个不易克服的缺点：一是两电极间距离很近，为了防止场致发射，不能施加高的加速电压，从而使输出亮度较低；二是由于弥散现像使极限分辨力受到限制。

2. 静电聚焦式变像管

图 4-10 所示的静电聚焦式变像管是一种最通用的管型。图 4-10 所示结构采用球面形的光阴极和荧光屏，附加有阴极外筒和截锥形阳极。由此配合便构成近似球形对称的静电场，其等位线如图 4-7 所示，故称它为准球形对称静电场。球形静电场能使轴外点上的电子轨迹与场强方向近于一致，从而改善了轴外点成像质量，减

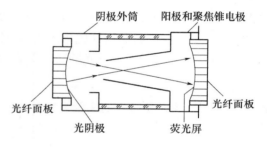

图 4-10 静电聚焦式变像管示意图

小像差。图 4-10 中的窗口材料为光纤面板。因为每一根光纤可以独立传光，所以容易将窗制成一端为平面、一端为球面的结构。将光阴极和荧光屏涂覆在球面上，便构成准球形对称静电场系统。

因为光阴极上的像和荧光屏上像互为倒像，所以这类管又称为倒像式变像管。由于倒像式电极系统的光阴极与荧光屏间距较大，允许施加高的加速电压，通常为 20kV ~ 30kV，从而使荧光屏有较高的亮度输出。此外，由于它的结构简单，像质较好，所以应用广泛。

3. 选通式变像管

选通式变像管具有可控的间断工作性质，目前有两种工作方式：一种是单脉冲触发式工作；另一种是连续脉冲触发式工作。前者用于高速摄影中作为快门变像管，后者用于主动式红外夜视技术中作为选通变像管。选通式变像管比普通变像管多一控制栅极，其典型结构如图 4-11 所示。控制栅极处于光阴极和阳极之间，是一个带有孔阑（栅网）的金属电极。

78

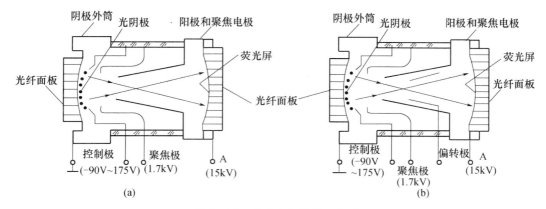

图 4 – 11 选通式变像管示意图

(a) 选通管；(b) 快门管。

选通式变像管的工作原理是通过改变栅极电压来控制光电子发射,从而实现了变像管的选通特性。当栅极电压比阴极电压高 175V 时,变像管处于导通工作状态;当栅极电压比阴极电压低 90V 时,变像管处于截止状态。选通管的工作过程可用图 4 – 12 说明。激光器作为红外脉冲光源,设光脉冲的周期为 T,光脉冲的持续时间(脉冲宽度)为 τ。图 4 – 12(a)为从目标返回的激光脉冲波形,图 4 – 12(b)为控制极脉冲波形。从激光脉冲发射从目标返回的时间 $t = 2s/c$,其中 s 是目标距离,c 是光速。用延时器控制栅极(控制极)电压 U_G,在 t 时间后,使 $U_G = 175V$,选通管导通工作,这样保证在选通管工作时,激光脉冲正好从目标返回选通管,选通管工作时间等于光脉冲持续时间 τ。然后使 $U_G = -90V$,选通管处于截止状态,再等下一个光脉冲返回时导通工作。

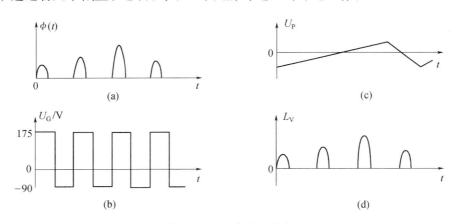

图 4 – 12 工作波形关系

(a) 脉冲辐射图像；(b) 控制栅电压波形；(c) 偏转电压波形；(d) 荧光屏图像。

根据光脉冲持续时间 τ,可以确定主动式红外夜视仪器能够观察的纵身范围(或景深)Δ,即 $\Delta = c\tau$。如果采用砷化镓激光器,脉冲宽度 $\tau = 100ns \sim 200ns$,则它所对应景深为 30m ~ 60m。

由上述可知,选通式变像管与激光脉冲处于同步工作状态,选通式变像管只接收来自目标景深内的反射信号。因此,可排除由目标景深外的大气散射及背景反射所造成的对

79

比度下降。这一点尤其是在仪器目标之间有雾、雨、烟、尘等情况下十分重要,采用选通工作方式后,不仅改善了主动式夜视仪器的观察效果,而且提高了有效视距。

快门式变像管用于高速摄像时,为了在夜间连续摄取多幅图像,采用带有偏转电极的快门管。这种管结构示意如图4-11(b)所示。当控制极打开时,对偏转电极加扫描电压 U_p(图4-12(c)),使偏转极间产生横向均匀电场,将电子图像横移,从而在荧光屏上得到分立横向排列的条纹图像(图4-12(d))。这样就把输入辐射通量—时间关系转变为输出屏上的亮度—距离关系来拍照。图4-12(c)、(d)为快门管将脉冲辐射图像重现时的工作波形关系。

4. X射线变像管

X射线量子能量很高,对物质有很强的穿透能力。当X射线穿过物体时,因物质结构组成的差异而产生不同的吸收和散射,因此,当接收到透过的X射线分布时,就得到X射线的"阴影图像"。这一阴影图像间接表明了物体内部结构状况,这种现象通常称为透视。这一技术在科学实验、工业探伤和医疗诊断等方面有着重要的作用。为把X射线的阴影图像转换成增强的可见光图像,需要采用X射线变像管。

普通光阴极的光电发射深度远小于X射线的透射深度,所以用光阴极直接接收X射线时,转换效率很低。因此,在X射线变像管中采用输入荧光屏,典型的X射线变像管结构如图4-13所示。通常是在变像管的输入窗内表面用沉积的方法形成输入荧光屏,然后在高真空条件下将光阴极直接形成在输入荧光屏的表面上。输入荧光屏是用重元素如碘化铯制备,碘化铯对X射线有较高的吸收系数。X射线量子投射在碘化铯输入屏上后,可激发出数百个可见光光子,可见它有较高的量子转换效率。

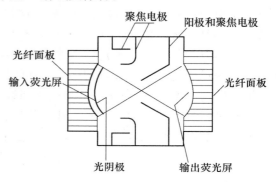

图4-13 X射线像管示意图

X射线变像管的工作过程是X射线图像激发输入屏发出可见光图像,光阴极在输入屏的可见光图像作用下,发射出电子图像,然后电子图像通过电子光学系统的加速、聚焦成像在输出荧光屏上,并转换成可见光图像。典型的X射线变像管的量子增益可超过100倍。此外,X射线变像管的输出屏不小于输入屏,即图像放大率小于1,这又进一步提高了输出的图像亮度,所以X射线变像管具有较高的量子增益和较强的亮度输出。

4.3.3 像增强器

新型光阴极材料的发现,光纤技术和微通道板技术的发展推动了像增强器的发展,实现了利用自然微光(星光)进行夜间观察,因而出现了各种类型的像增强器。下面仅介绍几种典型的像增强器。

1. 级联式像增强器

级联式像增强器由几个分离的单级管组合而成,每个单级管的输入窗与输出窗都是由光纤面板制成,其结构示意图如图4-14所示。当光纤窗表面抛光成光学平面时,可以很方便的把两个单级相互耦合起来,这种方法通常称为"光胶"。

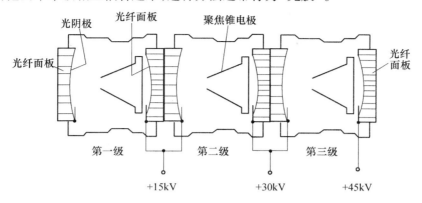

图 4-14　三级级联式像增强示意图

用光纤面板作级间耦合有很多优点。

（1）各级可以做成独立单管,制作工艺较三级串联简化得多,因此,成本率大大提高。另外,像增强器的级联组装方便,使用时一级损坏了可以更换。

（2）由于光纤面板传光效率高达80%以上,因此用三级级联式像增强器可以获得更高的增益。

（3）可以把光纤面板加工成所需的任何形状。如图 4-14 所示,光纤面板的外表面是平面,内表面是球面。因电子光学系统多采用球面型静电聚焦系统,物面和像面都是球面,而面板的内表面加工成球面刚好满足了电子光学系统的要求,从而提高了像质。

目前,光纤耦合的级联式像增强器已广泛应用于夜视技术、微光电视等领域。这种像增强器可提供超过 30000 倍的亮度效益,分辨力大于 30lp/mm。

2. 微通道板像增强器

微通道板(Microchannel Plate,MCP)像增强器利用微通道板的二次电子倍增原理,实现单级高增益像增强。它属于第二代像管。

微通道板的工作原理如图 4-15 所示。

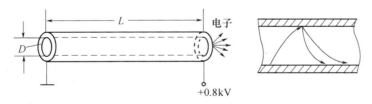

图 4-15　微通道的工作原理

一般微通道是由体电阻为 $10^8\Omega$ 以上的高阻材料制成的管状倍增器,管长与管直径之比一般为 30~100,管的内表面涂有二次电子发射能力的半导体层,管两端涂以电极。在真空条件下,当在微通道两端加上高压时(一般千伏左右),在通道内形成一个强电场。当初始电子入射到微通道低压端的管壁上时,就产生二次电子发射,二次发射系数一般大于 2.5。二次电子在管内电场作用下一方面加速,一方面因横向运动而再次轰击管壁,又产生更多新的二次电子,这样过程重复很多次,如同"雪崩"一般,从输出端输出"极多"的

81

电子,产生了倍增效果。对弱电流$(10^{-9} \sim 10^{-14})$来说,单通道电子增益可高达10^8。

把上述的微通道制成二维阵列,就形成微通道板。在$1cm^2$面积内含有约10^6个微通道,板厚为$1mm \sim 2mm$。把微通道板应用到像增强器中来增强电子图像,一般可分为薄片式和静电聚焦(倒像)式两种。

薄片式微通道板像增强器的结构如图$4-16$所示。在这种管内光阴极,微通道板与荧光屏间的距离尽可能靠近,以保证像质。如光阴极与微通道板的距离不大于$0.1mm$,其极间电压不能加的太大为$300V \sim 400V$。微通道板与荧光屏之间距离小于$0.5mm$,极间电压为$4kV \sim 5kV$。由光阴极发出的光电子在均匀电场的作用下,直接打在微通道板的输入端,由微通道板输出端输出的电子像也直接投射到荧光屏上。

静电聚焦式微通道板像增强器的结构图如图$4-17$所示。它与球对称型像管很相似,在像管内增设一个微通道板,微通道输出面与荧光屏近贴。由光纤面板上的光阴极所发射的光电子像,经静电透镜聚焦在微通道板上,微通道板将电子像倍增后在均匀场的作用下直接投射到荧光屏上。光阴极与微通板之间加速电压一般为$2kV \sim 3kV$,微通道板的工作电压为$0.8kV$左右,微通道板输出面与荧光屏之间电压为$5kV \sim 6kV$。这种管的分辨力主要取决于单位面积微通道板的通道数目以及微通道板与荧光屏的近聚焦。一般说来,静电聚焦式微通道板像增强器的分辨力比级联像增强器的高,而薄片式微通道板像增强器的分辨力比级联像增强器的低。

总之,微通道板像增强器的优点是体积小、重量轻,而且由于微通道板的增益与所加偏压有关,因此可以通过调整工作偏压来调整增益。另外,微通道板像增强器有自动防强光的优点,这是因为微通道板工作在饱和状态时,输入电流再增加而输入仍保持不变,因此,可以保持荧光屏在强光下不致于被"灼伤"。该像增强器的缺点是噪声较大,工艺复杂,制造困难,成本高。

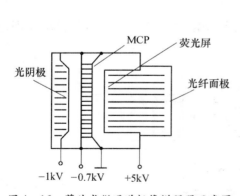

图$4-16$　薄片式微通道板像增强器示意图

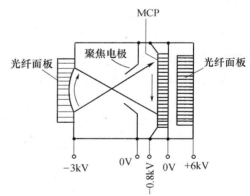

图$4-17$　静电聚焦式微通道板像增强器示意图

4.3.4　像管的特性

已经介绍了像管光谱特性、转换特性和分辨力等概念,这里仅就像管的几种基本特性及参数关系作进一步说明。

1. 放大率和畸变

放大率M是表征像管对图像几何尺寸放大或缩小能力的一个参量。假设测得入射

82

光阴极的同轴圆环图像的直径为 d_k，在荧光屏上圆环图像的直径为 d_a，则线（或环带）放大率 M 定义为

$$M = \frac{d_a}{d_k} \qquad (4-10)$$

由于像管畸变关系，使各个环带的放大率不相等。在中心区域的畸形很小，所以中心（近轴）放大率 M_0 可认为理想的放大率。一般边缘放大率 M_d 要比中心放大率 M_0 大，所以在荧光屏上的图像产生"枕变"畸形。

2. 转换系数和亮度增益

像管的转换特性是用其输出量和输入量之比来表征。变像管的输出量为可见光，而输入量为不可见光，故它的转换特性通常用转换系数来表示。像增强器的输出量和输入量均为可见光，其转换特性通常用亮度增益来表示。由于采用输出量和输入量的单位不同，所以引用不同的转换系数和亮度增益的单位。

变像管的转换过程是由光阴极、电子光学系统和荧光屏三部分来完成，所以总的转换系数与这三部分参数有关，设光阴极的积分灵敏度为 S_k，当光阴极的入射辐通量为 ϕ_e 时，光阴极输出光电流为

$$I_\varphi = S_K \varphi_e \qquad (4-11)$$

电子光学系统将光阴极发射的光电子聚焦到荧光屏上的数目占总发射数目的百分比称为聚焦系数，并且用 a 表示，通常 $a \approx 0.9$。所以，光电流入射荧光屏的电功率为

$$P = a I_\varphi U \qquad (4-12)$$

式中：U 为加速电压。

设荧光屏的发光效率为 η，则荧光屏输出光通量为

$$\phi_v = P \cdot \eta \qquad (4-13)$$

将式（4-11）和式（4-12）代入式（4-13）并整理得

$$\mathrm{C.C.} = S_K a U \eta \qquad (4-14)$$

由式（4-14）可知，对某一变像管参数 S_K、a 和 η 为确定值，可调量仅是加速电压 U，所以通过改变电压 U 值可以调节变像管的转换系数。但应指出式（4-14）只能作为参考。因为变像管中的各环节并非线性变换。实际转换系数可由测试得到。

3. 暗背景亮度和等效背景亮度

变像管在无光照射时产生的电流称为暗电流。暗电流在电场作用下轰击荧光屏使之发光，这时荧光屏的亮度称为暗背景亮度。暗电流主要是由光阴极热电子发射引起的，此外，场致发射、光反馈、离子反馈等也是产生暗电流的其他因素。暗背景亮度将使输出图像对比度下降，对微弱图像甚至可能被背景淹没而无法识别。

等效背景亮度定义是：为使荧光屏亮度等于背景亮度，在光阴极面上所需的等效输入照度值。在实际测试时，调节输入照度使荧光屏的亮度为背景度的两倍，此时输入照度为等效背景照度。典型等效背景照度值，变像管为 12×10^{-3} lx ~ 15×10^{-3} lx，级联式像增强器为 2×10^{-7} lx。小于典型值的像管才为合格。

4.3.5 高压电源

一般变像管和像增强器的工作电压为几十千伏，而工作电流为纳安数量级，因此高压

电源采用直流变换器。图4-18为高压供电装置框图。关于变换器的一般工作原理在电子线路中已经讲述,这里主要介绍倍压整流部分。

图4-18 高压供电框图

自激振荡器经变压器升压后输出的脉冲电压值不能达到所需要的高压。因此,往往采用倍压整流,有两倍压、四倍压等,目前已用到48倍压。以四倍压为例说明倍压整流工作过程。

四倍压整流的工作原理如图4-19所示。图4-19(a)、(b)、(c)、(d)分别为四个半周期内的工作过程。下面分别介绍每个周期内的工作过程。

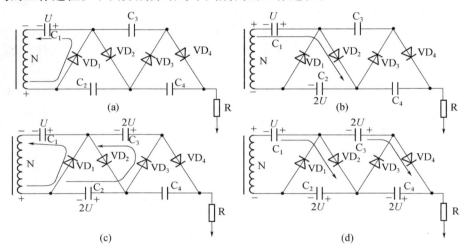

图4-19 四倍压整流工作原理

第一个半周期(图4-19(a))。变压器输出绕组 N 上的电压 U 使整流二极管 VD_1 导通,电流在回路 N、VD_1 和 C_1 中流过并使电容器 C_1 充电,充电电压近似为 U 值。N 上的电压 U 不可能通过二极管 VD_3 对 C_3 充电,因为 C_1 上电压先达到 U 值。

第二个半周期(图4-19(b))。绕组 N 上的电压 U 和电容器 C_1 上的电压 U 串联起来,如同总电动势等于 $2U$ 的两个串联电源的作用一样,使二极管 VD_2 导通,电流在回路 N、VD_2 和 C_2 中流过,同时使电容器 C_2 充电,充电值近似为 $2U$,电容器 C_1 上的电压绝大部分放掉。

第三个半周期(图4-19(c))。绕组 N 上的电压 U 通过二极管 VD_1 对电容器 C_1 充电,并使 C_1 上的电压达到 U 值。同时,电容器 C_2 上的电压 $2U$ 如同电动势等于 $2U$ 的电源一样,通过二极管 VD_3 对电容器 C_3 充电,并使 C_3 充电到近似 $2U$ 值,电容器 C_2 上的电压绝大部分放掉了。

第四个半周期(图4-19(d))。绕组 N 上的电压 U 和电容器 C_1 上的电压 U 如同总电动势等于 $2U$ 的两个串联电源的作用一样,使二极管 VD_2 对电容器 C_2 充电到近似 $2U$。同时,电容器 C_3 上的电压 $2U$ 通过二极管 VD_4 对电容器 C_4 充电到近似 $2U$。那么,输出

端的电压是电容器 C_2 和 C_4 上的电压之和,即为 $4U$（近似于四倍关系）。在四个半周期内完成了四倍压整流过程。

4.4 摄 像 管

随着科学技术的发展,电视技术在军事、工业、商业、医学、空间、天文、广播、监控等应用日益增多,同时对电视摄像器件也提出了许多特殊的要求,促进了摄像管的发展。近年来在研制高质量摄像管方面取得了新的成就,为电视技术的发展创造了有利的条件。

自 1931 年出现第一只摄像管以来,已研制出许多类型的摄像管,但有些摄像管已被淘汰。目前在电视广播中,应用最广的是氧化铅管。此外,硅靶管、硅增强管、二次电子电导管与电荷耦合器件已大量采用。

摄像管的摄像(将光像转变为电信号)功能基于光电转换、存储和阅读等。完成这种功能的基本结构为光电靶(或光电阴极及增强靶)和电子枪两部分,此外在管外还装有聚焦、偏转和校正线圈。

4.4.1 摄像管的一般原理

1. 图像顺序传送

用电子技术的方法将图像信息进行传递、存储、显示、测量和控制,首先要将光学图像信息转化为电信号。能够完成这种功能的器件称为摄像器件。为了便于了解摄像器件的工作原理,先讨论图像传送的方式。

任何一幅图像可以分割成许多小像点(通常称为像素或像元)。像素越小,单位面积上的像素数目越多,图像就越清楚。把像点的平均亮度作为像素的图像信息,然后经过光电转换元件(光电靶)变为电信号,再经过信道传送出去。

一幅图像约分成 40 多万个像素,显然不可能用 40 多万条信道同时传送。实际上是把图像上各个像素的信息按一定顺序转变成电信号,并依次传送出去。这样就可以把随空间、时间的变化图像信息转换成随时间的变化电信号。

在电视中利用扫描过程,将图像亮度的空间分布转换为按时间顺序传送的电信号。图像的顺序传送如同人眼阅读书籍一样,也是按照自左至右、自上而下的顺序传送每个像素。自左至右的扫描称为行扫描(或水平扫描),自上而下的扫描称为场扫描(或垂直扫描)。在我国电视制式中,一幅图像(或扫描光栅)分成 625 行;每秒传送 25 幅图像,即帧频为 25Hz;一帧分成两场,采用隔行扫描的方法,第一场传送奇数行,第二场传送偶数行,场频为 50Hz。因此,帧周期和场周期分别为 40ms 和 20ms,行频为 $25 \times 625 = 15625$（Hz）,行周期为 $64\mu s$。实际上,自左至右扫描一行所花的时间约为 $52\mu s$,剩下的 $12\mu s$ 作为自右至左的回扫时间,在这段时间内不产生图像信号,称为行消隐。利用行消隐的一部分时间传送行同步信号。同样,从一场最后一行的最右端回到下场第一行开始扫描位置的回扫称为场消隐。此回扫时间约为 1ms,占 15 个 ~20 个行周期,因此,虽然把图像分成 625 行,而实际扫描行数只有 600 多一点。

在某些特殊的电视系统中,所用的帧频、场频和行频与上述数值不同,应根据需要而定,如在慢扫描电视中,帧周期可增加到秒的数量级,在高分辨力的电视中,扫描行数可达数千行。

2. 聚焦与偏转

聚焦与偏转系统是保证摄像管正常工作的重要环节,通常有电聚焦和磁聚焦以及电偏转和磁偏转之分。在摄像管中,由于电子束上靶时能量较低,为慢电子束扫描。因此,电子束与靶面稍不垂直,就容易在靶面上形成扩散,影响聚焦。为使扫描电子束获得良好聚焦,摄像管多采用长线圈(长度大于直径)构成的长磁聚焦与磁偏转系统。这样做还能使管子内部结构简单,便于生产。图 4 – 20 为磁聚焦与磁偏转系统结构示意图。

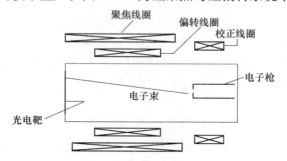

图 4 – 20　磁聚焦与磁偏转结构示意图

由于电子枪安装工艺上的原因,电子束不能良好聚焦和垂直上靶,为此在第一阳极附近安置两对互相垂直的校正线圈。通过调节线圈中的电流,可使它们产生的合成磁场的方向在 360° 范围内变化,因而可将电子束运动方向校正到与管轴平行。这样,可以降低对电子枪安装精度以及对聚焦电流、聚焦极电压稳定性的要求。

聚焦线圈一般由均匀平绕在圆筒骨架上的导线做成,结构比较简单,线圈应有足够的长度,以便尽可能保证聚焦磁力线和靶垂直。

为了在管内获得均匀的偏转磁场,偏转线圈导线密度应按余弦规律分布。这种线圈称半分布式偏转线圈,图 4 – 21 为其示意图。

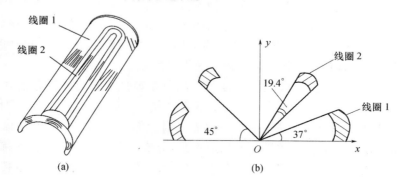

图 4 – 21　一只两绕组偏转线圈
(a) 偏转线圈;(b) 线圈的横截面。

4.4.2　视像管

视像管是一种基于内光电效应的摄像管,有较高的光电转换效率,它的结构简单、体积小、调节使用方便。所以,视像管是一种最广泛应用的摄像管。

1. 结构

图 4 – 22 是视像管结构图及靶的放大图。视像管的构造简单,主要包括光电靶和电

子枪两大部分。在管外装有聚焦、偏转和校正线圈。

图4-22(a)所示电子枪包括灯丝、阴极、控制栅极、加速极(第一阳极)和聚焦极。聚焦极的电压可调,它与加速极形成的电子透镜起辅助聚焦作用。

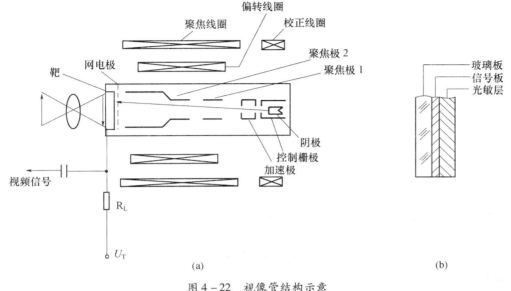

图4-22 视像管结构示意
(a)管子结构;(b)靶结构。

在靶的右面装有网电极(一般与聚焦极2相连),它使靶前形成均匀电场,因而电子束在整个靶面都将垂直上靶。

光电靶既能完成光电变换又能存储信号,厚约几微米,如图4-22(b)所示。靶向着景物的一侧为信号板,它是喷涂在玻璃板上的一层透明金属氧化物导电层,如氧化亚锡信号板,它具有较高的透射率和电导率。信号板引出的电极为信号电极,通过负载电阻R_L施加靶压U_T,U_T值由靶面材料决定,一般为十伏至几十伏。靶的另一侧为光敏层,它由蒸镀在信号板上的一层具有内光电效应的材料制成。

光电靶面向电子枪一侧表面的电位低于信号板电压,接近阴极电位,扫描电子束上靶时的能量较低,二次电子发射系数$\sigma < 1$,这样的扫描称为慢电子束扫描。

2. 工作原理

以硫化锑视像管为例说明视像管的工作原理。硫化锑(Sb_2S_3)是光电导材料,用它制成的光敏层是一层连续的半导体薄膜,膜本身并不分割成单个的像素。但由于它的横向电阻高,所以工作时就如同由各个像素所组成。这些像素的大小由阅读电子束截面决定。光电导靶的工作原理可用图4-23说明,图中每个R、C并联电路表示靶上的一个像素,整个靶共有几十万个像素。

当靶面无光照射时,各像素的电阻很大,即暗电导很小。在电子束扫过某个像素的瞬间,该像素与电源正极($+U_T$)和阴极接成通路,于是电容被充电,电容左侧电位上升到$+U_T$,而右侧为阴极电位。电子束离开后,电容通过电阻放电,由于暗电导小,所以放电极慢,在两次扫描的间隔期内电容右侧电位只上升一个小的增量ΔU。当该像素受到下一次扫描时,右侧电位又恢复到阴极电位。此时的充电电流称为暗电流。为了克服靶面上

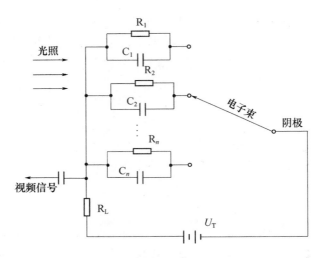

图 4 – 23　视像管工作原理图

各像素的差异引起的暗电流起伏干扰,希望光电材料有大的电阻率。

当光学图像成像到靶面上时,由于靶面受到光照,使各像素的电阻值随入射的照度值而变化。照度大则电阻小,放电快,在两次扫描间隔期内,靶右侧电位上升最大;照度小则电阻大,靶右侧电位上升量小。设第 i 个像素的电容 C_i 放电电量为 ΔQ_i,则右侧电位上升量为

$$\Delta U_i = \Delta Q_i / C_i \qquad\qquad (4-15)$$

于是,在一帧时间里,靶的右侧就形成了一幅与光学图像明暗分布相对应的电位图像。这就是图像的存储过程。经过扫描,电子束对像素电容充电,其充电电流称为光电流(信号电流),电子束扫完一帧图像后,这幅电位图像就转变为随时间变化的电信号(图像信号)。由于对应亮的像素流过 R_L 的电流大,对应暗的像素电流小,故负载上输出的是负极性的图像信号。因此,电子束扫描过程为信号阅读(拾取)过程;当像素电容再次充电到电源电压 U_T(即右侧电位又恢复到阴极电位)时,像素存储信号被擦除掉。

设帧周期为 T,像素数为 N,则电子束扫描一个像素的时间约为 T/N,像素积累电荷的时间约为 $(N-1)T/N$。

从上述工作过程可知:存储(或记录)过程时像素在 $(N-1)T/N$ 的时间内积累电荷,并在靶面上把"光学图像"变成电位起伏的"电位图像";阅读(拾取)过程是电子束在 T/N 时间内扫描像素并拾取信号;擦除(或复位)过程是像素被阅读后,使像素恢复到初始状态,即像素电位回到初始值。在视像管中,第二和第三过程合并,即电子束读取信号的同时像素电位复位,这样可使管子的结构简单些。

PN 结型靶由于阻挡层(势垒)的存在降低了暗电流。所以对电阻率和禁带宽度的要求大大放宽,扩大了材料选择的范围。因此,除了早期的 Sb_2S_3 靶外,现在的视像管大多采用 PN 结型靶。

4.4.3　视像管靶

1. 氧化铅靶

氧化铅(PbO)视像管自 1966 年投入使用以来,它的性能已有明显改善,并以它的优

88

良性能取代了超正析像管在广播电视中的地位。至今已成为广播用彩色电视摄像机的主用管。

氧化铅管的结构与图4－22基本相同。氧化铅光电靶结构如图4－24所示。图中光电靶由三层很薄的不同类型的半导体组成。中间一层是氧化铅本征半导体，称为Ⅰ层；受电子束扫描的一侧是P型半导体，称为P层；受光照射一侧并与氧化锡（SnO_2）透明导电膜相连接的是N型半导体，称为N层。可见，氧化铅靶具有PIN光电二极管结构。

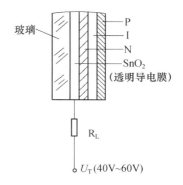

图4－24　氧化铅光电靶

工作时N层与靶压正极相连，光电二极管处于反向偏置，靶压几乎全加在耗尽层（Ⅰ层）上，在耗尽层内形成很强的电场。当耗尽层内出现光激载流子，在强电场作用下它们几乎全部参加导电，因而提高了光电转换效率。另一方面，因光电二极管处于反向偏置，使氧化铅管的暗电流明显下降。

靶面上每个像素为一光电二极管。在有光照射时，随着各像素的照度不同，产生不同的电子—空穴对，它们在反向电场的作用下被分离，并分别到达靶的两侧。这样使得靶扫描面上的电位升高，并形成与入射图像相对应的正电位图像（即图像存储）；当电子扫描时，光电流流过负载R_L，产生负极性图像电压信号输出（即信号阅读）；同时扫描电子束使P层扫描面的电位降至阴极电位（即图像信号擦除）。

氧化铅管的光谱响应特性与靶材料及其厚度有关。氧化铅的长波限（红限）为$0.62\mu m$，小于人眼的长波阈。为改善摄像管的红光响应特性，Ⅰ层采用氧化铅－硫化铅的多层结构，使长波截止波长扩展到$0.7\mu m$以上。这种摄像管称为红光增感的氧化铅管，如XQ1025R型管。波长较短的蓝光，很容易被N层吸收，为了提高对蓝光的灵敏度，蓝管的N层应做得比较薄些。这种管称为蓝光增感管，如XQ1020B型管。图4－25所示为红、绿、蓝各管的光谱响应特性。

氧化铅管输出光电流I_ϕ与靶面光的照度和靶压有关。管子的伏安特性如图4－26所示，在正常靶压，即$U_T＝40V\sim60V$时，光电流I_ϕ不随靶压变化。因此输出信号随入射光通量（或照度）呈线性变化；同时输出信号黑色电平稳定，使整个画面的底色均匀。

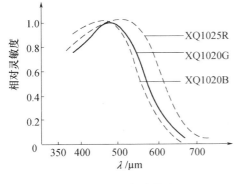

图4－25　光谱特性

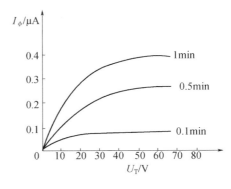

图4－26　伏安特性

89

2. 硅靶

硅靶是由大量微小光电二极管的阵列构成，其结构如图 4-27(a)所示。极薄的 N 型硅片的一面经抛光、氧化而形成一层绝缘良好的二氧化硅(SiO₂)膜。用光刻技术在膜上刻出圆形窗孔阵列(一英寸管有近 50 万个窗孔)，通过窗孔将硼扩散入硅基片，于是就形成 P 型岛阵列。每一 P 型岛与 N 型基片构成一个 PN 结光电二极管，而每个光电二极管被 SiO₂ 膜隔开，形成一个单独的像素。这样，N 型硅片的一面为 N⁺ 层，而另一面则为 P 型岛阵列，构成具有 40 多万个像素的硅靶。为使电子束扫描时不在电阻率很高的 SiO₂ 膜上积累电荷而影响靶的工作，可给各 P 型岛加上相互绝缘的金属垫肩，使每个二极管的导电电极有尽可能大的面积，或者在整个靶面上蒸发一层半绝缘性质的电阻层(如 CdTe 电阻层)，使扫描电荷可以流向各自的光电二极管。

如图 4-27(b)所示，硅靶靶压 U_T 一般为 8V~10V，使二极管反向偏置。所以，在无光照射时只有暗电流存在；当有光照射时，在 N 型区(主要在耗尽层)中产生电子—空穴对，空穴向 P 区移动，使靶被扫描一侧的电位升高，其增量与光的照度成正比例。这样，光学图像在 P 岛阵列上形成电荷图像(存储过程)。当靶受电子束扫描时，其电位被拉平到阴极电位，产生的光电流流过负载电阻 R_L 就形成了与光学图像对应的视频电压信号，同时擦除了储存信号。

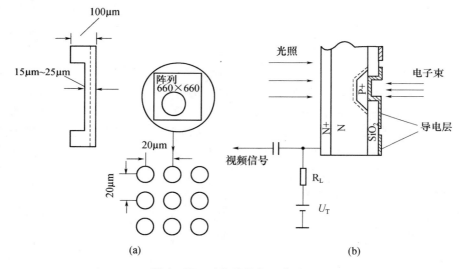

图 4-27 硅靶结构与工作原理
(a) 结构示意；(b) 原理图。

由于硅靶的量子效率高，在 $0.35\mu m \sim 1.1\ \mu m$ 的光谱范围内能有效地工作。所以硅靶管是光谱响应最宽的一种视像管，可用于近红外电视。

硅靶管的灵敏度较高，光电特性接近为线性。此外，硅靶不易被烧伤、耐强光、耐高温、耐大电流轰击、耐震动等，使用寿命较长。所以，硅靶管在工业电视、电视电话、医疗等方面得到应用。但是，硅靶管的主要特点是暗电流较大、惰性较大、靶面有斑点疵病(由单元二极管缺陷引起)、分辨力不高等。因此，影响了硅靶管在广播电视方面的应用。

3. 异质结靶

前面提到一种优质靶必须是结型靶。若使摄像管具有高的灵敏度和高的分辨力，必须要求靶具有高的灵敏度和高的电阻率。但是,对于一种材料往往不能两全。为了克服这一矛盾,可以选用两种不同的材料来组合,一种高灵敏度的材料作为靶面主体,另一种高电阻率的材料覆盖在上面,二者的界面形成 PN 结。这样,光电转化与电荷积累分别由两种材料完成。由两种不同材料所形成的 PN 结称为异质结,这样的靶称为异质结靶。

图 4-28 为硒化镉(CdSe)靶结构示意图。在窗的内壁上涂上一层氧化锡(SnO$_2$)透明薄膜作为信号电极。与透明电极相邻接靶面材料是 N 型半导体 CdSe,厚约 2μm,它的电阻率低,灵敏度高。内表面层采用硫化砷(As$_2$S$_3$)P 型半导体材料,制成厚约 400nm 的玻璃状薄膜。As$_2$S$_3$ 的电阻率高,故能积累电荷,提高分辨力,同时阻挡电子束注入,减少暗电流。中间层为亚硒酸镉(CdSeO$_3$),是 CdSe 表面热处理时氧化生成的 P 型薄膜。实验表明,亚硒酸镉薄膜的存在将使暗电流小于 1nA。

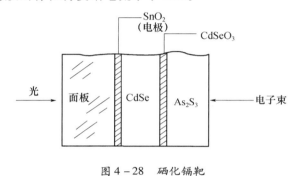

图 4-28　硒化镉靶

4.4.4　光电发射式摄像管

光电发射式摄像管在结构上和工作原理上与视像管有所不同。光电发射式摄像管带有移像部分,将光电转换和信号存储分开,不像视像管那样在一个光电靶内同时进行。光电发射摄像管是由光阴极完成图像的光电转换,存储靶进行信号存储,通过电子束扫描拾取信号。

1.　增强硅靶摄像管

增强硅靶管的简称不一,以下简称“SIT”(Silicon Intensified Target 的缩写)管。SIT 管是在硅靶视像管的基础上发明的,图 4-29 为 SIT 管的结构原理图。

SIT 摄像管将硅靶作为二次电子增益靶(电荷存储元件),并增加了电子光学移像部分与光阴极。当光阴极受光照射时,发射出的光电子,在移像区电场的作用下以高速度轰击靶面,在靶中产生大量电子—空穴对。光电子在靶中平均每消耗 3.5eV 产生一个电子—空穴对,靶的倍增系数可近似地表示为

$$G = \frac{U_P}{3.5} \tag{4-16}$$

式中:U_P 为光电子的加速电压,对于 10keV 的光电子将产生 2800 电子—空穴对。如果靶足够薄,空穴很容易扩散到 P 型岛上,可获得的收集效率约为 70%。光电子能量为 10keV 时,靶倍增系数约为 2000,因而灵敏度大为提高。但这并不意味着 SIT 管的灵敏度比硅靶

管高 2000 倍,这是因为 SIT 管光阴极的灵敏度远低于硅靶的灵敏度。SIT 管的灵敏度大致比硅靶管高两个数量级。

SIT 摄像管的工作过程是:光学图像成像到光阴极上并转换为光电子图像;光电子图像在电子光学移像部分的作用下移到硅靶上,在硅靶的电子扫描一侧(右侧)形成大大增强的正电荷(电位)图像;电子束扫描产生视频信号输出。

SIT 管具有高灵敏度、低噪声等优点,在微光电视领域内被广泛应用,可在靶面照度低于 10^{-3}lx 的情况下工作,前面再加一级像增强器可在星光下应用。SIT 管缺点是与硅靶相联系的,如分辨力受硅靶二极管密度限制、暗电流大、有斑点等。

2. 二次电子电导摄像管

二次电子电导摄像管简称 SEC(Secondary Electron Conduction 的缩写)摄像管。它也是增强型摄像管,其结构与增强硅靶摄像管(图 4-29)相类似,主要区别在于靶结构不同,用 SEC 靶代替硅靶。SEC 靶采用低密度的二次电子发射性能良好的材料组成。

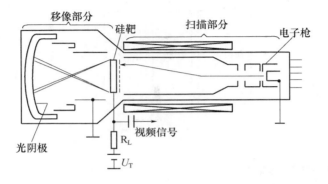

图 4-29 SIT 管结构原理示意

SEC 靶的结构如图 4-30 所示。它由三层组成:厚约 0.07μm 的 Al_2O_3 层起支撑作用;真空蒸涂到 Al_2O_3 层上的 Al 层厚度为 0.02μm ~ 0.07μm。作为导电信号板;低密度层厚度为 10μm ~ 20μm,它的密度仅为通常密度的 1% ~ 2% ,一般采用氯化钾(KCl)制作低密度层。在约 266Pa 的低压 Ar 气中把 KCl 蒸涂到 Al 层上,形成纤维结构的低密度层中 98% ~ 99% 的空间是真空的,所以二次电子逸出到空间的概率很大。

图 4-31 表明了在反向偏压(20V ~ 30V)下低密度层的工作原理。低能电子束扫描低密度层,使表面为阴极电位,这样在低密度 KCl 层中建立了电场。入射的光电子以 6keV ~ 10keV 的能量轰击靶面,在透过支撑膜和信号板时约损失 2keV 能量,其余的能量用以激发 KCl 层中的电子。设入射的初始光电子的电荷为 q_p,在光电子的激发下释放二次电子电荷为 q_n,其中有 q_r 电荷将在到达信号板前与发射二次电子所产生的正电荷中心相复合,因此到达信号板的总电荷 $q_s = q_n - q_r$。到达信号板的电子将引起靶的局部放电。这样一来,当移像部分将光电子图像成像到靶面上时,在 KCl 层的右侧留下与之对应的正电荷图像(存储)。因为 KCl 膜的电阻率很高,正离子的迁移速度很小,所以图像能够维持很长时间,直至扫描电子束将其抹平为止。这样 SEC 管就具有良好的信号储存和积累性能。

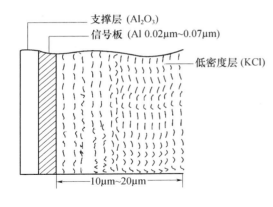

支撑层 (Al₂O₃)
信号板 (Al 0.02μm~0.07μm)
低密度层 (KCl)

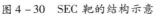

10μm~20μm

图 4-30 SEC 靶的结构示意

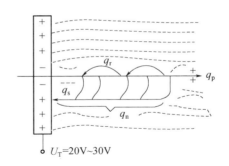

U_T=20V~30V

图 4-31 SEC 靶的工作原理

可以看出,靶的电导是由于内发射的低能二次电子产生的,这种效应称为二次电子电导(SEC),所以,存储电荷传输是由电子束来完成,而信号电荷的倍增系数为

$$G = \frac{q_s}{q_p} \qquad (4-17)$$

G 值一般大于 100。如果光阴极的灵敏度为 100μA/lm,则 SEC 管的总积分灵敏度可超过 10^4μA/lm。扫描电子束使靶面右侧的电位图像擦除,并使之恢复到阴极电位,同时产生的信号电流由信号板输出,在负载电阻 R_L 上产生视频电压信号。

在靶压一定的情况下,靶的相对倍增系数与初始电子能量的关系如图 4-32 所示。由图可见,入射电子的初始能量在 8keV 时,倍增系数达到极大,电子的能量大于 8keV 时穿过靶的概率增多,低于 8keV 时初始电子消耗在穿过 Al₂O₃ 支撑膜和 Al 信号板的能量占总能量的比例相对增加。当电子的初始能量低于 2keV 时,不能通过 Al₂O₃ 支撑膜,于是倍增为零。

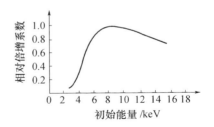

图 4-32 靶倍增系数与
初始电子能量关系

因为 SEC 靶的电阻率极高,电荷可以在靶面长时间储存而不致泄漏。所以,SEC 靶积累信号时间长并能长时间存储信号,这是它最突出的特点。有人做过试验,SEC 靶可以把信号储存 48h 而不恶化。

SEC 摄像管由于它有灵敏度高、惰性小、积累和储存性能好等优点,所以也被用于照度稍高的微光电视中,或用于长时间积累观察极微弱的景物。但是,SEC 管的致命缺点是靶面的脆弱性,以致制管过程中成品率低,使用过程中容易烧伤。

3. 微光摄像管简介

微光电视在军事、科学研究以及民用方面都有重要的应用。例如,在军事上可用于夜间监视与侦察、电视制导与跟踪、卫星搜集军事情报、观察水下武器试验及反潜等。在科学研究方面可用于天文观察、卫星地球资源勘测、宇宙空间探索等。此外,在医疗诊断、矿井作业等方面也得到应用。微光电视广泛应用也有力地促进了微光摄像管的迅速发展。

目前,对微光的照度范围还缺乏明确的定义。考察夜间的自然照度后,暂且以 10^{-1}lx ~

10^{-4}lx 叫作微光范围。假设景物照度与摄像管面板照度之比以 100∶1 来估计,那么,微光摄像管应能在面板照度为 10^{-3}lx ~ 10^{-6}lx 下工作。

微光摄像管的种类很多,下面仅就其中的几种作一简要介绍。

1) 微通道板像增强视像管(MCPIV)

用视像管作微光摄像时,必须耦合像增强器。采用第二代微通道板像增强器比第一代三级级联式像增强器的性能优越。MCPIV 管的优点是体积小、重量轻、耗电省、耐振和对强光有饱和作用。它的缺点是分辨力较低、主要受微通道尺寸及近贴聚焦的限制。另外,由于微通道板制造工艺的缺陷影响了图像质量。

2) 带像增强器的二次电子电导摄像管(ISEC)

ISEC 管与其他微光摄像管相比,它的优点是积累能力,适用于需要长时间曝光场合,其惰性也小。这类微光摄像管的最大缺点是靶面脆弱,容易被强光烧伤,而且怕振动。另外 ISEC 管的增益低,在微光下分辨力受到限制。

3) 带像增强器的增强硅靶管(ISIT)

ISIT 管的探测灵敏度已接近极限值。硅靶阵列中的二极管单元尺寸对分辨力的限制只有在强光下才起作用。因为在微光下景物分辨力很低,所以二极管尺寸不再是限制因素。再加上它的体积小、重量轻、耗电省和耐振等优点,因此,在各种微光摄像管中,以 ISIT 最为优越。

4.4.5 摄像管的基本电路

1. 基本偏置电路

图 4-33(a) 为变换电路的基本原理图,其中 R_L 为变换电路的等效电路。由摄像管的伏安特性可知,它类似真空光电倍增管或半导体光电三极管的伏安特性,而且摄像管的内阻很高,所以可以认为是一个恒流源。$\dot{I}_o$ 为摄像管输出的信号电流,R 为摄像管的交流负载电阻,由摄像管的支流负载电阻 R_L 和前置放大器的输入电阻 R_j 并联而成,即 $R = R_L /\!/ R_j$,C 为变换电路的总电容,包括摄像管的输出电容,引线安装电容和前置放大器的输入电容等。

电路的等效阻抗为

$$Z = \frac{R}{1 + j\omega C} = \frac{R}{1 + (\omega CR)^2} - j\frac{\omega CR^2}{1 + (\omega CR)^2} \qquad (4-18)$$

其模为

$$|Z| = \frac{R}{\sqrt{1 + (\omega CR)^2}} \qquad (4-19)$$

显然它是随频率的增长而下降的,其频率特性如图 4-34(a) 所示。当频率很低时,阻抗 $|Z| \approx R$。

摄像管输出的信号电流 I_o 经阻抗 Z 后,变为信号电压 U_o 加入前置放大器,前置放大器输入端的信号电压有效值为

$$U_o = I_o |Z| = \frac{I_o R}{\sqrt{1 + (\omega CR)^2}} \qquad (4-20)$$

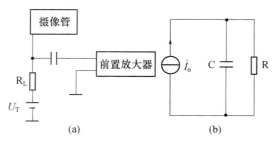

图 4-33　摄像管的变换电路

（a）原理电路；（b）等效电路。

式中：I_o 为摄像管输出信号电流的有效值。

式(4-20)表明前置放大器输入信号电压也随信号频率的升高而下降。

为了使前置放大器输出的总频率特性平坦,即要求前置放大器的频率特性与摄像管负载电路的频率特性的乘积在信号频带范围内为一常数 A_0,则前置放大器放大倍数的频率特性应为

$$A(\omega) = A_0 \sqrt{1 + (\omega CR)^2} \tag{4-21}$$

式中：A_0 为低频放大倍数。

可见,前置放大器的放大倍数应随信号频率的增加而增加(图 4-34(b)),故称前置放大器为高频补偿放大器。变换电路总的频率特性如图 4-34(c)所示。

由摄像管的伏安特性用图解法设计负载电阻的方法基本与硅光电三极管和光电倍增管相同。负载图解法如图 4-35 所示,其伏安特性曲线是经折线化后的特性曲线。虽然摄像管输出的图像信号为视频信号,但总可以分解为各次谐波正弦信号相加,所以,可用正弦信号的分析方法来研究其负载特性。

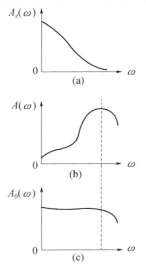

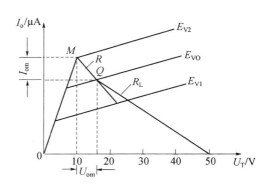

图 4-34　频率特性

（a）负载电路的频率特性；（b）放大器的频率特性；

（c）合成频率特性。

图 4-35　负载图解法

设入射到摄像管的光照度 $E_V = E_{VQ} + E_{Vm}\sin\omega t$，最大照度 $E_{V2} = E_{VQ} + E_{Vm}$；最低照度 $E_{V1} = E_{VQ} - E_{Vm}$，则摄像管输出信号电流，信号电压的幅值分别为

$$I_{om} = S_1 E_{Vm} \qquad U_{om} = I_{om}R = S_1 R E_{Vm} \qquad (4-22)$$

其输出信号电流，信号电压的瞬时值分别为

$$i_o = S_1 E_{Vm}\sin\omega t, \quad u_o = S_1 R E_{Vm}\sin\omega t \qquad (4-23)$$

考虑高频特性时，输出信号电压的有效值为

$$U_o = \frac{I_0 R}{\sqrt{2}\ \sqrt{1+(\omega CR)^2}} = \frac{S_1 R E_{VVm}}{\sqrt{2}\ \sqrt{1+(\omega CR)^2}} \qquad (4-24)$$

式中：S_1 为摄像管光电流灵敏度（$\mu A/lx$）。

摄像管的信号电流为 $0.2\mu A \sim 0.3\mu A$，而其暗电流一般为 $10^{-2}\mu A \sim 10^{-3}\mu A$ 数量级。因此，在信号分析时，摄像管的暗电流可以不计。

2. 前置放大器

摄像管输出的信号电流非常微弱，需要由一个放大器（习惯称前置放大器）将其放大。图像信号检取的质量不仅与摄像管有关，而且与前置放大器有直接关系，它直接影响摄像机的灵敏度、信噪比、图像清晰度等各项指标。因此，对前置放大器电路需提出如下性能要求：

（1）高增益。摄像管输出信号电流为 $0.3\mu A$ 左右，要在 75Ω 或 51Ω 负载上得到输出幅度为 $1V \sim 1.4V$（峰—峰值）电压信号，则要求电流增益为 90dB 左右。

（2）宽频带。一般要求前置放大器的频率响应特性不应窄于 7MHz ~ 8MHz，以保证图像有足够的清晰度。对于 50Hz 方波，其平顶的跌落应小于 2%，以免有明显的低频失真。

（3）较高的信噪比。一般要求信噪比不应低于 45dB。

图 4 - 36 为前置放大器电路组成方框图。为了降低高频噪声，提高信噪比，在前置放大器的输入电路中接入高频噪声抑制电路。第一级放大器应采用低噪声、高增益的放大器件和电路。因为场效应管具有高输入阻抗、低噪声和高跨导等特点，所以目前多采用场效应管，并接成共源—共栅级联电路的形式。

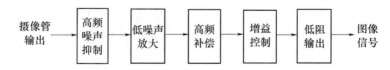

图 4 - 36　前置放大器组成框图

为了得到频率补偿特性，在中间级采用高频补偿放大器。

增益控制是为控制前置放大器的增益而设置的。前置放大器的输出级一般采用具有深度负反馈的低阻抗输出放大器，以利于工作稳定和与电缆匹配。

图 4 - 37 为一典型应用电路。为了压低高频噪声，在输入电路中加入 $100\mu H$ 电感线圈，进行高频抑制。同时，采用了负反馈回路可以提高抗干扰能力，并且提高了电路的稳定性。

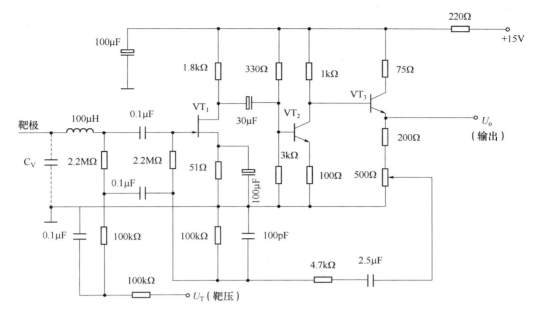

图 4 - 37 应用电路

4.5 电荷耦合摄像器件

电荷耦合器件(Charge Coupled Device,CCD),它是一种金属—氧化物—半导体结构(MOS 结构)的新型器件。CCD 自 1970 年问世以来,由于它具有一些独特的性能,因而发展非常迅速,并在摄像、信息处理和信息存储等方面得到了日益广泛的应用。

4.5.1 CCD 的 MOS 结构及工作原理

为了说明电荷传输过程,采用图 4 - 38 所示的一串联放大器(设每个放大器的放大倍数为 1,输入阻抗为无限大)的简单模型。当开关 S_1 合上时,输入信号以电荷的形式存储于电容器 C_1 上;再打开 S_1,然后关上 S_2,存储电荷将传输到电容器 C_2 上。这样信号按顺序传输,最后从输出端输出。

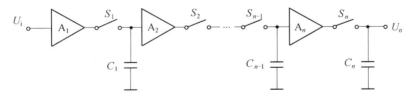

图 4 - 38 电荷传输的简单模型

对 CCD 来说,电荷传输由 MOS 元件来完成。基本的 MOS 结构是金属电极—二氧化硅(绝缘体)—硅(衬底)结构。图 4 - 39(a)表示 MOS 基本结构。在 P 型(或 N 型)硅单晶的衬底上生长一层很薄的 SiO_2,再在 SiO_2 上面淀积具有一定形状的金属 Al 电极。一般 SiO₂ 层(氧化层)的厚度为 100nm ~ 200nm,铝电极之间的间隙约为 $2.5\mu m$,电极的中心距离为 $15\mu m ~ 20\mu m$。每个电极与其下面的 SiO₂ 层和 Si 单晶构成 MOS 结构。

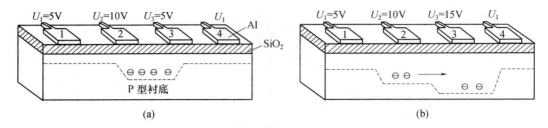

图 4-39 MOS 结构原理图
(a) MOS 结构;(b) 电荷转移。

在电极上加有正偏压(对于 N 型硅衬底的则加负偏压),它形成的电场穿过 SiO₂ 薄层排斥 P 型硅中的多数载流子(空穴),于是在 SiO₂ 下形成耗尽层(无载流子的本征层)。由于它的表面是正电势,能像"阱"一样收集电子,故称为储存少数载流子(电子)的势阱。所加偏压越大,势阱就越深,如图 4-39(a)所示。图中电极 2 加偏压 10V,而其邻近的两个电极 1 和 3 加偏压电 5V。所以,在电极 2 下形成较宽的耗尽层,即在 SiO₂ 与 Si 的界面上得到较深的势阱,少数载流子(电子)将储存在这个势阱内。于是在 SiO₂ 与 Si 界面形成了反型层即 N 沟道(对于 N 型 Si 衬底的则形成 P 沟道)。当电极 3 所加偏压增至 15V 时,电极 3 下的势阱将比电极 2 下的势阱更深,于是电极 2 下储存的电荷(电子)将沿界面 N 沟道移向电极 3 下的势阱,如图 4-39(b)所示。势阱内储存的电荷像一个"包"似的转移,于是,可将储存的电荷称为"电荷包"。产生存储电荷的方法有电注入、光注入、热注入等方法。在电极上所加控制电压起到开关作用,所形成的势阱相当于存储电容器。

4.5.2 电极结构及工作原理

由 MOS 结构的工作原理可知,CCD 存储和传输信号电荷是通过电极上加不同的电压来实现的。通常电极结构按所加脉冲电压的相数分有二相系统、三相系统和四相系统。本节介绍二相和三相 CCD 的结构及基本工作原理。

1. 三相 CCD

简单的三相 CCD 的三相电极是在 P 型(或 N 型)硅表面上由氧化硅相隔开的密排的金属电极所构成(图 4-40)。每级(即像素)有三个电极。每隔两个电极的所有电极(如 1、4、7、…,2、5、8、…,3、6、9、…)都接在一起,这样共有三个电极引线,故称为三相 CCD。

如图 4-40(a)所示,如果加到 ϕ_1 上的正电压高于加到 ϕ_2 和 ϕ_3 上的电压,这时在电极 1、4、7、…下面将形成表面势阱。这些势阱中可以存储少数载流于(电子),形成"电荷包"作为信号电荷。

在 CCD 摄像器件中,可用光学入射产生信号电荷。光照射到 CCD 表面后,光子在耗尽层内激发出电子—空穴对。其中少数载流子(电子)被收集在表面势阱中,而多数载流子(空穴)被推到基底内,收集在势阱中"电荷包"的大小与入射光的照度成正比。

若使电荷向右面传输,再将正阶梯电压加到 ϕ_2 上,这时在 ϕ_1 和 ϕ_2 电极下面的势阱

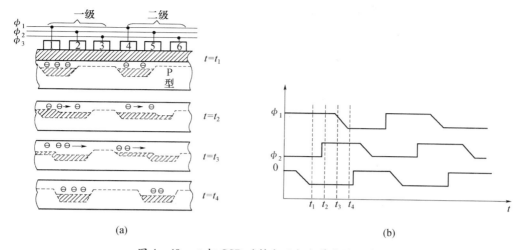

(a)　　　　　　　　　　　　　　(b)

图 4-40　三相 CCD 时钟电压与电荷传输的关系

（a）按时间顺序电荷在势阱内传输；（b）施在电极上的时钟脉冲电压。

具有同样深度。这样 ϕ_1 电极下面势阱所存储的"电荷包"开始向 ϕ_2 电极下面势阱扩展，如 $t=t_2$ 时所示。在 ϕ_2 上加正脉冲之后，ϕ_1 上电压开始线性下降，ϕ_1 电极下的势阱慢慢地开始上升。这样，提供了有利于信号转移的电势分布。正如 $t=t_3$ 时，"电荷包"从电极 1 势阱倒入电极 2 势阱，从电极 4 势阱倒入电极 5 势阱……在 $t=t_4$ 时刻，信号电荷已经转移到 ϕ_2 电极下的势阱中。重复同样的程序，可以把信号电荷从 ϕ_2 移到 ϕ_3，然后从 ϕ_3 移到 ϕ_1。当整个三相时钟脉冲电压循环一次时，"电荷包"向右前进一级（像素）。依此类推，信号电荷可以从电极 1 传输到电极 2，3，4，…，n，最后经输出二极管输出。

在三相 CCD 中，势阱是对称的，所以电荷可以向右或向左传输。只要改变图 4-40 (b)的时钟脉冲电压的时序关系，电荷就可以向左传输。

2. 二相 CCD

图 4-41 为二相 CCD 结构及势阱图。二相时钟脉冲电压通过二个母线依次相间地加到电极上。在每一个电极下面的绝缘氧化层（SiO_2）的厚度 X_0 是分台阶的。对于厚度 X_0 大的氧化层其电容 C_0 小，在 U 一定时，C_0 小则表面势小即势阱浅。所以，X_0 大的氧化层下面的势阱浅，X_0 小的氧化层下面的势阱深。这样在同一电压下面由于氧化层的厚度分台阶，所形成的势阱也分台阶。当邻近电极电压交替的在 U_0+U 和 U_0-U 之间变化时便得到非对称势阱分布。

二相 CCD 系统的特点是信号电荷总是沿一个方向传输，如图 4-41 所示，信号电荷

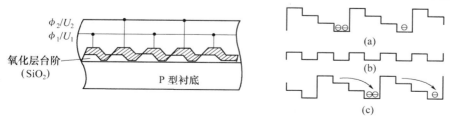

图 4-41　二相结构及势阱

（a）$u_1=u_0-u$，$u_2=u_0+u$；（b）$u_1=u_2=u_0$；（c）$u_1=u_0+u$，$u_2=u_0-u$。

总是向右传输;因为氧化物分台阶,所以在没有交叠的时钟脉冲电压时也能和三相CCD一样传输电荷;母线和电极的互连很容易做到,因为不需要交叉扩散。

4.5.3 电荷传输

1. 传输效率

信号电荷不可能百分之百地从一个势阱传输到下一个势阱,而总是有一部分损失掉。被传输的电荷量占原信号电荷量的百分比定义为传输效率,用 η 表示。残留电荷量占原电荷量的百分比定义为传输损失效率,用 ε 表示。因此,$\eta + \varepsilon = 1$。

设待传输"电荷包"的大小为 Q_0,经 n 次传输后的大小为

$$Q_n = Q_0\eta^n = Q_0(1 - \varepsilon)^n \tag{4-25}$$

当 $\varepsilon \ll 1$ 时,有

$$Q_n = Q_0(1 - n\varepsilon) \tag{4-26}$$

由此可见,对多次传输的CCD,必须使 ε 值最小。例如,在三相330单元移位寄存器中,若做到总的传输损失为 10%,即 $n\varepsilon = 0.1$,其中 $n = 3 \times 330$,则要求 $\varepsilon < 10^{-4}$ 或 $\eta = 99.99\%$。

2. 传输损失

影响电荷传输的因素有两个:第一,电荷从一个势阱传输到下一个势阱需要一定的时间;第二,SiO_2 与 Si 界面态对电荷的捕获作用。

从电荷传输的机制中可以看出,电荷传输需要一定时间,另一方面,时钟频率又确定电荷传输时间。如果由时钟频率所确定的电荷传输时间大于或接近电荷传输所需的时间,那么从理论上可以完全忽略传输速度对传输效率的影响,但实际上这是不可能的。因为在实际应用中总是要求器件在高频下工作,如CCD摄像器件要求几兆赫到十兆赫时钟频率,这样的高频所确定的电荷传输时间往往小于电荷传输本身所需要的时间,这样便产生传输损失。

由于界面态对电荷的捕获作用将引起传输损失。当"电荷包"沿器件表面通过时,它几乎是立即填满界面态,然而当它继续运动时,这些界面态又会把捕获的电荷再发射出来,慢慢地变空。从界面态释放的部分电荷将返回到原来的"电荷包"里,但其余部分将进入尾随"包"里,于是增加了传输损失。

为了减少界面态对电荷传输损失的影响,可以引进背景电荷填满界面态,使信号电荷再不能被界面所捕获,因此减少了传输损失。填满界面态的背景电荷叫做"胖零"或"富零",英文叫做"fat zero"。在寄存器中背景电荷是用电的方法由输入二极管引进,在摄像器件中是用均匀偏置照明方法引进。"胖零"法会减小器件动态范围,因此背景电荷的大小通常不得超过满阱电荷量的 $10\% \sim 30\%$。

上面所讨论的器件是表面沟道电荷耦台器件(SCCD)。如果将沟道移离 SiO_2 与 Si 界面,这就产生了埋沟道电荷耦合器件(BCCD),如图 4-42 所示。在 P 衬底上外延或扩散薄 N 层,形成 PN 结。当在 PN 结上加反向偏压时,在 PN 结区内便形成了耗尽层。

BCCD 的优点是消除了界面态对载流子的捕获作用,并增加了载流子的迁移率。因此,在室温下不用"胖零"就可使传输效率达到 99.99% 以上;而且由于埋沟道离开电极,

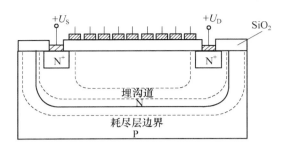

图 4 - 42　BCCD 结构原理示意

使器件有大的边缘场,所以电荷的传输速度也提高了。唯一的缺点是增加了工艺的复杂性,并且结电容小使电荷的存储能力下降。

由于电荷在传输过程中有损失,所以对初始量为 Q_0 的信号电荷经 CCD 移位寄存器传输 N 级之后电荷量为

$$Q_n = Q_0(1 - mN\varepsilon) = Q_0(1 - n\varepsilon) \qquad (4 - 27)$$

式中:m 为 CCD 的相数;n(等于 mN)为传输器(势阱)的个数;ε 为传输损失效率。

4.5.4　电荷注入与电荷检取

CCD 电荷注入的方法有电学法和光学法两种,对于摄像器件采用光学注入,对于移位寄存器采用电注入,图 4 - 43 示出了两种电荷注入法。

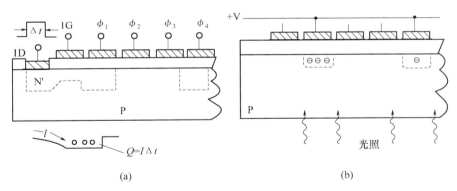

(a)   (b)

图 4 - 43　电荷注入方法
(a) 输入二极管电注入; (b) 入射光注入。

图 4 - 43(a) 是用输入二极管进行电注入。当输入栅 IG 加正脉冲,其脉冲宽度为 Δt 时,PN 结的少数载流子通过输入栅下的沟道注入 ϕ_1 电极下的势阱中。注入的电荷量为 $Q = I\Delta t$。

图 4 - 43(b) 为光注入法,图示为背照光注入,也可用前照光注入。光激发出电子—空穴对,其少数量流子被收集在势阱中,而多数载流子迁往硅体内。收集在势阱内的"电荷包"的大小与入射光信号的照度成正比,即光信号转换为电信号。

信号电荷传输到输出端被检取的方法有两种(图4-44)：一种为电流法；一种为电压法。图4-44(a)所示是在线阵列一端的P(或N)衬底上进行N(或P)扩散,形成输出二极管。当输出二极管加上反向偏压时,在结区内产生耗尽层。当信号电荷在时钟脉冲作用下移向输出二极管,并通过输出栅OG转移到输出二极管耗尽层内时,信号电荷将作为二极管的少数载流子而形成反向电流。输出的电流值与信号电荷量成正比,并通过负载电阻 R_L 变为信号电压 U_o 输出。

图4-44(b)是用MOS元件进行电压法检取信号电荷。信号电荷通过输出栅OG被浮置扩散结收集,所收集的浮置扩散的信号电荷控制MOS输出管(集成在基片上)的栅极电压,因此在MOS的输出管的输出端获得随信号电荷量变化的信号电压。

在准备接纳下一个信号电荷包之前,必须将浮置扩散结的电压恢复到初始状态(无扩散电荷)。为此引入MOS复位管,在复位栅上加复位脉冲 ϕ_R 使复位管开启,将浮置扩散结的信号电荷经漏电极RD漏掉,达到复位目的。

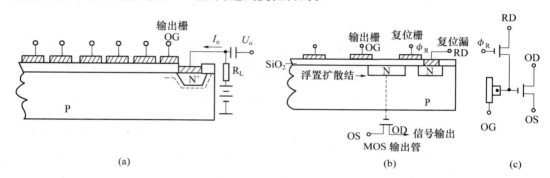

图4-44　电荷检取的方法
(a)输出二极管电流；(b)浮置栅MOS放大电压法；(c)输出级的原理电路。

图4-44(c)为CCD的MOS放大输出级(图4-44(b))的原理电路。其中OD为输出管漏电极,OS为输出管源电极。

4.5.5　CCD摄像器件

CCD具有光电转换、信号存储以及信号传输(自扫描)的能力。因此它是一种崭新的全固体自扫描摄像器件。与摄像管相比有如下几个优点：体积小重量轻、低压功耗小、寿命长、图像畸变小、无残像等。

CCD摄像器件可分为线阵器件和面阵器件。线阵CCD摄像器件只摄取一行图像信息,因此它适用于运动物体的摄像,可用作传真,遥感、光谱线或条形码信息的识别、工件尺寸的自动检测等方面。面阵CCD摄像器件将一帧图像信息同时摄取,因此它适用于一般电视摄像。

1. 线阵CCD

图4-45为两种线阵器件结构示意图。把势阱中的"电荷包"直接用于信号的传输(图4-45(a)),由于在传输过程中继续光照而产生电荷,使信号电荷发生重叠,在显示器中出现模糊现象。因此在CCD摄像器件中有必要把摄像区和传输区分开,并且在时间上保证信号电荷从摄像区转移到传输区的时间远小于摄像时间,传输区就是前面所介绍的

102

移位寄存器。

实际的线阵CCD摄像器件如图4-45(b)所示。阴影面代表着势阱存储光生电荷的光敏面。收集"电荷包"之后,首先将其传输到两个平行的移位寄存器中,然后再按箭头所指的方向将信号电荷输出。把摄像区中的信号电荷分成两部分传输(两个移位寄存器),这样可把每个电荷包的传输次数减少1/2,进而降低了器件的传输损失。但对低位像素线阵CCD用一个移位寄存器即可。

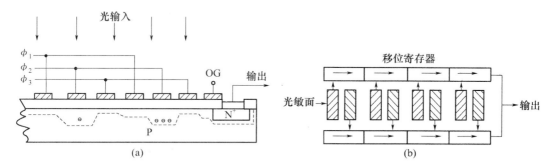

图4-45 线阵结构示意图

(a)无移位寄存器;(b)有两个移位寄存器。

2. 典型面阵CCD

面阵CCD图像传感器广泛地应用于保安监控、道路交通管理、非接触图像测量、图像摄取与图像信息处理等领域,已经成为人类生活不可缺少的一种工具。本节主要介绍典型性的DL32面阵CCD器件的结构、工作原理及驱动电路。

1)结构

DL32型面阵CCD为n型表面沟道、三相三层多晶硅电极、帧转移型面阵器件。该器件主要由摄像区、存储区、水平移位寄存器和输出电路等四部分构成,如图4-46所示。

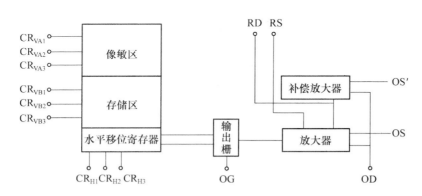

图4-46 DL32型面阵CCD结构图

摄像区和存储区均由256×320个三相CCD单元构成,水平移位寄存器由325个三相交叠的CCD单元构成。其输出电路由输出栅OG、补偿放大器和信号通道放大器构成。

2）工作原理

DL32 型 CCD 摄像器的工作需要 11 路驱动脉冲和 6 路直流偏置电压。11 路驱动脉冲为像敏区的三相交叠脉冲 CR_{VA1}、CR_{VA2}、CR_{VA3}，存储区的三相交叠驱动脉冲 CR_{VB1}、CR_{VB2}、CR_{VB3}，水平移位寄存器的三相驱动叠脉冲 CR_{H1}、CR_{H2}、CR_{H3}，胖零注入脉冲 CRis 和复位脉冲 RS。6 路直流偏置电平为复位管及放大管的漏极电平 U_{CD}，直流复位栅电平 U_{RD}，注入直流栅电平 U_{G1} 与 U_{G2}，输出直流栅电平 U_{OG} 和衬底电平 U_{BB}。这些直流偏置电压对于不同的器件，要求亦不相同，要做适当的调整。各路驱动脉冲的时序如图 4－47 所示。

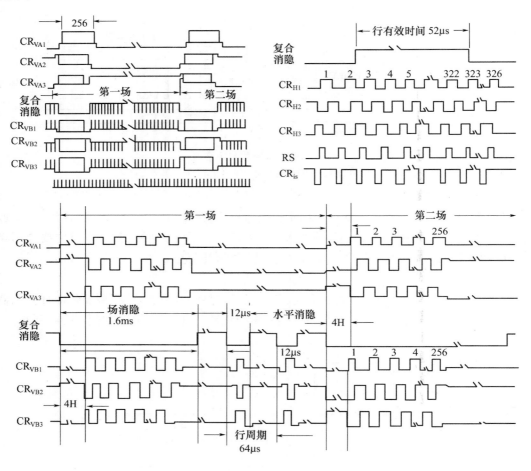

图 4－47 DL32 型面阵 CCD 驱动脉冲波形图

当摄像区工作时，三相电极中有一相为高电平，处于光积分状态，其余二相为低电平，起到沟阻隔离作用。水平方向上有沟阻区，使各个摄像单元成为一个个独立的区域，各区域之间在水平方向无电荷交换。这样，各个摄像单元光电转换所产生的信号电荷（电子）存储在像敏单元的势阱里完成光积分过程。从图 4－47 中看出，第一场场正程（场扫描）期间 CR_{VA2} 处于高电平时，CR_{VA1} 和 CR_{VA3} 处于低电平（左侧虚线的左边），CR_{VA2} 电极下的 256×320 个单元均处于光积分时间。当第一场正程结束后，进入场逆程（场消隐）期间

（图中256所指的时间段），摄像区和存储区均处于转移驱动脉冲的作用下，将摄像区的256×320个单元所存的信号电荷转移到存储区，在存储区的256×320个单元中暂存起来。

帧转移完成后，场逆程结束，进入第二场正程期间，摄像区也进入第二场光积分时间。CR_{VA3}电极处于高电平，CR_{VA2}与CR_{VA1}处于低电平。故CR_{VA3}的256×320个电极均处于第二场光积分过程。当摄像区处于第二场光积分时（第二场正程期间），存储区的驱动脉冲处于行转移过程。在整个场正程期间，存储区进行256次行转移，行转移发生在行逆程（行消隐）期间（12μs期间）。每次行转移，驱动脉冲将存储区各单元所存的信号电荷向水平移位寄存器方向平移一行。第一个行转移脉冲将第256行的信号移入第255行中，而第一行所存的信号转移入水平移位寄存器的CR_{H2}下的势阱中。水平移位寄存器上的三相交叠脉冲在行正程期间（52μs）快速地将一行的320个信号经输出电路输出，此刻存储区的驱动脉冲处于暂停状态，靠近水平移位寄存器的电极CR_{VB1}上的电平为低电平，所形成的浅势阱将水平移位寄存器的变化势阱与存储区的深势阱隔开。

这样，在摄像区进行第二场光积分期间，存储区和水平移位寄存器在各自的驱动脉冲作用下，将第一场的信号逐行输出。第二场光积分结束，第一场的信号也输出完，再将第二场的信号送入存储区暂存。接下去，第三场光积分的同时输出第二场的信号电荷。显然，奇数场光积分的同时，输出偶数场的信号；若奇数场是CR_{VA2}电极下的势阱在光积分，则偶数场是CR_{VA3}电极下的势阱在光积分，一帧图像由奇、偶两场组成，实现隔行扫描模式。

3）驱动电路

转移脉冲SH、驱动脉冲CR1、CR2与复位脉冲RS这四路驱动脉冲可以由类似于如图4-48所示的驱动脉冲发生器产生。

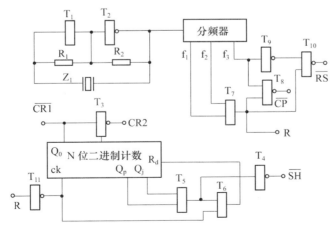

图4-48　TCD1209D驱动脉冲产生电路

经反向驱动器74HC04P反向后加到TCD1206SUP的相应管脚上。该器件将输出OS信号及DOS信号。其中OS信号含有经过光积分的有效光电信号，DOS输出的是补偿信号。驱动电路图如图4-49所示。

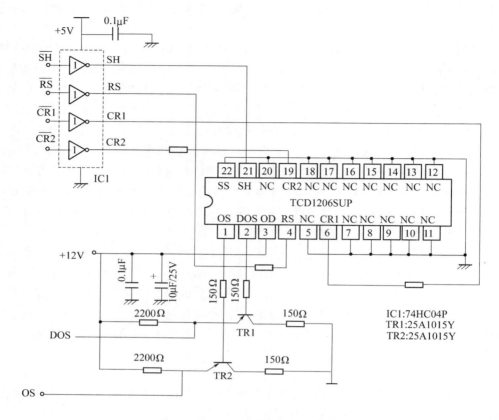

图 4-49 TCD1206SUP 驱动电路图

思考题与习题

4-1 试述像管的工作过程。举例说明图像增强的方法。

4-2 某光阴极用标准光源测试其积分灵敏度为 S_k 值,如果用接收不同光谱分布的图像,或用于级联式像增强器接收不同荧光屏发射的光图像,其积分灵敏度是否仍然为 S_k 值?

4-3 说明电荷传输损失与时钟频率的关系。信号电荷能否长时间存储在 CCD 中?

4-4 试比较视像管和光电发射式摄像管的特点及应用场合。

4-5 结合像素的扫描时间关系说明将一帧光学图像变为视频电信号的基本变换过程。

4-6 当 SEC 摄像管光阴极的入射光通量为 $0.75\mu lm$ 时,输出信号电流为 150nA。问光阴极的入射光通量变化 $7.5\mu lm$ 时,输出信号电流变化多少微安?

4-7 简述 MOS 结构及工作原理。

4-8 画出二相或三相 CCD 时钟脉冲和势阱关系波形图。

4-9 二相 CCD 的像素 $N=1024$,损失率 $\varepsilon=10^{-4}$,求电荷传输效率 $\eta=?$

4－10 试说明图 4－45 线阵 CCD 的工作过程。它与有一个移位寄存器的线阵 CCD 相比有何优点？

4－11 简述面阵 CCD 的结构及工作过程。

第 5 章　光电信息变换

把光源、光学系统和光电器件按照某种需要组合起来,完成一定光电信息变换功能的光电变换系统,称为光电传感器或光电变换器。对于不同的应用,变换器的形式和工作原理也不相同,根据光电信息变换的原理,大体上总结出六种基本变换形式。在这些基本变换形式中,又按信息变换的特点分为模拟变换器和模－数变换器两种类型。本章介绍光电信息变换的基本形式、光电器件的选择、典型模拟变换和模－数变换的原理。

5.1　光电信息变换的类型

5.1.1　光电传感器的基本形式

光电变换技术应用于各个技术领域,对于不同的光电信息变换内容、变换装置的组成和结构形式有所不同。但总能概括出几种基本变换形式,仅就实践中归纳出的六种基本变换形式示于图 5－1。为简化结构将光学系统省略,各种光电器件用符号——⊙——表示。

1. 被测对象为辐射源

如图 5－1(a)所示,光电器件探测物体的辐通量借以确定目标物的存在。例如,报火警、侦察、武器制导、被动式夜视仪和热成像等均属于这类变换形式。此外,由于物体的辐射与波长和温度有关,所以可用于探测温度和光谱分析,通过光谱分析确定物质成分。

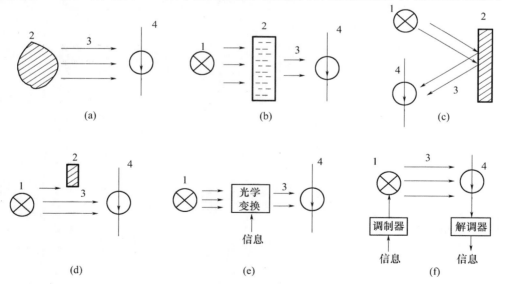

图 5－1　光电变换的基本形式
1—光源；2—对象；3—光信息；4—光电器件。

物体的辐射一般为缓慢变化量,所以经光电转换后的电信号也是缓变量。为克服直流放大器中零点漂移和环境温度的影响,以及减小背景的噪声干扰,常采用光学调制技术或电子斩波器调制,然后通过滤波器可提高信噪比。

下面以全辐射测温为例说明变换器输出的电信号与温度的关系。

设物体全辐射通量密度(辐出度)为

$$M = \varepsilon\sigma T^4 \tag{5-1}$$

式中:ε 为物体的发射系数(发射率),衡量物体的平均发射本领,它与物质的性质、温度及表面状态等有关;σ 为斯忒藩 – 波耳兹曼常数($5.67 \times 10^{-8}\mathrm{W} \cdot \mathrm{m}^{-2} \cdot \mathrm{K}^{-4}$);$T$ 为热力学温度。

在近距离测量时,不考虑大气吸收,前置放大器输出的电压信号为

$$U_S = M\tau m SGA = MR \tag{5-2}$$

式中:τ 为光学系统透过率;m 为光学调制系统的调制度;S 为光电器件灵敏度;G 为变换电路的变换系数;A 为放大器放大倍数;$R = \tau m SGA$ 为光电转换系数。

将式(5-1)代入式(5-2)得到

$$U_S = \varepsilon\sigma RT^4 \tag{5-3}$$

式(5-3)表明前置放大器输出的电压值 U_S 是温度 T 的函数。因此,通过测量输出电压,并进行相应的标定就能测出物体的温度。

2. 光透过被测对象

光透过均匀介质时,光被吸收而减弱的规律是

$$\phi = \phi_0 \mathrm{e}^{-\alpha d} \tag{5-4}$$

式中:ϕ_0 为入射到介质表面的通量;α 为介质吸收系数;d 为介质的厚度。

实验表明,在液体或气体中,α 与物质的浓度成正比,设物质的浓度为 ν,则 $\alpha = \nu\mu$,式(5-4)变为

$$\phi = \phi_0 \mathrm{e}^{-\nu\mu d} \tag{5-5}$$

式中:μ 表示溶液或气体对光的吸收性质。当介质(试样)的厚度一定时,介质的吸收作用仅与在此厚度内介质分子数目有关,即与介质或气体的浓度有关。

图 5-1(b)为基于此原理的一种变换形式。若被测对象为溶液浓度时,光电传感器输出电压为

$$U_S = R\phi_0 \mathrm{e}^{-\nu\mu d} \tag{5-6}$$

当 μ、d 为常数时,$U_S = f(\nu)$ 是浓度 ν 的函数。

应用此变换形式可以测量液体或气体浓度、透明度或混浊度,检测透明薄膜的厚度和质量,检测透明容器的疵病,测量胶片的密度及胶片图像的判断等。

3. 光由被测对象反射

图 5-1(c)为光反射形式。光反射有镜面反射和漫反射两种,它们反射的物理性质是不同的,根据它们的特点,在光电技术中有不同的作用。镜面反射在光电技术中作为合作目标,用来判断光信号的有无,如光电准直、测量转速、相位法测距等。而漫反射则不同,其反射光只有一部分入射到光电器件上,入射光通量的大小与反射物体表面材料的性

质、表面粗糙度以及表面缺陷有关。根据这一原理用来检测物体表面的外观质量。

在检测产品外观质量时,传感器输出的疵病信号电压为

$$U_S = E(r_1 - r_2)BR \qquad (5-7)$$

式中:E 为被检测表面的照度;r_1 为正品(无疵病)表面的反射率;r_2 为疵病表面的反射率;B 为光电器件有效视场内疵病所占面积。

由式(5-7)可知,当 E、r_1 和 R 为一确定值时,信息电压 U_S 仅与 r_2 和 B 有关,而疵病表面反射率 r_2 与疵病性质有关。所以,从 U_S 值大小可以判断出疵病的大小和面积。

这种光反射变换形式,除上述应用外,激光测距、激光制导、主动式夜视仪、电视摄像、文字判断等应用均为这类变换形式。

4. 光由被测对象遮挡

被检测物体遮挡部分或全部光束,或扫过入射到光电器件上的光束,如图 5-1(d)所示。

设光电器件光敏面的宽度为 b,而被检测物体宽度大于 b,物体遮挡光的位移量为 Δl,则物体遮挡入射到光电器件上的光照面积的变量为

$$\Delta A = b\Delta l$$

传感器输出位移量的信号电压

$$U_S = E\Delta AR = EbR\Delta l \qquad (5-8)$$

由式(5-8)可知,应用此变换形式可检测物体的位移量和尺寸。如光电测微计和光电投影尺寸检测仪等均属此类变换形式。

如果被检测物体扫过入射光束,那么,光电器件接收光通量的变化为有和无两种状态,而传感器输出的信号为脉冲形式。所以,可应用于产品的光电计数、光控开关、测量转速以及防盗报警等。

5. 被测对象经光信息量化

从上述四种变换形式可以看出,被测量是通过光的通量或照度形式变换的,通常为模拟量变换。随着数字技术的发展和微处理机的应用,要求对被测量对象进行光信息量化处理。量化就是将一个连续变量(被测量)经过分级,用有限个离散量来表示。

光信息量化变化形式在位移量(长度和角度)的光电变换技术中得到广泛应用。长度或角度的信息量经光学变换装置(光栅、码盘、干涉仪等)变为条纹或代码等数字信息量,再由光电变换电路变为数字信号输出。变换形式如图 5-1(e)所示。若长度信息量 L 量化为条纹信息量,则长度

$$L = qn \qquad (5-9)$$

式中:q 为量化单位;n 为条纹个数。量化单位 q 与采用的光学变换方法有关。若采用光栅莫尔条纹变换时,则 q 等于光栅节距,可达到 μm 数量级;若采用激光干涉变换时,则 q 等于激光波长的 1/2 或者 1/4,视光学结构而定。

目前,这种变换形式在精密测长测角,工件尺寸检测和精密机床的自动控制方面获得普遍应用。

6. 光传输信息

光通信技术便是此种变换形式(图 5-1(f))。以激光作为传输信息的媒介,使信息

传输有了新的发展。目前,激光通信采用两种传输方式;一种在大气中传输,这种传输方式受空气抖动和气候等影响,信息传输质量差;另一种在光导纤维中传输,这是一种被人们重视的光导通信技术,它可以传输数码、声音和图像等信息。光导传输信息的容量和质量,以及经济指标远远优于电缆通信,预计今后光导通信将普遍应用。

以上是将光电变换的基本形式划分为六类。这里还要提一下,用非成像光电器件检测大尺寸和大面积物体时,往往采用扫描方法(光扫描法和机械扫描法)。在讨论光电变换的基本形式时没有提到,因为扫描方法只是一种手段而不是特殊的变换形式,在上述的六种变换形式中都存在扫描和非扫描的处理方法。

5.1.2 光电信息变换的工作原理

从上述六种基本变换形式中可以看出,光信息在变换和处理过程中有两种方法:一种是模拟量变换;另一种是模-数变换。因此按光电信息变换的工作原理可分为两类。

1. 模拟光电变换

被测的非电信息量(如温度、介质厚度、溶液浓度、位移尺寸等)变为光信息量时,通常为通量或照度形式。光通量入射到光电器件的光敏面上,一般情况下,光电器件输出的光电流与入射的光通量成正比。所以,光电流大小可以反映出被测非电信息量的大小,即光电器件输出的光电流 I_ϕ 是被测信息量 Q 值大小的函数,即

$$I_\phi = f(Q) \tag{5-10}$$

这是一种模拟量信息变换。

光电器件输出的光电流 I_ϕ 的大小,不仅与被测信息量 Q 值大小有关,而且与光辐射的通量密度、光学系统质量和光电器件本身的性能有关。所以,模拟光电变换要求光源、光学系统和光电器件的性能稳定,特别是要求它们的特性不因工作时间、电源电压波动以及温度变化等原因而发生变化。否则,由于光源辐射通量的波动和光电器件特性的改变将明显引起输出光电流的变化,给光信号检测带来误差。因此,在设计这类传感器时,为了减小误差需要采取一定措施,如:光源电源的稳压,光电器件的筛选,采用差动式变换电路,以及光学系统和机械结构的性能稳定等。

2. 模-数光电变换

这类变换的信息属于模-数变换,被测信息量通过光学变换量化为数字信息(如光脉冲、条纹个数和数字代码等),经传感器输出的电信号通常为"0"和"1"(低电平和高电平)两个状态组成的一系列的脉冲数字信号(脉冲间隔、计数脉冲和数字代码等)。量化的数字信息量 u 将是被测信息量 Q 的函数,即

$$u = f(Q) \tag{5-11}$$

显然,数字信息量只取决于光通量的有无,而与光通量的大小无关。所以,模-数信息变换的特点是光电器件输出的电流值不是被测信息量的函数。因此,这类变换对光源和光电器件的要求不像模拟量变换那样苛刻,只要求有稳定的转换点和足够的光通量,能区分"0"和"1"两种状态即可。

5.1.3 光电器件选择

光电器件是将光信息变为电信号的器件,是整个光电传感器的关键之一。因此,在设

计光电传感器时,如何正确选择光电器件是十分重要的。选择光电器件应从以下几个主要方面考虑:

(1)光谱匹配。选择光电器件时,要使器件的光谱灵敏区域与光源的光谱相吻合或者接近。这样才能保证有较高的光电变换效率。如 CO_2 激光器的激光波长为 $10.6\mu m$,选用 PbSnTe 或 HgCdTe 探测器作为接收器件,便达到了光谱匹配条件。若用光电倍增管接收,尽管光电倍增管在可见光范围内灵敏度很高,但由于光谱不匹配,它不能产生输出信号。

(2)响应时间(惰性)。对于快速变化的光信号,器件的响应时间是很重要的参量。根据光信号变化的速率就可以确定响应时间的大小,再由响应时间的大小来选择光电器件。如,对于 $10^{-9}s \sim 10^{-7}s$ 脉宽的 $1.06\mu m$ 的激光,采用锂漂移光电二极管或雪崩光电二极管都能满足响应时间的要求。若用 3DU 型光电三极管接收,显然由于它响应时间长而无法工作。

(3)灵敏度。对于快速变化的弱信号探测时,一般要求前置放大器具有低噪声、宽频带和高增益,往往这种放大器的设计比较困难。在这种情况下,选择具有内增益的高灵敏度的光电器件是非常有利的,它可以降低前置放大器的放大倍数。放大倍数减小可以使其他指标比较容易满足要求。像雪崩光电二极管、光电倍增管以及成像器件的 SEC 管和 SIT 管等都有很高的内增益,其灵敏度远大于其他器件。

在较强信号下,不必选用高灵敏度的光电器件。因为,具有内增益的高灵敏度的器件价格贵;另外,有些光电器件在较强信号入射时,容易老化或烧伤,如光电倍增管和 SEC 管就是如此。对于这些器件在较强信号下运用,往往显示不出高灵敏的优越性,相反地容易导致老化或烧伤。

(4)线性度。就是通常所说的光电特性的线性度,若用对数表示,其曲线斜率称为 γ 特性。用模拟变换进行信号测量时,希望光电变换为线性,即光电器件输出的光电流正比于被测量。如果光电变换为非线性时,将给电路处理、运算和结果显示带来麻烦,并引起测量误差。对于图像信息变换时,由于线性不好($\gamma \neq 1$),使原图像的灰度等级受到影响。从前面讲述的各种器件可知,大部分器件均能满足线性要求,只有少部分器件为非线性变换。

(5)噪声。光电器件的噪声大小决定其探测微弱信号的本领。器件的噪声一方面取决于产生噪声的机理,另一方面还与工作条件有关。例如,光敏电阻用于探测弱辐射信号时,从降低噪声考虑应注意:设计偏置电路使其工作在最佳偏置电流;采用调制和滤波技术;以及器件致冷等。因此,在微弱信号变换时,既要选择低噪声器件,又要采用降低器件噪声的工作条件。

(6)分辨力。这是成像器件的重要参量,它表示摄像器件分辨图像中明暗细节的能力。往往图像信息处理要求有高的分辨力,但在某些应用场合如电视电话中就不需要有高的分辨力,只要求能分辨出人像即可。所以,要根据应用场合,适当地选择不同分辨力的摄像器件。

此外,在某些应用场合下还应考虑器件的暗电流、寿命、体积大小、耐震动耐冲击等机械性能,以及成本等因素。

表 5-1 列出了几类常用的非成像器件的主要参量。通过表中参量可以对不同类型

器件的性能进行比较,以备选用时参考。

表 5 - 1　几类非成像器件的主要参量

类型	光谱范围 /μm	灵敏度	响应时间 /s	光电线性度
光敏电阻	紫外~远红外	1A/W~10A/W	$10^{-6}~1$	弱光下光电导线性
硅光电二极管	0.4~1.1	0.4A/W~0.6A/W	$10^{-9}~10^{-7}$	线性
雪崩光电二极管	0.4~1.1	40A/W~500A/W	10^{-9}	线性
硅光电三极管	0.4~1.1	20A/W~50A/W	$10^{-6}~10^{-5}$	线性
硅光电池	0.4~1.1	0.18A/W~0.3A/W	$10^{-6}~10^{-3}$	光电流线性
光电倍增管	紫外~近红外	1A/lm~100A/lm	10^{-12}	线性
热释电器件	无选择性	$0.5×10^6$	$10^{-8}~1$	线性
热敏电阻	无选择性	50V/W~1000V/W	$10^{-2}~10$	非线性
热电偶	无选择性	20V/W~30V/W	$10^{-2}~10^{-1}$	线性

　　由表 5 - 1 可知:光电导器件(光敏电阻)的光谱较宽;而且量子效率(或灵敏度)比光电二极管高;但是它的响应时间比光生伏特器件大。具有内增益的光生伏特器件(如雪崩光电二极管和光电三极管)的灵敏度将远远大于光电导器件。另外,光生伏特器件的线性度比光电导器件好。这两类器件都具有体积小、坚固耐用、使用方便、成本低等特点,这是光电倍增管无法比拟的。

　　光电倍增管是真空光电器件,内部又有电子倍增电极,因此,它具有响应速度快、灵敏度高的特点。此外,它的光阴极可以制成大面积的均匀光敏面,用于接收大面积的辐射信号。它的光谱范围从紫外到近红外,不能接收中红外和远红外,这是它的不足。此外,供电电源复杂、使用不方便,体积大,玻璃外壳机械性能差等,将限制它的应用。

　　热敏器件有最悠久的历史,至今有些品种如真空热电偶和热释电等器件,仍装备于现代仪器。这是因为热敏器件具有对辐射光谱无选择性的优点。所以,它们更适用于红外辐射和热辐射的探测。尤其是能在常温下工作的热释电探测器,就更具有广泛的应用前景。

　　将单元器件组成阵列便构成了多元器件。多元器件与单元器件相比,有很多优点。在非扫描系统中,采用多元器件阵列可以增大系统的视场和提高其空间分辨能力。因为在镜头焦距固定的前提下,阵列的总光敏面积决定系统的工作视场,而系统的空间分辨力又取决于单元器件的尺寸。另外,减小单元面积既可提高分辨力,又能增加信噪比。阵列器件的应用日渐增多,如四象限器件用于跟踪、制导和定位等;直列器件作用于光电编码器、光电译码器、光电读出装置、尺寸检测和光谱分析等。

　　摄像器件已经发展到相当成熟的阶段,如今已被成功地应用在广播电视、工业电视、军用电视、微光电视和红外电视等各个领域中。

　　由于视像管的小型化、简单化和使用方便等特点,在产品的种类上和数量上已列其他摄像管之首。20 世纪 60 年代初期,氧化铅管试制成功,一举打破了超正析像管的垄断局面。特别在彩色电视领域中,完全取而代之。之后,又出现了如硅靶管,异质结靶管等一系列视像管。硅靶管有较高的灵敏度,它的光谱范围可延伸至近红外,此外,抗烧伤性是它的最大优点。硅靶管的缺点是分辨力较低,暗电流大,并且有开花和斑点。异质结靶管具有较高的灵敏度和分辨力,而且暗电流小,是一种有发展前途的摄像管。

SEC 管和 SIT 管中都具有管内耦合像增强器(移像部分)。这两种管型的发明(特别是 SIT 管),大大提高了摄像管的灵敏度,使其能适用于微光电视。

利用热电效应研制出红外视像管,为红外电视开拓了新前景。红外电视在军用或民用上都有重要意义,如夜间侦察、空间监视、夜间导航、森林防火、医疗诊断、矿藏勘探、科学研究等,因此受到人们的重视。

随着电荷耦合器件(CCD)和电荷注入器件(CID)的相继发明,使固体摄像器件进一步完善。目前,CCD 摄像器件已进入与摄像管竞争的领域,是摄像器件领域中的一次革命。CCD 摄像器件与摄像管相比,主要优点是:体积小、重量轻;机械强度大,牢固耐震;寿命长;功耗小,工作电压低;噪声低;图像没有几何失真等。但是,CCD 摄像器件主要缺点是灵敏度较低。CCD 摄像器件的噪声在理论上预期较低,但目前还没有降低到理论上预期水平,因而在微光下的灵敏度还不及摄像管。

5.2　模拟光电信息变换

在介绍光电器件的光电特性时已经提到,光电器件加上适当的偏置和负载后,可以获得电流或电压输出。视输出电信号的大小,有的可直接用微安表指示,有的为了提高灵敏度可进行放大,放大后的信号一般为电压信号,像这种电路方式称为简单变换电路。对要求很高的微弱信号测量,为了克服模拟变换的缺点,往往采取各种补偿措施。这样一来,不仅变换的形式不同,而且变换电路也有所不同。

5.2.1　简单式变换

简单式变换器的结构原理如图 5-2 所示。反映被测量的光信号通过光学系统直接入射到光电器件上,经光电器件和变换电路后变为电信号输出。这种变换形式又称为直接变换。

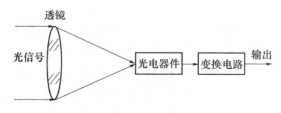

图 5-2　简单式变换原理图

变换电路一般包括偏置电路和前置放大电路两部分。简单的变换电路中往往不需要前置放大器,图 5-3 为两种基本连接电路。

在图 5-3(a)中不需要外加电源,由光电池本身产生的光电势驱动微安表来指示,如照度计就是这种形式的电路。而图 5-3(b)需要加辅助电源作为光电器件的偏置电压,如半导体光电管和光敏电阻等器件。R_L 为负载电阻,可以是测量仪表的内阻或者是放大

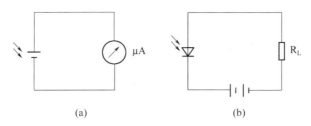

图 5 - 3 简单电路

(a) 无外加电源；(b) 有外加电源。

器的等效输入阻抗。为了提高灵敏度,将光电器件输出的电信号再进行放大,图 5 - 4 是
光电管接入放大器的两个适用电路。

图 5 - 4(a)是照相光度计电路原理图。当光照度发生变化时,光电管 3DU1 的光电
流 I_2 发生变化,并使 B 点电压改变,同时改变了 3DG6 的基极电流 I_B。经过放大后,集电
极电流 I_C 也发生变化,用毫安表标示照度值大小。

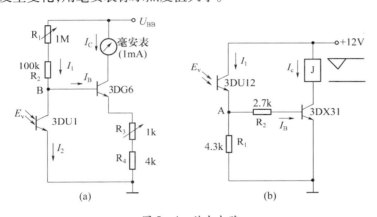

图 5 - 4 放大电路

(a) 光度计电路;(b) 光控开关电路。

若光电晶体管 3DU1 的灵敏度为 S_1,入射照度为 E_V,则 $I_2 = S_1 E_V$,设三极管 3DG6 的
电流放大系数为 β,在一般情况下,$I_1 \approx I_2$。B 点电压 $U_B = U_{BB} - (R_1 + R_2)I_1$,则得到

$$I_B \approx \frac{U_{BB} - 0.7 - (R_1 + R_2)I_1}{(1 + \beta)(R_3 + R_4)} = \frac{U_{BB} - 0.7 - (R_1 + R_2)I_1 E_V}{(1 + \beta)(R_3 + R_4)} \qquad (5 - 12)$$

$$I_C = \beta I_B \approx \frac{1}{R_3 + R_4}[U_{BB} - 0.7 - (R_1 + R_2)S_1 E_V] \qquad (5 - 13)$$

从式(5 - 13)看出,当光照度 $E_V \rightarrow 0$ 时,集电极电流 I_C 增加并使电表指针偏向满度;
当光照 E_V 增加时,3DG6 的基极电位下降,致使集电极电流 I_C 跟着减小,直至电表指针偏
向零点。光照 E_V 的最大值可由式(5 - 13)求得,即

$$E_{Vmax} \approx \frac{U_{BB} - 0.7}{(R_1 + R_2)S_1}$$

当 $E_V = E_{Vmax}$ 时,3DG6 进入截止状态,$I_C = 0$。在调整时,遮暗光电管 3DU1,调节电位
器 R_1 和 R_3,使 3DG6 的基极电位接近 6V,此时毫安表指针满度。指针此时位置为照度零

点。然后,改变不同照度值,在表头上进行标定。其照度最大值为电表指针的零点位置。

图5-4(b)为光控开关电路。光电晶体管 3DU12 有光照时,光电流 I_1 流过电阻 R_1,使 A 点电压升高,而晶体管 3DX31 的基极电流 I_B 增大,经过放大后集电极电流 I_C 增大使干簧继电器 J 吸动。

在没有光照时,I_C 值很小,继电器不动作。

设光电晶体管 3DU12 的灵敏度为 S_1,晶体管 3DX31 的电流放大系数为 β,则集电极电流 I_C 与光照增量 ΔE 的关系可近似表示为

$$I_C \approx \frac{R_1}{R_1 + R_2} I_1 \beta = \frac{R_1 \beta S_1}{R_1 + R_2} \Delta E \tag{5-14}$$

5.2.2 温度补偿

当入射光信号为缓变光或恒定光的情况,应当考虑光电器件的温度特性,特别是暗电流随温度变化较大,给检测信号带来误差,要求光电器件接入电路时采用温度补偿。

图5-5 为桥式补偿电路。这种方法是利用两只特性相同的同型号的光电管(或者光敏电阻),其中一只接收信号,另一只放入暗盒。由于它们处在同一温度变化情况下,暗电流随温度的变化相同,所以电桥输出受温度的影响就减至最小。

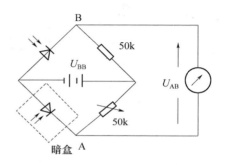

设接收光电管的光电流为 I_ϕ,暗电流为 I_{DK_1},暗盒光电管的暗电流为 I_{DK_2}。则得

$$U_A = U_{BB} - R I_{DK_2} \tag{5-15}$$
$$U_B = U_{BB} - R(I_\phi + I_{DK_1}) \tag{5-16}$$

图5-5 桥式补偿电路

桥路输出电压 U_{AB} 表示为

$$U_{AB} = U_A - U_B = R I_\phi + R(I_{DK_1} - I_{DK_2}) \tag{5-17}$$

当 $I_{DK_1} = I_{DK_2}$ 时,式(5-17)变为

$$U_{AB} = R I_\phi = R S_1 E \tag{5-18}$$

即桥路输出电压正比于入射照度,而暗电流基本上被消除了。图中 $50k\Omega$ 的电位器作调节暗电流平衡用。遮暗接收光电管,然后调节 $50k\Omega$ 电位器使输出 $U_{AB} = 0$,此时暗电流完全被消除,并且温度特性基本得到补偿。

图5-6 是热敏电阻补偿电路。该电路选用负温度系数的热敏电阻 R_T。当温度升高时,光电二极管输出电流增加,与此同时热敏电阻的阻值 R_T 下降,流过 R_T 的电流增加。于是,使晶体管 VT 的基极电流 I_B 维持不变。因此起到补偿作用。

设光电管输出电流随温度变化的增量值为 ΔI_{Lt}(ΔI_ϕ 和 ΔI_{DK} 之和),流过热敏电阻 R_T 的电流随温度变化的增量值为 ΔI_{R_T},则晶体管 VT 的基极电流 I_B 随温度变化的增量值

$$\Delta I_B \approx \Delta I_{Lt} - \Delta I_{R_T} \tag{5-19}$$

由式(5-19)可知,只要选择适当的 R_T 值,使得 $\Delta I_{Lt} \approx \Delta I_{R_T}$ 时,就能保证 $\Delta I_B \approx 0$,即 I_B 基

本维持不变,于是得到了温度补偿。

随着微机技术的发展,温度补偿可以采用微机软件的方法来实现,图 5-7 为单片机软件温度补偿框图。目前,光电检测系统大多数是以单片机为核心进行信号处理、存储、显示和打印等功能。用单片机软件进行温度补偿,一来可以发挥单片机的资源,同时减化了温度补偿的硬件电路。一般光电检测系统的温度误差是有规律的,通过测试得到温度—误差特性,然后,数据表格化存入单片机内。由温度传感器测出环境温度输入单片机中,由软件便实时实现温度自动补偿,显然单片机温度补偿的准确性远高于硬件电路。

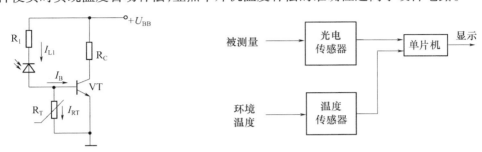

图 5-6 热敏电阻补偿电路   图 5-7 软件温度补偿框图

5.2.3 差接式变换

在检测和控制要求不高的情况下,采用简单电路形式比较实用。但对要求很高的微弱信号测量,这种简单电路存在很多缺点。譬如,由于光源的波动,供电电源的波动,光电器件的性能随时间改变等,都将引起电信号变化,因而引起测量误差。为了减少或消除这种误差,除了稳定光源和电源外,采用差接式变换是最为有效的。

图 5-8 是光电比色计的原理图。光源发出的光经过聚光镜和滤光片后分为两路,一路光作为参考光入射到补偿光电池上;另一路光作为测量光,通过被测溶液后入射到测量光电池上。两个光电池反相串联(差接)在灵敏度为 $1 \times 10^{-7} \mathrm{A/mm}$ 的检流计上。

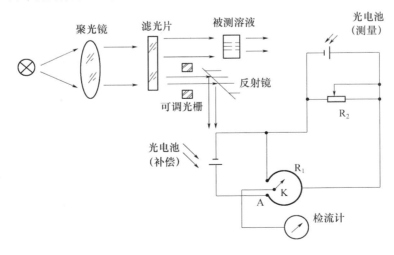

图 5-8 光电比色计原理图

在工作前,电位计 R_1 之旋钮 K 置于 A 点位置,调节电位器 R_2 使电路平衡,检流计指零。光入射后,调节可调光阑使检流计再次指零,保证入射到两个光电池上的光通量相等。当注入被测溶液时,由于溶液吸收一部分光,使透过的光通量减少,即入射到测量光电池的光通量减少,于是检流计开始偏转,调节电位计 R_1 之旋钮 K,使检流计指示为零,此时电位计的指示值代表溶液浓度的大小。

采用差接电路与简单电路比较有很多优点:两个光电池经过筛选后,特性基本一致,所以能消除暗电流的影响;减小由于温度变化引起光电池特性改变所带来的误差;当光源波动时,测量光束和参考光束同时改变,因此,可以减小光源波动带来的误差;同时也消除检流计指示误差。

图 5-9 为差接式变换的一般结构原理图,光电器件 GU 用符号 ——⊝—— 表示。

变换器有两路光学系统:一路为参考系统,另一路为测量系统。调光零件根据光学仪器要求可设计为光阑、光楔、密度盘等调光零件。

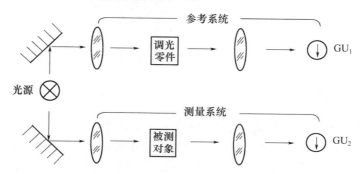

图 5-9 差接式变换结构原理图

两个光电器件 GU_1 和 GU_2 可直接进行差接,如图 5-9 所示。也可接入桥路或差分放大器输入端,如图 5-10 所示。

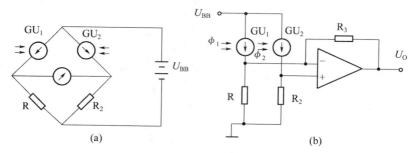

图 5-10 差接电路形式
(a) 桥式电路;(b) 差分放大电路。

由变换电路输出的信号电压 U_S 与测量信号 Q_2 和参考信号 Q_1 之差成正比,即

$$U_S = R(Q_2 - Q_1) \tag{5-20}$$

式中:R 为光电变换系数。

在某些要求不高的场合下,往往用标准物体来代替调光零件。使被测量与标准量进

118

行比较,然后检取它们的差值,图5-11是两个应用实例。

图5-11(a)是被测物体与标准物体进行比较,用以检测物体颜色深浅程度,或检测物体表面粗糙度。图5-11(b)是通过被测细线材A、B两点的相互比较来判断细线材有无异状物(如斑点),或检测其均匀性等。当被测线材不断运动时,便实现了连续检测。

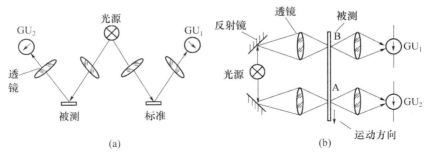

图5-11　比较差接变换

(a) 检测颜色(或表面粗糙度);(b) 检测线材有无异状物(或均匀性)。

两个光电器件的差接式光电变换,虽然具有很多优点,但两个光电器件的性能不能完全一致,特别是随着时间的推移,两个光电器件的性能差异会增加,这对于消除外界因素的影响(如光源的波动、温度变化、供电电压的波动等)而带来的误差不利。所以,在此基础上提出了单个光电器件的差接式光电变换,如图5-12所示。在两路光束中加入调制盘,当调制盘旋转时,调制盘交替地遮挡上下两路光束,两路光束交替产生光脉冲入射到光电器件GU上。当上下两路光束入射到GU上的光通量相等时,GU输出的光电流如图5-13(a)所示。如果被测对象的信息量发生变化时,就使上下两路光束入射到GU上的光通量不相等,在GU上产生的脉冲光电流也不相等,如图5-13(b)所示。

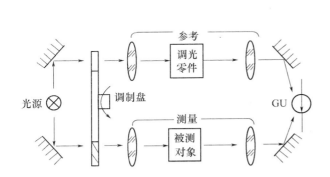

图5-12　单个光电器件的差接变换

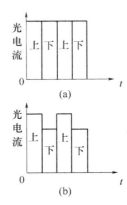

图5-13　输出光电流波形

(a) 上下两路光通量相等;
(b) 上下两路光通量不相等。

光电器件的特性因时间和温度变化而改变时,仅影响光电流的直流分量,而对差值产生的交变分量没有影响。因为差值反映出被测信息量的大小,所以只要检取差值信号(交变分量)就能消除光电器件特性改变所带来的误差。

光电器件接入交流放大器后,就能检取差值信号,放大器输出的信号电压正比于差值信号,并且交流放大器可以克服直流放大器零点漂移的缺点。

5.2.4 光外差式变换

对微弱信号检测来说,如何提高系统的灵敏度和信噪比是十分重要的课题。本节介绍的光外差式变换是检测微弱信号的一种方法。光外差变换的灵敏度大大超过直接变换;此外,由于它以激光为变换介质,因此具有很强的方向性和频率选择性,使噪声带宽减小到一很小的数值,这样可提高信噪比。所以,光外差式变换方法在光通信、激光雷达及红外物理领域中得到应用。

图 5-14 为光外差变换器原理示意图。设被测信号光束和本机振荡光束的简谐函数分别表示为 $E_S\cos\omega_S t$ 和 $E_L\cos(\omega_S + \omega)t$,其中 E_S 和 E_L 为振幅,且差频 $\omega_S \gg \omega$。两路光束在分光器上进行相干,得到差拍信号。

辐射到探测器件的电场

$$e(t) = \mathrm{Re}\left[E_L\mathrm{e}^{\mathrm{j}(\omega_S+\omega)t} + E_S\mathrm{e}^{\mathrm{j}\omega_S t}\right] = \mathrm{Re}\left[V(t)\right] \tag{5-21}$$

光电探测器输出的光电流

$$i_0 \propto V(t) \cdot V^*(t) = E_L^2 + E_S^2 + 2E_L E_S\cos\omega t \tag{5-22}$$

若 $E_L \gg E_S$ 时,式(5-22)变为

$$i_0 = aE_L^2(1 + \frac{2E_S}{E_L}\cos\omega t)$$

$$\tag{5-23}$$

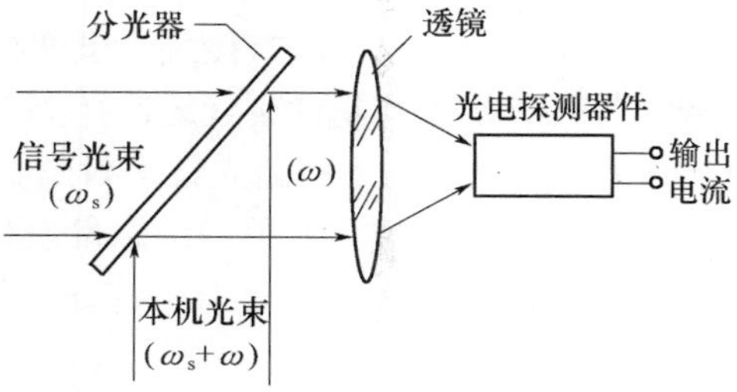

式中:a 为比例系数。因辐通量 $\phi_{eL} \propto E_L^2$,
$\phi_{eS} \propto E_S^2$,所以

$$i_0 = \frac{\phi_{eL}q\eta}{h\nu}(1 + 2\sqrt{\frac{\phi_{eS}}{\phi_{eL}}}\cos\omega t)$$

$$\tag{5-24}$$

图 5-14 光外差变换原理

如果采用选频放大器,光电探测器件输出的交变信号电流为

$$i_S = 2\frac{\sqrt{\phi_{eL} \cdot \phi_{eS}}q\eta}{h\nu}\cos\omega t \tag{5-25}$$

假设直接变换时,光电探测器件输出的交变信号为

$$i_S = \frac{\phi_{eS}q\eta}{h\nu}\cos\omega t$$

则可以得到外差式和直接式两种变换灵敏度的比值 $G_S = (\frac{\phi_{eL}}{\phi_{eS}})^{\frac{1}{2}}$。因为 $\phi_{eL} \gg \phi_{eS}$,所以外差式变换的灵敏度比直接变换的大大提高,一般高 $10^3 \sim 10^4$ 数量级。

5.3 模—数光电信息变换

模—数光电信息变换是指被测非电信息量经光电信息变换后成为数字式信息量,其

120

形式有脉冲数、脉冲宽度、脉冲的时间间隔、脉冲频率、条纹数目和数字代码等。可见对非电信息量的测量实质是通过光电信息变换,转换为用电子技术的方法进行脉冲数、脉冲时间、脉冲频率和代码的测量。下面介绍几种典型的模—数光电信息变换。

5.3.1 激光扫描直径信息变换

图 5 – 15 为激光扫描直径信息变换原理图。激光束经透镜 1 后被反射镜反射,由于旋转反射镜的转动使激光束扫描,扫描光束经透镜 1 后变为平行的扫描光束,并以速度 v 对工件扫描,经透镜 2 后被探测器接收。由于工件的遮挡原理,将工件直径 D 变为光脉冲 ϕ_{s} 信号。由于激光束有一定的直径,在扫描工件边缘时产生过渡区,使光脉冲信号前后沿变斜。光脉冲经探测器和放大器后变为电压信号 U_{s},再由边缘检测电路(鉴幅器)确定工件边缘的转换点,输出理想的脉冲信号,脉冲宽度 t 与工件直径成正比,可见对直径 D 的测量转换为对时间 t 的测量。时间 t 用时标脉冲的周期 T_{c} 为尺寸进行测量,在信号脉冲作用下,电子门打开,时标脉冲通过并由计数器计数 N,则

$$t = T_{\mathrm{c}}N \tag{5 – 26}$$

当激光扫描速度 v 恒定的情况下,工件直径为

$$D = vt = vT_{\mathrm{c}}N = KN \tag{5 – 27}$$

式中:$K = vT_{\mathrm{c}}$ 为常数,称为量化单位(计一个脉冲数所对应的直径量值)。根据计数器所计的 t 时间内的时标脉冲数,就可以求得工件的直径 D。

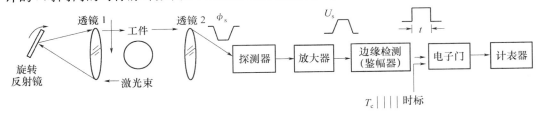

图 5 – 15　激光扫描直径信息变换原理图

5.3.2 光电转速信息变换

图 5 – 16 为光电转速信息变换原理图,其中图(a)是在转轴上涂有均匀的标记线,利用光反射原理,反射光被光电接收器接收。当转轴旋转时,由于转轴与标记线的反射系数不同,所以反射光为交变的光信号,经光电接收器进行探测、放大和整形后输出为连续的脉冲信号。图(b)是在转轴上安装光学调制盘,调制盘的边缘制成齿形,用于调制光。光电变换由光电耦合器完成。当转轴旋转时,由于调制盘的调制作用将恒定的光变换为交变的光信号,经光电耦合器和放大整形后,输出为连续的脉冲信号。

设转轴的标记线数和调制盘的齿数均为 M,则输出脉冲的频率为

$$f = \frac{nM}{60} \tag{5 – 28}$$

转轴转速为

$$n = (\frac{60}{M})f \qquad\qquad (5-29)$$

可见,转速的测量通过光电信息变换后,转换为频率的测量,用电子测频的方法测出频率 f 便可求得转速 n。

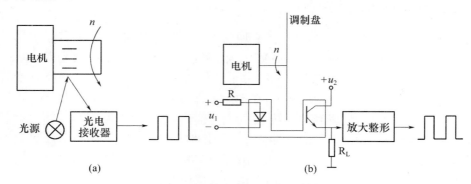

图 5 – 16   光电转速信息变换原理图

(a) 反射式;(b) 光电耦合式。

5.3.3   激光干涉信息变换

1. 激光干涉原理

早在 19 世纪 90 年代,已经用光的波长作为基准来测量长度,如用镉或氪光的光波检定米尺。虽然能达到微米级的精确度,但量程较短。从 1960 年激光器出现以后,由于它有良好的单色性、空间相干性、方向性和光强大等特点,很快就成为精密测长的理想光源。

要清楚光的干涉原理,首先介绍两光波相干的条件:①两列波振动方向相同,即两光波的振幅 E 矢量平行;②两光波频率相同;③两光波位相相同或初位相差恒定。

两光波相干后,在初位相相同时,干涉场的合成光强为

$$I = I_1 + I_2 + 2\sqrt{I_1 I_2}\cos(\frac{2\pi\Delta}{\lambda}) \qquad\qquad (5-30)$$

式中:I_1 和 I_2 分别为两相干光的光强;λ 为光的波长;Δ 为两相干光的光程差。

从式(5-30)可以看出,反映干涉效应的一项为 $2\sqrt{I_1 I_2}\cos(\frac{2\pi\Delta}{\lambda})$,此式表明,干涉场中的光强与两相干光的光程差 Δ 有关,随着 Δ 值的改变而变,且可正可负。那么干涉光在什么情况下加强,在什么情况下减弱,下面将分别讨论。

(1)干涉光的光强最大值条件是 $\cos(\frac{2\pi\Delta}{\lambda}) = 1$,此时位相 $\frac{2\pi\Delta}{\lambda} = 0$,$\pm 2\pi$,$\pm 4\pi\cdots$,对应的光程差 $\Delta = 0$,$\pm\lambda$,$\pm 2\lambda$,$\cdots$,即 $\Delta = \pm k\lambda(k = 0,1,2,3,\cdots)$

其干涉光强的最大值为

$$I_{max} = I_1 + I_2 + 2\sqrt{I_1}\cdot\sqrt{I_2} = (\sqrt{I_1} + \sqrt{I_2})^2$$

这就是观察到亮条纹。干涉光强最大值条件是当光程差是波长整数倍时,光被加强,干涉最大。

(2)干涉光的光强最小值条件是 $\cos(\frac{2\pi\Delta}{\lambda}) = -1$,此时位相 $\frac{2\pi\Delta}{\lambda} = \pm\pi$,$\pm 3\pi$,$\cdots$,对

应的光程差 $\Delta = \pm \dfrac{\lambda}{2}, \pm \dfrac{3\pi}{2}, \cdots$，即 $\Delta = \pm \dfrac{(2k+1)\lambda}{2}(k = 0,1,2,3,\cdots)$

其干涉光强的最小值为

$$I_{\min} = I_1 + I_2 - 2\sqrt{I_1} \cdot \sqrt{I_2} = (\sqrt{I_1} - \sqrt{I_2})^2$$

这就是观察到暗条纹。可以说在光强最大时，改变光程差为波长 1/2 时光被减弱最小。

干涉场中光强变化近似正弦波，在两相干光的光强相等时（$I_1 = I_2$），光强变化波形如图 5 - 17 所示。

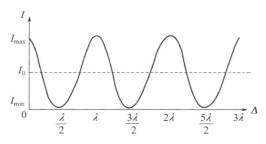

图 5 - 17　干涉光强与光程差关系

将式（5 - 30）写成

$$I = I_0 + I_0 K \cos\left(\frac{2\pi\Delta}{\lambda}\right) \tag{5 - 31}$$

式中：I_0 为平均光强；K 为干涉条纹对比系数（对比度），表示为

$$K = (I_{\max} - I_{\min})/(I_{\max} + I_{\min}) = \frac{2\sqrt{I_1 I_2}}{(I_1 + I_2)} \tag{5 - 32}$$

从式（5 - 32）可知，当 $I_1 = I_2 = I$ 时，$k = 1$，对比度最好。此时 $I_{\max} = 4I$，$I_{\min} = 0$。

良好的条纹对比度，对光电变换和前置放大有利，可获得有用的电信号最强，直流零漂不敏感，有助于抗干扰等。

从上面分析得知，两个相干光的光程差连续不断地改变时，其干涉光的光强也随着连续不断的强弱变化。这种强弱的光强变化就是所观察到的干涉条纹，干涉条纹变化的数目与光程差成正比，即

$$\Delta = N \cdot \lambda$$

式中：N 为干涉条纹变化的数目。

2. 光电信号

图 5 - 18 为条纹信号检取原理图。干涉条纹的光强分布近似于正弦波，因为光程差可增可减，对应的位移可以左右移动，所以，干涉条纹随着左右移动而明暗交替变化，相当于干涉条纹在移动。干涉条纹的辐射光强通过两狭缝分别入射到两个光电器件的光敏面上。狭缝的作用保证入射到光电器件上的两光束在相位上差 $\pi/2$，狭缝的位置是可以调节的，而且光电器件的光敏面要对准狭缝。两个光电器件输出的波形近似正弦波，若干涉条纹右移时，则光电器件 1 输出的波形在相位上超前于光电器件 2 输出的波形的 $\pi/2$；若干涉条纹左移时，则相反，光电器件 2 的波形在相位上超前于光电器件 1 的 $\pi/2$。通过判

别两信号相位关系可以判别位移的方向。

干涉条纹每明暗变化一次,光电器件就输出一个正弦信号,所以,正弦信号的一个周期对应光程差 $\Delta = \lambda$,光程差 Δ 与位移量 L 的关系 $\Delta = 2L$(或 $4L$),视干涉光路结构而定。所以,对应位移量是 $\lambda/2$ 或 $\lambda/4$,光电器件输出信号电压为

$$u = U_0 \left(1 + K\cos2\pi\frac{L}{\lambda/2} \right) \qquad (5-33)$$

式中:U_0 为信号电压的直流成分,它正比于干涉场的平均光强

设位移量为 L 时,干涉条纹变化次数为 N,则位移量为

$$L = \frac{\lambda}{2}N \qquad (5-34)$$

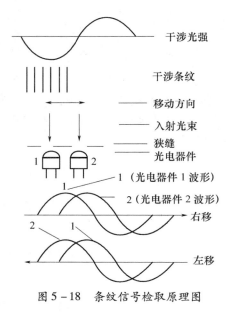

图 5-18　条纹信号检取原理图

因此,只要计出干涉次数 N 就可以测量出测量头移动的距离 L。

5.3.4　光栅莫尔条纹信息变换

1. 莫尔条纹原理

对于计量光栅,通常光栅距(节距)是等距的,而且是黑白线条等宽。图 5-19 是两种透射光栅,图(a)为刻划光栅,在平面度很高的玻璃上用真空镀膜的方法,镀一层金属膜,并在金属膜上用钻石刀压削或刻制方法,制成大量的等距离的并有一定形状的线条,被刻划的线条为透光部分。图(b)为用照像光刻方法制作的黑白光栅。目前,计量光栅大多采用光刻方法制作。

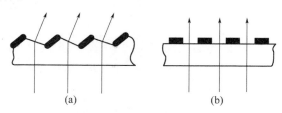

(a)　　　　　　　　　(b)

图 5-19　光栅结构

光栅有粗细之分,其栅距 d 远大于光的波长的叫做粗光栅,若栅距接近光的波长的叫细光栅。通常采用 d 为 $20\mu m$ 或 $40\mu m$ 的光栅为粗光栅。

用光栅检测位移,实际上是以光栅栅距为计量单元(尺子)进行位移测量。但是,(Moire Fringe),直接检取光栅信号是非常困难的,所以,采用光学变换方法,将光栅信号变为莫尔条纹信号,然后再通过检取莫尔条纹信号来测量位移量大小。下面介绍莫尔条纹的基本概念。"莫尔"一词法文的意思为水波纹。

当两块光栅以微小倾角重叠时,在与刻线大致垂直的方向上,将看到明暗相间的粗条纹,这就是莫尔条纹。图 5-20 表示粗光栅形成莫尔条纹的原理图。

对于粗光栅是由遮光原理产生莫尔条纹的。当两块光栅以交角 θ 重合时,在 $a-a$ 线上透光面积最大,形成条纹的亮带,而在 $b-b$ 线上由于相互遮挡,透光面积最小,形成条纹的暗带。图中 m 为莫尔条纹的宽度。可以证明,莫尔条纹的宽度为

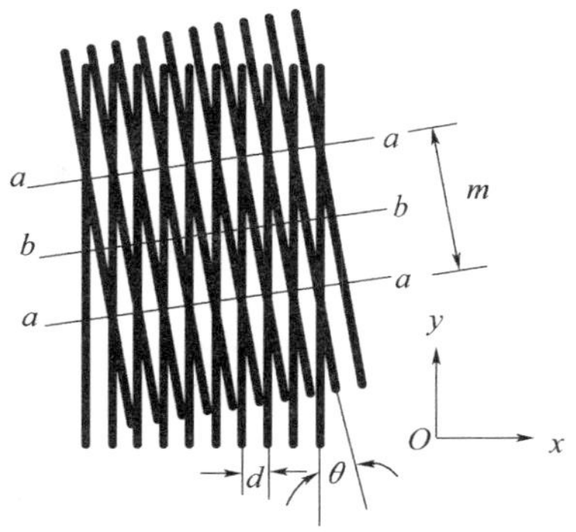

图 5-20　光栅莫尔条纹

$$m = \frac{d}{2\sin\left(\frac{\theta}{2}\right)} \approx \frac{d}{\theta} \qquad (5-35)$$

当两个光栅相对平移时,莫尔条纹就在光栅移动的垂直方向上移动,即在 θ 角的角平分线上移动。

光栅莫尔条纹信息变换有以下特点:

1)莫尔条纹信号与光栅位移相对应

光栅副(一对光栅)中任一光栅沿横向(x 方向)移动时,莫尔条纹就沿垂直方向(y 方向)移动,且移过条纹数与光栅移过的栅距数相对应,光栅每移过一个栅距 d,条纹就移过一个宽度 m。所以,只要计条纹移过的数目就可知道光栅移动距离。

另外,条纹移动方向与光栅移动方向相对应。如光栅向右移,条纹向上移;光栅向左移,条纹向下移。所以,通过判别莫尔条纹移动方向就能判出光栅移动的方向。

2)位移的放大作用

条纹宽度 m 与栅距 d 之比,称为光栅副的放大倍数,即

$$\alpha = \frac{m}{d} \approx \frac{1}{\theta} \qquad (5-36)$$

例如,光栅副交角 $\theta = 8'$ 时,$\alpha = 450$ 倍,对于每毫米 50 条线的光栅,其 $d = 20\mu m$,则莫尔条纹宽度 $m = 9mm$,这表明光栅每移动 $20\mu m$,莫尔条纹移动 $9mm$,光栅副起到了高质量的放大作用。同时在 $9mm$ 宽度内容易安装光电器件接收条纹信号。

3)误差的平均效应

光电器件接收条纹的光信号,是光电器件有效视场内 n 条光栅刻线的综合平均效果。若光栅的每一刻线误差为 δ_0 时,由于平均效应,光电器件接收条纹信号的误差为

$$\delta_n = \pm \frac{1}{\sqrt{n}}\delta_0 \qquad (5-37)$$

例如,对于 $d = 20\mu m$ 的光栅副,光电池接收条纹的 x 方向视场长为 $10mm$,则光栅副在视场内同时有 500 条刻线参加工作。若每根刻线误差 $\delta_0 = \pm 1\mu m$,则条纹信号的平均误差 $\delta_n = \pm 0.04\mu m$。可见,光栅刻线误差的影响很小。

2. 光电信号

1)两路光电信号

在光栅副中一般长光栅称为主光栅(标尺光栅),短光栅称为指示光栅。主光栅和指示光栅在安装时,当它们的交角调到一定值后,在指示光栅的视场上将产生横向莫尔条纹信号。条纹信号沿 y 方向的光强分布近似正弦信号,如图 5-21(a)所示。当两光栅沿 x 方向相对位移时,条纹沿 y 方向移动,则对应某一点处的光强为

$$I_V = I_{V0} + I_{Vm}\sin\left(2\pi\frac{x}{d}\right) \qquad (5-38)$$

式中:I_{v0}为直流分量;I_{vm}为交变量的幅值。

在指示光栅上面安放光电器件,不仅为了检取条纹信号,而且能判别光栅位移方向。为此必须安放两只光电器件①和②,在位置上两光电器要错开$\frac{1}{4}m$。由于光电器件为线性变换器件,所以两光电器件输出的光电信号也近似为正弦信号,如图5-21(b)所示。条纹信号变化一个周期为2π,则两光电信号的相位差为$\frac{\pi}{2}$。

对于简单的光栅传感器,通常将指示光栅、光源、狭缝、光电器件、放大与整形电路组装一起,成为一体化结构,称为光栅读数头。两路光电信号经放大整形后变为两路方波信号输出,图5-21(c)所示。两路方波信号的相位差为$\pi/2$。

假设主光栅右移时,莫尔条纹由上向下移动,方波信号①超前②;反之,主光栅左移,条纹信号由下向上移动,则方波信号②超前①。这样通过判别两方波信号的相位关系(超前或滞后),就能判别出主光栅位移方向,达到判向目的。

2)四路光电信号

在要求高分辨力和高精确度的情况下,一般在光栅读数头上安装四个光电器件,每相邻两个光电器件在位置上错开$\frac{1}{4}m$的距离。这样四路光电信号在相位上依次相差$\frac{1}{2}\pi$,如图5-22所示。

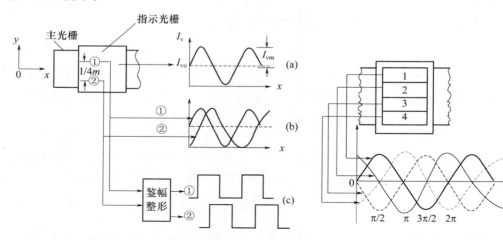

图5-21 两路光电信号　　　　　图5-22 四路光电信号

四个光电信号的表示式为

$$\begin{cases} u_1 = U_o + \sum_{k=1}^{\infty} U_{1k}\sin k\theta \\ u_2 = U_o + \sum_{k=1}^{\infty} U_{2k}\sin\left(k\theta + \frac{\pi}{2}\right) \\ u_3 = U_o + \sum_{k=1}^{\infty} U_{3k}\sin\left(k\theta + \pi\right) \\ u_4 = U_o + \sum_{k=1}^{\infty} U_{4k}\sin\left(k\theta + \frac{3}{2}\pi\right) \end{cases} \qquad (5-39)$$

式中:U_0为直流分量;$U_{1k} \sim U_{4k}$分别表示四路信号的基波和各次谐波的幅值;$\theta = \dfrac{x}{d} 2\pi$。

当主光栅右移时,莫尔条纹由上向下移动,光电信号的领先次序是1→4;反之,若主光栅左移时,光电信号的领先次序是4→1。因此,通过确定四路光电信号的领先次序(相位关系),就能判别主光栅相位移方向。

3)差分放大

为了改善信号质量,通常采用差分放大器进行信号处理。经差分放大后,可以消除光电信号的直流分量和偶次谐波,同时提高抗共模干扰的能力。

图5-23为前置差分放大器原理图,其中图(a)为并联方式,图(b)为并串联方式。

差分放大器输出的信号,消除了直流分量和偶次谐波。若忽略奇次谐波,取相对形式,则差放输出的四路信号分别为$\sin\theta$、$\cos\theta$、$-\sin\theta$、$-\cos\theta$。

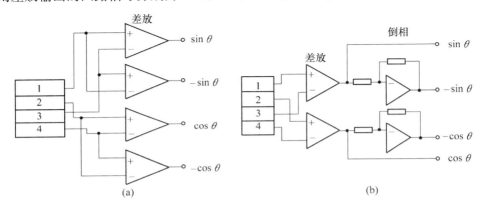

图5-23 前置差分放大电路

为了保证差放后的信号质量,对前置差放提出具体要求:

(1)每个差动放大器有相等的幅频特性和相频特性;

(2)放大器的频响范围$0 \sim f_h$,上限频率f_h应满足位移速度要求,目前f_h可达到几百千赫至10MHz。上限频率f_h与光栅位移最大速度v_{max}的关系为

$$f_h = \frac{v_{max}}{d} \quad \text{或} \quad v_{max} = f_h \cdot d$$

当f_h和d一定后,光栅位移最大速度v_{max}也一定。

(3)莫尔条纹信号中存在共模电压,因此,对差放的共模抑制比有一定要求,电子细分数越多对共模抑制比要求越高,一般约为100dB。

(4)前置差放有较大的动态输出范围,一般不低于±5V或(±12V)。

(5)前置放大器的输入和输出阻抗应考虑前后匹配,在长线传输时要有驱动输出级。

5.3.5 编码器角度代码信息变换

光栅轴角传感器(编码器),分增量式和直读(绝对)式两种。增量式编码器基于莫尔条纹信息变换原理(见5.3.4节)。完成角位移–数字转换,其主光栅为圆光栅盘,当圆光栅与指示光栅相对运动时,其输出量只反映角位移的增量。直读式编码器,在某一角位置上只有一个确定的角度代码输出。

1. 编码及码盘

角度—代码变换通常指角度量变为数字代码的过程。首先将角度按预定形式编成数字代码,这个过程称为编码,然后将编好的代码用光刻的方法存储在码盘上。码盘是编码的主要零件,码盘上刻有若干同心环码道,每个码道由不同数量的透明和不透明径向线条组成。透明部分表示"1",不透明部分表示"0",因此,对于二进制数,每个码道代表一位数。内圈码道为高位,外圈码道为低位。

日常的角度计量均采用度、分、秒单位制,一个圆周角为360°,1°为60′,1′为60″。这是一种十进制和六十进制混合的计数法,用代码表示比较复杂。为此采用二进制编码,将一个圆周角分为2^n等分,每一等分按二进制编成代码。每个等分代表的角度$\xi_0 = 360°/2^n$,称为该编码器的角分辨力,其中指数n为编码器的位数。如14位编码器的角分辨力为79.1″,低位($2°$)代码所代表的角度为79.1″,高位(2^{13})代码所代表的角度为180°。

自然二进制码进位时,至少有二位码的数字符号发生变化,如0111向1000进位时,后面三个数必须从"1"变为"0",而前面一位数要由"0"变为"1"。使用自然二进制代码的编码器也应该满足这个要求,在进位时必须使相应的各个码道同时变换数字,如果有一个码道不能同时变换就会造成错误读数,形成错码。为了克服这个缺点,一般采用循环二进制代码。循环码也称周期码或格雷码。这种码由任何数变到相邻的数(加"1"或减"1")时,代码中只有一位数字发生变化,即使产生误差也不会太大。

循环码的每一位数字符号不具有固定的数值含义。因此,这种码不能直接读出其数值,也不能直接进行四则运算,必须将它变成自然二进制代码后方可运算。将自然二进制码变成循环码在编码器中也属于编码的内容,将循环码变成自然二进制码称为译码。

自然二进制码变成循环二进制码时,只需要将自然二进制数与其本身向右移过一位的数按模数2相加(不进位),并舍去末位。例如,将1000110变成循环二进制码,取1000110+0100011得循环二进制码为1100101。

循环二进制码变成自然二进制码:自然二进制码第一位的数与循环二进制码相同,第二位的数是循环码的第二位与自然二进制码第一位按模数2相加所得,以下各位依此类推。例如,循环码1001101变成自然二进制码为1110110。

按照上述译码方法只需要应用简单的半加器电路,就可以将循环码译成自然二进制数。

图5-24为6位循环码码盘图。对于高于14位的码盘,为了减小误差和提高分辨力通常还有附加码道,如补偿码道、校正码道、细分码道等。这样就使码盘图案发生变化,码道数一般多于编码器的位数。码盘是在透明的玻璃圆盘上涂敷感光乳剂,用光刻的方法制成。码盘上刻有若干同心环码道,每个码道由不同数量的透明和不透明线条组成。

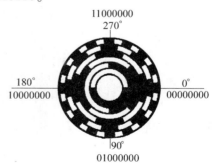

图5-24 6位循环码码盘

码盘上各码道的白色区为透光部分,它对应的代码数字为"1",而黑色不透明部分对应的代码数字为"0"。从图案可以看出,码盘有固定的零位,并对于一定的轴角位置只有一个确定的数字代码,图中标出了0°、90°、180°、270°的数字代码。

2. 光电轴角变换

将码盘同光源、光学系统、狭缝和光电器件组合起来构成的装置称为直读(或绝对)式编码器。图5-25是其结构原理图。

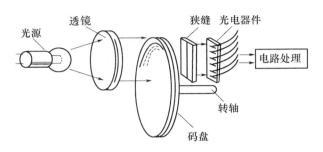

图5-25　直读式编码器结构原理图

光源发出的光经过光学系统变为一束平行光射到码盘上。通过亮(透光)区的光线经狭缝后成一束很窄的光束照在光电器件上。

光电接收器件通常由一排硅光电二极管或光电三极管组成,它们的排列是与码道位置一一对应。当转轴固定在某一角度时,狭缝对应的码道位置也一定,对着亮区的光电器件有电信号输出,为"1"状态;对着暗区的光电器件无电信号输出,为"0"状态。所有光电器件输出状态的组合,即表示一定角度的代码。

图5-26是低位数光电轴角编码器电路图。

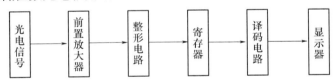

图5-26　光电轴角编码器电路框图

对于高位数的编码器,由于在码盘上有附加的码道,所以电路处理比较复杂,如细分电路、对边读数和校正电路等,在此不作介绍。

目前,已用微处理机的硬件和软件功能来代替复杂的逻辑电路。这样可以简化电路设计,使用方便和降低成本,大大地促进光电轴角编码器的应用。

思考题与习题

5-1　两类光电变换各有哪些特点?采用模拟变换时应注意哪些问题。

5-2　差接式变换有何优点?有哪几种差接形式。

5－3 设计光控继电器开关电路,已知条件:光电管 3DU15 灵敏度为 $1\mu A/lx$,继电器 J 的吸合电流为 10mA,要求光照大于 200lx 时继电器 J 吸合。

5－4 以图 5－10(b)为例,设光电器件灵敏度为 $S_1(A/lm)$,参考光通量为 $\phi_1(lm)$,测量光通量为 $\phi_2(lm)$,运算放大器的开环增益为无限大,$R_f \gg R$,推导输出电压 U_o 与输入光信号 ϕ_2 的关系。若光源波动引起两光束变化的绝对值均为 $\Delta\phi$,对输出 U_o 有何影响。

5－5 模—数变换的特点是什么?

5－6 光栅莫尔条纹信息变换有何特点? 条纹信号采用差分放大有何优点?

5－7 说明两路光电信号检测的工作原理? 对两个光电器件的安放有何要求?

第6章　辐射信号检测

辐射信号通常指红外波段内的辐射,被测目标辐射有两种类型:一是主动式辐射,由辐射光源照射目标,然后由目标反射,它一般应用于制导或主动式夜视系统中;二是被动式辐射,没有人为的辐射光源,而是被测对象本身的辐射或借助于星光的辐射,例如,测温、搜索目标以及被动式夜视系统等。辐射信号按时域特性分有缓变信号、脉冲信号和交变信号。

在检测辐射信号的同时,也存在着背景辐射,而背景辐射将引起不期望的干扰噪声。因此如何抑制背景干扰将是辐射信号检测的关键之一。

6.1　缓变信号探测

辐射信号采用直接检测方法的系统框图,如图 6-1 所示。

图 6-1　系统框图

光学系统的作用,除了将辐射目标成像到器件的光敏面上外,还应有抑制背景干扰的能力。下面简单介绍几种光学结构。

6.1.1　光学结构

图 6-2 为常见的光学结构,对于缓变辐射信号通常需要在光学系统焦平面上安放调制盘,这样探测器就必须放在焦平面后面几毫米的地方。由于光束增大,探测器面积增大、噪声增大。如果在焦平面后放一块场镜(正薄透镜),把边缘光线折向光轴,就可用较小的探测器接收全部光束,这就是场镜的聚光作用。另外,场镜可以校正光偏差,在同样探测器光敏面积下,加入场镜后就可以增大入射角。

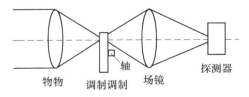

物物　　　调制调制　　轴　　场镜　　　探测器

图 6-2　透镜系统

为了减小镜筒的重量和结构尺寸,一般希望缩短镜筒尺寸,采用双反射系统,如图 6-3 所示,其中大的叫主镜,小的叫次镜。次镜为凸镜的叫卡塞格伦系统(简称卡氏系统),次镜放在主镜焦点之内;次镜为凹镜的叫格里高里系统(简称格氏系统),次镜放在主镜焦点之外。图 6-3 所示为卡氏系统。

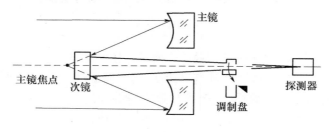

图 6-3　卡氏系统

双反射镜系统的次镜把中间一部分优质光挡掉,并且一旦视场和相对孔镜变大,像质变坏,这是它的最大缺点。

为了校正光偏差和提高会聚作用,也可以采用光锥元件(图 6-4)。光锥为一种空腔圆锥或具有合适折射率材料的实心圆镜。光锥内壁具有高反射率,其大端放在物镜的焦面附近,收集物镜所会聚的光。然后依靠内壁的连续反射把光引导到小端,被探测器接收。因此,光锥起着场镜的作用。

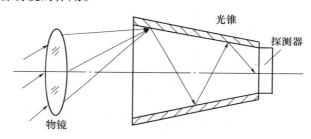

图 6-4　光锥

6.1.2　调制盘

对于缓变辐射信号采用调制盘进行光学调制(图 6-2 和图 6-3),有如下作用:

(1)缓变信号经调制后变为交变信号,这样可用交流前置放大器,避免了直流放大器零点漂移的缺点。

(2)大背景成像到调制盘上,将覆盖整个或大部分调制盘面积,所以,背景辐射只改变调制信号的直流分量。通过滤波器可以滤掉其直流分量,达到过滤背景的作用。

(3)经调制和窄带滤波后,可以消除探测器和前置放大器的低频($1/f$)噪声。

(4)采用特殊设计的调制盘可以判别辐射信号的幅值和相位。

可见,调制盘是用来处理辐射信号的一种手段,其功能是将光场的幅度或相位变为周期信号,即将空间分布的二维辐射信号变成一维的时间信号。

调制盘的类型有幅度调制盘、相位调制盘和频率调制盘。

简单的幅度调制盘如图 6-5 所示,有扇形、齿形及圆孔形状。它们是用玻璃板光刻而成或用金属薄片开槽(或打孔)制成。当调制盘旋转时,辐射信号被调制盘的透光和不透光部分交替地传输和遮挡,使辐射量随时间而交变,即达到调幅目的。调幅信号的调制频率为

$$f_c = nf_r \qquad (6-1)$$

式中:n 为调制盘上明暗相间的格(齿)对数目或孔数目;f_r 为调制盘的旋转频率(r/s)。

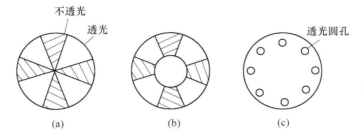

图 6-5　幅度调制盘
(a) 扇形;(b) 齿形;(c) 圆孔形。

相位调制盘如图 6-6 所示,成像到调制盘上的目标像偏离参考零位的相位角用 θ_1 和 θ_2 表示。当调制盘旋转时,产生的调相信号如图 6-6 所示,其中相位 θ_1 和 θ_2 分别正比于目标的相对角位移 θ_1 和 θ_2。若测量出相移 θ 的大小,必须有一个零相位参考信号。零相位参考信号可通过磁头或光电法在零相位处产生窄脉冲信号得到。通过图 6-6(a) 和图 6-6(b)实例可知,只要测量出目标像的相位角,就知道目标的方位信息量。

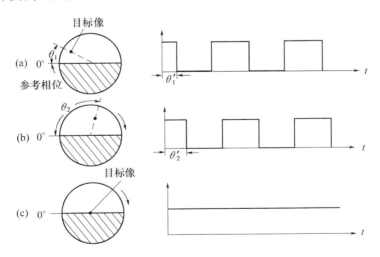

图 6-6　相位调制盘

双调制盘(图 6-7)由两个半圆部分组成:一个半圆为扇形格作为目标幅度调制;另一半圆为半透明区(透过率为 0.5),作为目标的相位调制。目标辐射信号经双调制盘调制后输出波形如图 6-7(b)所示。

双调制盘相位调制区选择 0.5 透过率的目的是使上,下两部分对大面积背景像透过的辐通量相等,这样就无调制信号输出,可以消除背景影响,有较强的过滤背景能力。单

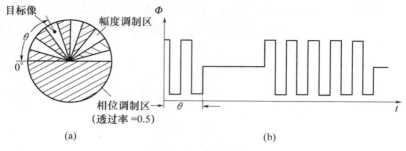

图 6 – 7 双调制盘

(a) 双调制盘；(b) 输出波形。

扇面调制盘(图 6 – 6(c))由于透明面积比较大，所以，对背景过滤能力要差些。双调制盘产生的调制频率为

$$f_c = knf_r \tag{6-2}$$

式中：k 为调制盘总面积是目标幅度调制区所占面积的倍数；n 为扇形格对数目；f_r 为调制盘旋转频率。

图 6 – 7 中 $k = 2, n = 5$，则

$$f_c = 10f_r$$

即调制频率为调制盘旋转频率的 10 倍。

图 6 – 8 为调频式调制盘图案。它由若干同心环带的扇形格子组成，每一环带上的黑白相间的扇形格子对的数目随径向距离变化，每增到外圈一个环带，黑白格子数目增加一倍；反之，每减至内圈一个环带，黑白格子数目减半。

当调制盘以相同角速度旋转时，像点在 A 圈时产生的脉冲数为像点在 B 圈时产生的脉冲数的 1/2。因此，目标像点由某一环带移到相邻的外圈(或内圈)的一个环带时，调制频率就增加(或减少)一倍，这样，通过判别频率的大小就可以确定目标的径向位置。

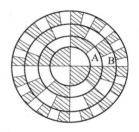

图 6 – 8　频率调制盘

6.1.3　调制盘对背景信号的空间滤波

以简单的扇形幅度调制盘为例来分析调制盘对背景的过滤能力，根据应用场合，调制盘可安放在接收机内，也可以安放在发射机内。由于安放位置不同，其空间滤波效果也有差异，下面分别讨论。

1. 调制盘安放在接收机里

例如用红外系统跟踪目标或测量炉温等仪器，调制盘要安放在接收系统内，这时，目标辐射 φ_s 和背景辐射 φ_B 通过光学系统同时入射到调制盘上，被调制盘所调制，但因目标和背景的空间分布特性不同，所以调制度是不同的。令辐射信号的调幅度为 m_s，背景的调幅度为 m_B，调制频率为 ω_m，则经调制后入射探测器的幅通量为

$$\varphi_o(t) = \varphi_s(1 + m_s\cos\omega_m t) + \varphi_B(1 + m_B\cos\omega_m t) =$$
$$(\varphi_s + \varphi_B) + (\varphi_s m_s + \varphi_B m_B)\cos\omega_m t \tag{6-3}$$

探测器输出的电流为

$$i_o = S_I(\varphi_s + \varphi_B) + S_I(\varphi_s m_s + \varphi_B m_B)\cos\omega_m t \qquad (6-4)$$

经带通滤波后,第一项直流分量被滤掉。只有交流量通过,但交流量中含有信号和背景电流,而信号电流和背景电流之比为

$$\frac{I_s}{I_B} = \frac{\varphi_s}{\varphi_B} \cdot \frac{m_s}{m_B} \qquad (6-5)$$

如果不加调制时,则

$$\frac{I_s}{I_B} = \frac{\varphi_s}{\varphi_B} \qquad (6-6)$$

比较式(6-5)和式(6-6)可知,只要利用调制盘的空间滤波特性,使得 $m_s \gg m_B$,式(6-5)的比值就远大于式(6-6)的比值,这样就能达到抑制背景干扰的作用。下面通过典型例子来进一步说明调制盘的空间滤波作用。

例如工作在 $2\mu m \sim 2.5\mu m$ 大气窗口的探测系统来说,由背景云彩所反射的太阳光在探测器上的照度值,可为远距离涡轮喷气机目标照度值的 10^4 倍 $\sim 10^5$ 倍。幸好调制盘能提供这一量级的背景过滤。又如舰艇对海面、车辆对陆地等典型例子。像这些被探测的目标与背景比较,它们都是一个视角很小的物体。调制盘的空间滤波就是用来增强小视角物体的辐射信号,而抑制大视角背景的辐射,即达到背景空间滤波作用。

图6-9表示了用幅度调制盘进行空间滤波的一个简单例子。

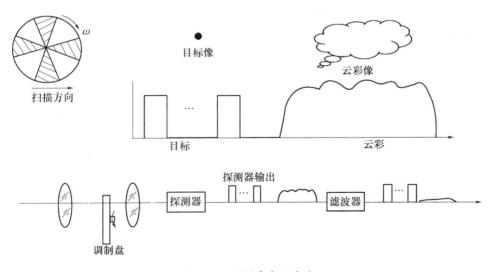

图 6-9 调制盘空间滤波

调制盘置于光学系统的像平面上,其调制中心与光轴重合。目标与太阳照射的云彩(背景)通常一起成像于调制盘上。为了便于看出调制盘的作用,将目标与云彩的像画在调制盘的边上,当调制盘以高速旋转时,并缓慢地向右移动(扫描)以便穿越目标和云彩的像。当调制盘越过目标像时,辐射像被明暗相间地格子交替地传输和遮挡,使探测器输出一列脉冲信号。

当调制盘扫过相对大些的云彩像时,在任一瞬间,云彩像均覆盖调制盘的面积,结果

探测器上的入射照度增加了,但云彩像被调制的作用却很小。当云彩和目标同时成像于调制盘上时,探测器输出由云彩辐射产生的波纹很小的大直流信号和目标辐射产生的脉冲信号所组成。当复合信号被放大并通过中心频率为调制频率的电子滤波器后,只有交流信号被保留,云彩的影响被滤掉了。因为大多数云彩的边缘形状是不规则的,所以它将产生一定的波纹信号。

2. 调制盘放在发射机内

例如主动式辐射检测系统及红外有线制导等,它们将调制盘安放在发射机内。这样,只有辐射信号被调制,而背景没有被调制。则入射到探测器上的总辐射为

$$\varphi_o(t) = (\varphi_s + \varphi_B) + \varphi_s m_s \cos\omega_m t$$

探测器输出电流经放大滤波后,只保留交流信号,即

$$i_s = S_1 \varphi_s m_s \cos\omega_m t$$

可见,这种方法的滤波效果最佳,能消除背景辐射的干扰。

6.2 脉冲信号探测

用于探测激光脉冲信号的探测器件一般为 PIN 型光电二极管和雪崩光电二极管。它们在输出脉冲信号的同时也输出噪声。其噪声为散粒噪声与频率无关,故称为白噪声。当激光脉冲信号比较微弱的情况下,如何正确选择探测阈值来探测脉冲信号和有效地抑制噪声是脉冲信号探测技术的关键之一。

6.2.1 探测阈值及信噪比

本节研究在白噪声中探测宽度为 τ 的脉冲信号问题。一般表示噪声是从平均值角度考虑,用均方根值表示。虽然有时噪声的均方根值比接收的脉冲信号幅值小得多,似乎看不出噪声对信号的干扰情况。但是,实际上存在噪声干扰,因为噪声在某瞬间存在着尖峰噪声,这种尖峰噪声可以使接收系统产生虚假信号显示,即虚假报警。

为了便于分析,画出脉冲探测系统中的阈值(门限电平)鉴幅过程示意图,如图 6 - 10 所示。

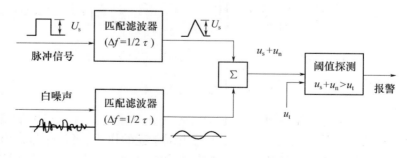

图 6 - 10　阈值探测过程示意图

为清楚起见,特意画出两路来说明匹配滤波器对信号噪声的影响。脉冲信号通过匹配滤波器后变为近似三角波形。白噪声通过匹配滤波器后,变为近似高斯型,其均方根

136

值为

$$U_n = \sqrt{u_n^2} = \sqrt{w_n \Delta f} = \sqrt{w_n/2\tau} \qquad (6-7)$$

式中：w_n 为输入白噪声功率谱密度（V^2/Hz）；Δf 为匹配滤波器等效噪声带宽，$\Delta f = 1/2\tau$（Hz）；τ 为脉冲信号宽度（s）。

平均虚假报警速率，简称平均虚假率（Factitious Rate，FAR）。平均虚假率的定义：在输出噪声电压 u_n 超过探测阈值 u_t 时每秒内的平均值（次数）。这一速率由赖斯（Rice）给出，即

$$\overline{FAR} = \frac{1}{2\sqrt{3}\tau} e^{\frac{-U_t^2}{2U_n^2}} \qquad (6-8)$$

由式（6-8）可见，随着阈值 U_t 的上升，$\overline{FAR}$ 将迅速减小，当 $\overline{FAR}$ 值给定后，可由式（6-8）确定阈值 U_t。

当脉冲信号出现时，在信号峰值的瞬间将要被探测到的概率 P_d 很接近于信号加噪声超过阈值 U_t 的概率，即

$$P_d = P(U_s + U_n > U_t) \qquad (6-9)$$

图 6-11 给出探测概率 P_d、虚警概率 P_{fa}、电压阈值 U_t、脉冲信号幅值 U_s 和噪声均方根 U_n 之间关系的图解。

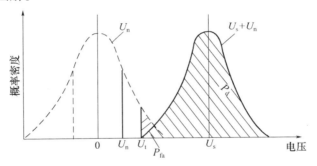

图 6-11　P_a 和 U_n 的关系

图 6-12 给出了探测概率 P_d 与 U_S/U_n 关系曲线。曲线族是在脉冲宽度 τ 与平均虚警率 $\overline{FAR}$ 之积 $\tau(\overline{FAR})$ 为给定值时得到的。

例　某一激光测距机，其激光脉冲宽度 $\tau = 0.1\mu s$，最大测距 $L_{max} = 10km$，为达到 99.9% 的探测概率（每一千次探测中虚假探测不多于一次）。问需要多大信噪比和阈值噪声比？

解　为了能测到 10km 的距离。测距机在

$$2L_{max}/c = 2 \times 10^3/3 \times 10^8 = 67 \times 10^{-6} s$$

的总时间内必须是选通开放的，式中 c 为光速。于是，平均虚警率 $\overline{FAR}$ 由 1000 个 67μs 间隔发生一次来确定，即

$$\overline{FAR} = \frac{1}{1000 \times 67 \times 10^{-6}} = 15/s$$

137

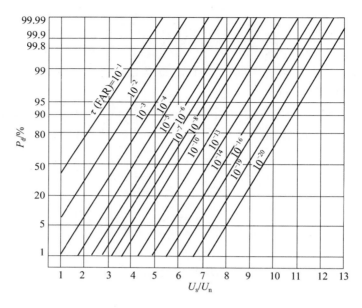

图 6-12 白噪声中探测脉冲的概率

因此有

$$\tau(\overline{\mathrm{FAR}}) = 1 \times 10^{-7} \times 15 = 1.5 \times 10^{-6}$$

由 $\tau(\overline{\mathrm{FAR}}) = 1.5 \times 10^{-6}$ 和 $P_{\mathrm{d}} = 99.9\%$，便可查图 6-12，得到 $U_{\mathrm{S}}/U_{\mathrm{n}} = 7.8$，由式（6-8），可求出所需的 $U_{\mathrm{t}}/U_{\mathrm{n}}$ 比值为

$$U_{\mathrm{t}}/U_{\mathrm{n}} = \sqrt{-2\ln\left[2\sqrt{3}\,\tau(\overline{\mathrm{FAR}})\right]} = \sqrt{-2\ln\left[2\sqrt{3} \times 1.5 \times 10^{-6}\right]} = 4.93$$

6.2.2　滤波器带宽的选择

确定滤波器最佳带宽是一项重要事情，它关系到获得最大信噪比的问题。入射探测器的辐射信号一般是经光学调制，它的频谱特性是决定滤波器带宽的依据。另外，滤波器输出的噪声功率随带宽线性地增加。因而有一最佳带宽，在此带宽内可获得最大信噪比。

正因为从最大信噪比考虑，在大多数脉冲系统中，当脉冲信号通过信号处理系统时，很少要求保持脉冲信号的精确形状。例如，脉冲法激光测距仪，在处理接收脉冲信号时，只着眼于脉冲前沿波形，而牺牲了低频部分；红外辐射计在处理脉冲信号时，只要求保持住脉冲信号值，而牺牲了高频部分，对于矩形脉冲，当满足

$$\Delta f_\tau \approx 0.5 \qquad (6-10)$$

滤波放大器输出的信噪比为最大值。式（6-10）中的常数的精确值取决于信号脉冲的形状和滤波放大器通带的形状。图 6-13表示了带宽对通过滤波放大器后的矩形脉

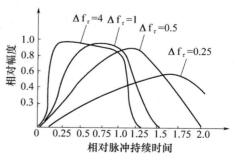

图 6-13　带宽对矩形脉冲形状的幅度影响

冲的形状和幅度的影响情况。当 $\Delta f_\tau < 0.5$ 时,脉冲峰值幅度减小,而脉冲宽度增加;当 $\Delta f_\tau > 0.5$ 时,脉冲峰值幅度基本不变,而且脉冲形状更接近于矩形。

由图 6 – 13 可知,要准确地复现脉冲,需要按 $\Delta f_\tau \approx 4$ 来确定带宽。

6.3 辐射温度检测

辐射测温一般有三种方法:全辐射法;亮度法(光谱辐射法);比色法(辐射比法)。以国产 HSZ – 1 型红外双波段测温仪为例,介绍比色法工作原理及仪器结构。该仪器结构原理如图 6 – 14 所示。

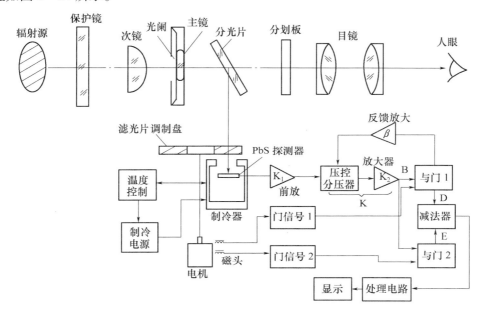

图 6 – 14　测温仪结构原理图

被测物体的热辐射通过保护镜片,主次透镜后:一路透过分光片在分划板上成像,由目镜观察被测目标的情况;另一路分光片反射至 PbS 光电导器件上,产生电信号,经电子系统显示出被测物体的温度。

根据比色测温原理,需要选择仪器的工作波段范围,也就是要选择两个中心波长为 λ_1、λ_2 的两块滤光片。这两块滤光片安放在调制盘上,如果测温范围为 500℃ ~ 1800℃ 时,选 $\lambda_1 = 1.64\mu m$,$\lambda_2 = 2.3\mu m$。

被测体的辐射经带滤光片的调制盘调制成 800Hz 的光信号,射入 PbS 探测器上转换成电信号,为防止环境温度变化的影响,采用半导体制冷器,把 PbS 冷却在 5℃ 左右工作,由于测温范围大,从 500℃ ~ 1800℃,为适应测量范围,采用手控可变光阑及光阑指示来调节入射的辐射能大小,从而使探测器件和放大器在比较线性的范围内工作。

由 PbS 输出的信号经放大后是两个不同辐射波长的电信号 U_{s1} 和 U_{s2},它们分别对应于滤光片中心波长 λ_1 和 λ_2 的辐射值。为要满足显示两信号比值,需采用恒压器电路处理。从前置放大器输出的两路信号 U_{s1} 和 U_{s2},经放大器放大 K 倍后,送入与门电路。门信号 1 和门信号 2 是与两个波长 λ_1 和 λ_2 信号相对应的两个触发脉冲。经与门后,在 D 点和 E 点分别输出电信号 U'_{S1} 和 U'_{S2},从与门 1 取出一部分信号反馈至压控分压器。维持 B 点或 D 点的 U'_{S1} 为恒定值。即

$$U'_{S1} = KU_{S1} = C(常数)$$

所以,$K = C/U_{S1}$,有

$$U'_{S2} = KU_{S2} = CU_{S2}/U_{S1}$$

由减法器输出的数值为

$$U'_{S2} - U'_{S1} = C\left(\frac{U_{S2}}{U_{S1}} - 1\right) \tag{6-11}$$

可见,减法器与两个输出信号之比有关。

仪器性能如下:测温范围为 500℃ ~ 1800℃;测温灵敏度小于 1%;反应速度小于 1.5s;测温距离不小于 3m;测量视场角 2.32×1.32（mrd)^2。

HSZ – 1 型测温仪可用于测量连续炼钢过程中得钢水温度,也可测炼轧工艺中钢板的温度以及热处理温度。由于非接触测量,使用方便,便于生产自动化。

6.4 脉冲法测距

距离是几何量中很重要的一个参量,所以激光测距应用较为广泛,如大地测量、地震、制导、跟踪、火炮控制等,激光测距有脉冲法、相位法和脉冲—相位法。脉冲法精确度低,而相位法精确度高,除激光测距外,还有微波测距,它可以全天候测距,但精确度低。

1. 工作原理

图 6 – 15 为脉冲法测距的原理示意图。测距机发射钟形波激光脉冲（主波信号）,入射被测目标后返回部分激光（回波信号)由测距机接收,测距机与目标的距离为

$$L = \frac{c}{2}t \tag{6-12}$$

式中:c 为光速;t 为激光脉冲往返时间（主波与回波的时间间隔)。

由式（6 – 12)知,只要测出时间 t 的大小,便可求出被测距离 L。

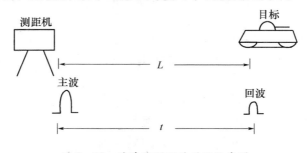

图 6 – 15 脉冲法测距的原理示意图

在激光器发射功率为一定的情况下,光电探测器接收的回波功率 P_L 的大小与测距机的光学系统的透过率有关;与通过大气介质的气候条件有关;与目标表面的物理性质有

关;与被测距离 L 大小有关。可以写出在不同目标状态下的测距方程。

漫反射大目标:

$$P_L = P_T \frac{A_R}{2\pi L^2} K_f K_R K_T \rho K_a^2 \qquad (6-13)$$

漫反射小目标:

$$P_L = P_T \frac{A_0 A_R}{2\pi \Omega_T L^4} K_f K_R K_T \rho K_a^2 \qquad (6-14)$$

角反射棱镜合作目标:

$$P_L = P_T \frac{A_t A_R}{\Omega_T \Omega_t L^4} K_f K_R K_T \rho K_a^2 \qquad (6-15)$$

式中:P_T 为发射功率;A_R 为接收光学系统的有效面积;A_0 为目标的有效面积;A_t 为角反射棱镜的有效面积;Ω_T 为经发射光学系统激光发射角;Ω_t 为角反射棱镜的激光发散角;K_f 为干涉滤光片的峰值透过率;K_R 为接收系统透过率;K_T 为发射系统透过率;K_a 为单程大气透过率;ρ 为目标反射率。

显然,实现测距的基本条件是回波功率 P_L 必须大于或等于测距机的最小探测功率。测距机的组成框图如图 6-16 所示。

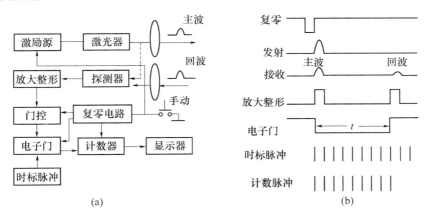

图 6-16 原理方框图及波形

(a) 原理框图;(b) 波形。

手动按钮开关按通,复零电路产生复零脉冲,使门控电路打开,电子门和计数器为初始状态。同时,使激励电源工作,激发激光器发出激光脉冲辐射目标,激光的散射光作为主波信号入射探测器,经探测器变换为脉冲信号,然后再放大整形,用脉冲前沿控制电子门打开。时标脉冲通过电子门由计数器计数,由目标返回的回波信号,控制电子门关闭,于是计数器停止计数。计数器所计脉冲数与时间 t 成正比,即

$$t = \frac{N}{f_{CP}} \qquad (6-16)$$

式中:N 为计数脉冲个数;f_{CP} 为时标脉冲频率。

将式(6-16)代入式(6-12),得

$$L = \frac{CN}{2f_{\text{CP}}} \qquad\qquad (6-17)$$

令 $q_{\text{L}} = \frac{\Delta L}{\Delta N} = \frac{c}{2f_{\text{CP}}}$ 为计数器的量化单位,设 $q_{\text{L}} = 10\text{m}/$单个脉冲时,则要求时标脉冲率为

$$f_{\text{CP}} = \frac{C}{2q_{\text{L}}} = \frac{3 \times 10^8}{2 \times 10} = 15\text{MHz}$$

由式(6-12)可以求出测距误差的表达式,即

$$\Delta L = \frac{t}{2}\Delta c + \frac{c}{2}\Delta t \qquad\qquad (6-18)$$

误差的第一项是由于大气折射率的变化而引起光速的偏差,此项误差很小,可以忽略不计。第二项为测量时间的误差而引起测距误差,影响测时误差的主要因素有时标脉冲的周期(时标量化单位)引起的误差;激光脉冲前沿受目标或反射器影响而展宽;放大器和整形电路的时间响应不够使脉冲前沿变斜,主要取决于放大器的上限截止频率 f_{h}。

图6-17表示了由于脉冲前沿的变斜所引起测时误差。当 $\Delta t = 6.7\text{ns}$ 时,将产生 1m 的测距误差。一般测距精度为1m~5m。因此,要求减小测时误差 Δt,一方面要求放大器和整形电路有足够的时间响应,另一方面压窄激光脉冲宽度,使脉冲前沿变陡。压窄激光脉冲宽度的手段是采用激光调 Q 技术,如电机转镜调 Q、电光调 Q 和锁模技术,使激光脉冲宽度变窄,不仅提高测距精度,而且还能大大提高激光输出的峰值功率。例如,锁模激光的脉宽可达 10^{-13}s,峰值功率达 10^{-12}W。

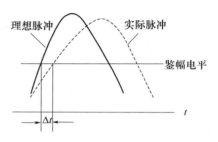

图6-17 脉冲前沿的变化产生的误差

2. 前置放大器

前置放大器设计的好坏直接影响测距的精确度和测距的量程。由于前置放大器的上限频率不高引起信号脉冲前沿变斜,产生测距误差;前置放大器的固有噪声直接影响探测最小信号脉冲幅值,使测量距离受到限制,因为脉冲法测距是在噪声中探测脉冲信号;所以,它完全符合6.2节里分析的规律。图6-18为典型的前置放大器原理电路图。

此电路为YAG激光测距机的前置放大电路,其中 T_1 和 T_2 构成并联电流负反馈电路。T_3 和 T_4 构成串联电压负反馈电路。前置放大器的频率响应范围为0.5MHz~12(或14)MHz,电压放大倍数为8000倍~10000倍,噪声系数小于3dB。

该电路抑制噪声干扰的办法是:通过1200pF耦合电容将0.5MHz以下的干扰衰减掉;用RC去耦电路和电感线圈抑制级间干扰。减小前置放大器固有噪声的办法是:选用低噪声放大管;设计第一级(T_1 和 T_2)的放大倍数为100多倍。第二级(T_1 和 T_2)为几十倍,这样一来放大器的噪声系数主要取决于第一级。

在测距机工作期间门控电路开门,这样可以减小虚假报警概率$\overline{\text{FAR}}$。对于10km的测距机,其开门时间为67μs,要求$\overline{\text{FAR}} = 6$次/s~7次/s,按6.2节分析方法,设计鉴幅阈

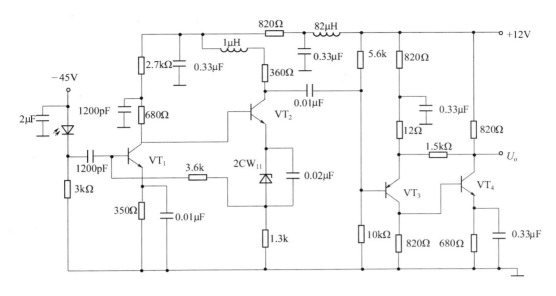

图 6 - 18　前置放大器原理电路图

值和 SNR 值。

6.5　相位法测距

6.5.1　相位法测距的基本原理

经调制的辐射信号由被测目标返回接收机后,产生相位移为 φ,设调制光的角频率为 $\omega = 2\pi f$,f 为调制频率,则辐射信号由发射到返回的时间为

$$t = \frac{\varphi}{\omega} = \frac{\varphi}{2\pi f} \qquad (6-19)$$

将式(6-19)代入式(6-12),得

$$L = \frac{c}{2}\left(\frac{\varphi}{2\pi f}\right) \qquad (6-20)$$

所以,只要间接地测出调制波经过时间 t 后所产生的相位移 φ 就可得到被测距离 L。

图 6 - 19 表示出相位与距离 L 的关系。A 点为发射点,B 点为反射点,A' 为接收点,AA' 距离为光程 $2L$。

对于调制频率为 f_1 光,其波长 $\lambda_1 = c/f$,相位移为

$$\varphi = N_1(2\pi) + \Delta\varphi_1 = 2\pi(N_1 + \Delta N_1) \qquad (6-21)$$

式中:N_1 为整数;$\Delta N_1 = \dfrac{\Delta\varphi}{2\pi}$ 为小数。

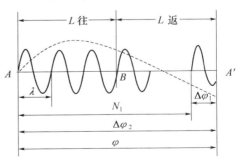

图 6 - 19　距离与相位移关系

将式(6 – 21)代入式(6 – 20),得

$$L = N_1 \frac{c}{2f_1} + \Delta N_1 \frac{c}{2f_1} \qquad (6 – 22)$$

令 $q_{L1} = c/2f_1 = \lambda_1/2$ 为单位长度(测尺长度),则

$$L = q_{L1}N_1 + q_{L1}\Delta N_1 \qquad (6 – 23)$$

但是,目前测量相位法不能测出 N_1 整数值,所以式(6 – 23)为不定解。如果将单位长度增大,如图 6 – 19 中虚线光波长为 λ_2,$q_{L2} = \lambda_2/2$,小于 q_{L2} 的 N 项为零,则距离为

$$L = q_{L2}\Delta N_2 = q_{L2}\frac{\Delta \varphi_2}{2\pi} \qquad (6 – 24)$$

因为 $\Delta \varphi_2 < 2\pi$,所以为单值解。

目前,采用测相周期为 2π 或 π 两种方法,当测相周期为 2π 时,$q_{L1} = \lambda/2 = c/2f$;当测相周期为 π 时,$q_{L1} = \lambda/4 = c/4f$,应该注意单位长度 q_L 值不同于量化单位。

由上述分析得到启示:在测相系统中设置几种不同的 q_L 值(相当于设置几把尺子),同时测量某一距离,然后将各自所测的结果组合起来,便可得到单一的精确的距离。

例如,$L = 276.34$ m,选用两把精确度皆为 0.1% 的尺子,一把 $q_{L1} = 10$ m,精确度为 1 cm,另一把 $q_{L1} = 1000$ m,精确度为 1 m,用 q_{L2} 测得 276 m,用 q_{L1} 测得 6.34 m,组合后为 276.34 m。

6.5.2 测尺频率的选择

确定测尺频率的方法目前有两种。

1. 分散的直接测尺频率方式(中、短程测距)

测尺频率和测尺长度直接相对应,并设有几组测尺频率,表 6 – 1 给出 $q_L = c/2f$ 的对应值。

表 6 – 1 测尺频率与测尺长度关系表

测尺频率/kHz	15000	150	15	1.5
测尺长度/m	10	10	10^4	10^5
精确度/m	10^{-2}	1	10	100

由表 6 – 1 可知:$f_{高}/f_{低} = 10^4$,所以,放大器和调制器难以满足增益和相位的稳定性,只适于中、短程。

2. 集中间接测尺频率方式(长程测距和部分中程测距)

用 f_1 和 f_2 两个测尺频率的光波分别测量同一段距离 L,得两光波的相位移分别为

$$\varphi_1 = 2\pi f_1 t = 2\pi(N_1 + \Delta N_1)$$
$$\varphi_2 = 2\pi f_2 t = 2\pi(N_2 + \Delta N_2)$$

两相位之差为

$$\Delta \varphi = \varphi_1 - \varphi_2 = 2\pi(N + \Delta N) \qquad (6 – 25)$$

式中:$N = N_1 - N_2$;$\Delta N = \Delta N_1 - \Delta N_2$

144

若用差频$(f_1 - f_2)$作为光波的调制频率,其相位移为

$$\Delta\varphi' = 2\pi(f_1 - f_2)t = 2\pi[(N_1 - N_2) + (\Delta N_1 - \Delta N_2)] = 2\pi(N + \Delta N)$$

$$(6-26)$$

可见式$(6-25)$与式$(6-26)$相等,即$\Delta\varphi = \Delta\varphi'$。

上式说明:两个测尺频率分别测相的相位尾数之差$\Delta\varphi'$,等于以这两个测尺频率的差频测相而得到的相位尾数$\Delta\varphi'$,所以有

$$L = q_{LC}(N + \Delta N)$$

$$(6-27)$$

式中:q_{LC}为差频(相当)测尺长度;差频$f_c = f_1 - f_2$(f_1、f_2为间接测尺频率)。

采用差频测相后,能大大压缩测相系统频带宽度,使放大器和调制器的稳定性提高了,而且石英晶体的类型也可统一。

6.5.3 差频测相

目前,测相精确度为0.1%左右,为了提高测距精确度,精测尺的频率很高,一般十几兆赫至几十兆赫,甚至几百兆赫。例如 HGC – 1 的 $f_1 = 15\text{MHz}$,长程 JCY – 2 的 $f_1 = 30\text{MHz}$,国外研制的达 500MHz。但是 f 提高带来一系列问题,如寄生参量影响、设置几套频率,使成本提高。

差频测相是将基准信号与测量信号进行差频,得到中频或低频信号后进行测相,使测相精确度提高。图 6 – 20 为差频测相原理框图。

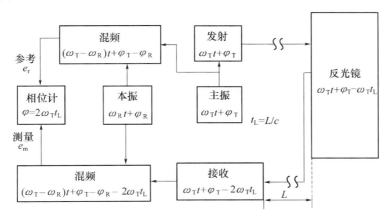

图 6 – 20 差频测相框图

ω_T—主振频率;φ_T—初始相位;ω_R—本振频率($\omega_T > \omega_R$);φ_R—初始相位。

混频后参考信号 e_r 相位为

$$\varphi_r = (\omega_T - \omega_R)t + \varphi_T - \varphi_R$$

$$(6-28)$$

测量信号 e_m 相位为

$$\varphi_2 = (\omega_T - \omega_R)t - 2\omega_T t_L + \varphi_T - \varphi_R$$

$$(6-29)$$

由相位计测相,即

$$\varphi = \varphi_1 - \varphi_2 = 2\omega_T t_L$$

$$(6-30)$$

由上述可知:①φ 为主频信号往返 $2L$ 光程后产生的相位移;②测相系统的中频或低频 $(\omega_T - \omega_R) \ll \omega_T$ 或 ω_R,如 DCX – 30 的 $f_T = 30\text{MHz}$,差频 $f_c = f_T - f_R = 4\text{kHz}$,降低了 10^4 倍,容易保证相位计的精确度。

6.5.4　数字测相(电子相位计)

数字测相其特点是精确度高,响应速度快、容易实现数据的测量、记录和处理的自动化、微机化。

图 6 – 21 为数字测相原理框图。通道Ⅰ、Ⅱ为放大整形电路,将差频的正弦信号变为方波信号,电子门 1、2 为与门电路。

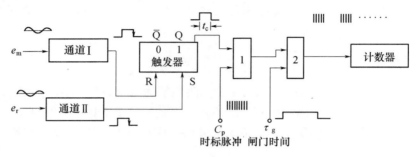

图 6 – 21　数字测相原理框图

参考信号 e_r 的下降沿(负跳变)使 RS 触发器"置位",Q 端输出高电平,作为检相器"开门"信号,时标脉冲通过由计数器计数,测量信号 e_m 经过相位移 φ 后产生下降沿,又使 RS 触发器"复位",Q 端输出低电平,作为检相器的"关门"信号。检相触发器输出的检相脉冲宽度为

$$t_c = \frac{\varphi}{\omega_c} = \frac{\varphi}{2\pi f_c} \tag{6 – 31}$$

在置位时间 t_c 内计数器所计的单次检相的脉冲数为

$$m = f_{cp} t_c = f_{cp} \frac{\varphi}{2\pi f_c} = \frac{f_{cp}}{2\pi f_c} \varphi \tag{6 – 32}$$

式中:f_{cp} 为时标脉冲的频率,f_c 为 e_r、e_m 的频率。

为了提高测量的精确度,在检测电路中增加了一个闸门时间 τ_g,在 τ_g 时间内进行多次测量,取多次检相的平均值,可以消除或减少随机误差,一般检相次数可为几百次至几万次。

在 τ_g 时间内,检相次数 n 为

$$n = \tau_g f_c \tag{6 – 33}$$

所以,在 τ_g 时间内,计数器所计脉冲数为

$$M = mn = \frac{f_{cp} \tau_g}{2\pi} \varphi \tag{6 – 34}$$

对某一测距仪来说,f_{cp} 和 τ_g 为确定值,所以相位移 φ 大小与累计的脉冲数 M 成正比。

146

数字测相电路的工作波形如图 6-22 所示。这种检相电路存在两个问题：

（1）因闸门脉冲具有随机性，故可能引入 ±1 个检相脉冲组的误差。为此采取如下措施：提高检测次数 n；使闸门脉冲与检相脉冲同步。

（2）大小角检相的错误读数。因为检相双稳有一定的工作速度，信号在干扰噪声作用下产生抖动，尤其在 0° 或 360° 附近抖动时，将产生粗大误差。为此，可将大小角检相通过移相变为中等角进行检相。

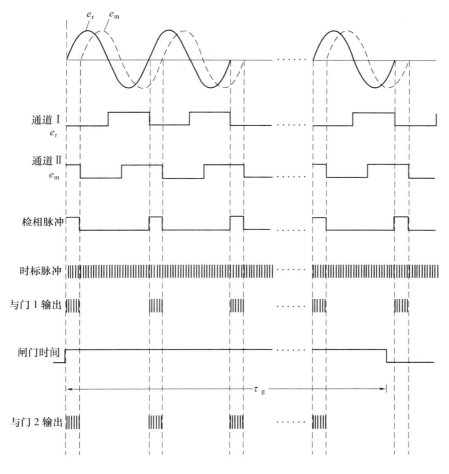

图 6-22　工作波形图

思考题与习题

6-1　影响直接探测系统的最小探测本领的因素是什么？

6-2　试说明调制盘的作用，常用调制盘有哪几种？

6-3　有人说脉冲信号探测时，为了抑制噪声尽量提高阈值门限，这种说法对否？为什么？ $\overline{FAR}$ 与哪些参数有关？

6－4 用脉冲法测量最大距离与哪些因素有关？前置放大器设计的原则是什么？

6－5 自动数字测相为了提高精确度采取哪些措施？对测量误差进行分析。

6－6 在保证波形不失真的情况下，一般要求接收系统的频带为 $0 \sim f_n$。但激光测距的放大器通常选用频带为 $0.5\text{MHz} \sim 14\text{MHz}$，这是为什么？

6－7 用相位法测距时，选用精确度皆为 0.1% 的两把尺子。一把尺子的测尺长度为 10m，另一把尺子的测尺长为 1km，若测距为 462.153m，两把尺子测得的有效数字各为多少？

第7章　零件尺寸检测

在生产中对零件和部件尺寸的检测，以前传统的方法是采用机械方法，用卡尺、千分尺、高度计、千分表和块规等检测工具，采用光学方法用光学公差投影仪等。这些方法随着工业生产的发展远不能满足要求。现代化工业生产的特点是，生产速度快、效率高(可达每分钟上千件)、加工精度高(零件公差达微米级)。显然，上述方法由于人直接参加检测，不仅检测效率低，而且精度也满足不了要求，同时检测人员劳动强度也大。所以，随着自动化生产，就需要有自动化在线检测技术。

自动化检测技术是由电子技术来控制和测量，这里存在一个将非电量(长度量)变成电量的问题，能够实现这种交换的传感器有几种，如电容传感器、电感传感器和光电传感器等，无论是电容变换还是电感变换，被测零件和传感器都是直接接触，所以要求测量仪器本身机械精度高，而且结构复杂。另外，测量的长度受到限制，因为这些传感器只能有小的位移量。因此与光电传感器相比有不足之处。

应用光电变换技术来进行尺寸测量的基本原理，是先将尺寸量通过光学元件变成光学量(光通量或光脉冲数)，通过光电器件将光学量变成电量，这个反映被测尺寸的电量通过电子技术来实现自动测量和控制。用光电变换技术实现尺寸测量的方法较多，在本章中着重介绍两种方法：①模拟量变换法；②模—数变换法。

7.1　模拟变换检测法

7.1.1　光通量变换法

图 7-1 为示意图，经光学系统得到一束平行光，投射到被测工件上，一束平行光的总光通量恒定，其中一部分光通量被工件遮挡，而另一部分照射到光电器件上。工件遮挡光通量的多少取决于被测工件的尺寸大小，即照射到光电器件上的光通量取决于被测工件的尺寸。

光电器件输出的电流是被测工件尺寸的函数。光电器件输出的电信号进行放大，然后按公差等级进行信号处理，最后通过控制机构按公差等级将工件区分开来。

图 7-2 为检测活塞环尺寸的检测装置，其作用原理是，从光源发出的光束，经样板和被测圆环之间的空隙而射到光电器件上，空隙的大小由被测圆环的尺寸所决定。那么射到光电器件上的光通量的大小，随着被测圆环尺寸而改变，因而改变了光电流的强度。通过光电流大小便可确定圆环尺寸和公差大小。

当样板和被测圆环一起转动时，便可沿着环的圆周来检测它们之间空隙的大小，一般空隙大小约 $20\mu m$，被测圆环的宽度为 $4mm \sim 5mm$，所以，射到光电器件上的光通量是很小的，而反映公差大小的光通量的变化则更小。对光电器件输出的微小的光电流必须有比较大的放大倍数，为了使用交流放大器，用微电机带动齿形调制盘对入射光进行调制。

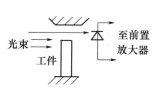

图 7 - 1　光通量法

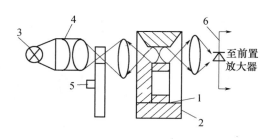

图 7 - 2　活塞环检测原理
1—被测圆环；2—样板；3—光源；
4—光学透镜；5—齿形调制盘；6—光电器件。

此检测装置由于公差的变化反映到光通量的变化是很微弱的。这样对光电器件和放大器的要求是比较严格的,不仅有高的灵敏度,而且要求有低的噪声,所以,就限制了测量精度。这种检测方法在原理上要求光源发出的光通量要恒定,实际上是很难达到。

7.1.2　光电投影法

光电投影法就是用光学系统将工件投影到投影仪上,然后对工件的影像尺寸进行检测,投影法又分为静态投影法和动态投影法两种。

1. 静态投影法

静态投影法就是在公差投影仪的基础上,用光电眼来代替人眼。一般公差投影仪是将工件进行光学放大后,投影到投影屏上,如工件的公差为 $\pm 0.1\text{mm}$,若投影仪放大 30 倍,则投影像的公差为 $\pm 3\text{mm}$。显然,$\pm 3\text{mm}$ 的公差是比较容易检测的,在投影屏上标定出被测工件的公差轮廓范围。

检测装置的总体方框图如图 7 - 3 所示,自动上料是采用机械结构。用机械夹手把被测工件准确地放置到待测位置处,要保证基准面准确。光电控制电路包括光电器件、放大器、控制电路和分选机构几部分,其他几部分为投影仪组成部分。图 7 - 4 为光电投影仪结构图。

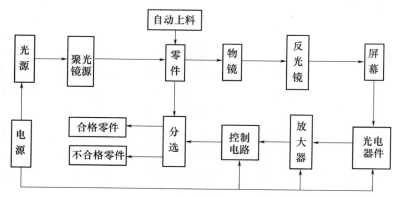

图 7 - 3　总体方框图

实际上是在普通公差带投影仪的屏幕上安放光电器件,光电器件的位置放在公差带 S 的边界线处(图 7 - 4 所示为上、下边界位置),所谓公差带就是工件允许的公差值在投影屏上的投影。图中被测工件为圆柱体,测量工件的高度,下端面为基准面,要求圆柱端

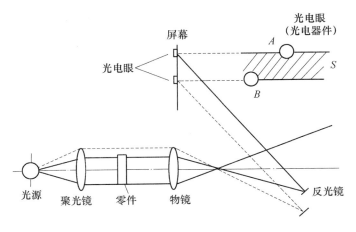

图 7 - 4　光电投影仪结构图

面放平,不能倾斜。工件尺寸为合格品时,投影端面落到公差带 S 之内,因投影像为倒像,所以光电眼 A 被投影像遮挡,而光电眼 B 则仍然被光照射,有光照射光电器件有电流(或电压)输出,而无光照射时,光电器件没有电流(或电压)输出。工件尺寸情况与光电眼的光电流的关系见表 7 - 1。

表 7 - 1　工件尺寸情况与光电眼约光电流的关系

工件尺寸情况	光 电 眼 A		光 电 眼 B	
	光　照	光　电　流	光　照	光　电　流
标准尺寸合格	无	无	有	有
大于标准尺寸不合格	无	无	无	无
小于标准尺寸不合格	有	有	有	有

通过光电眼 A 和 B 输出光电流的有和无情况,进行逻辑控制,便实现对工件尺寸公差的检测。

工件公差有时介于合格和不合格边缘,即工件被测端面投影在公差带边线附近,为此,狭缝是一条用机械结构调整的窄缝,它用遮光薄片制成,紧靠在光电器件的光敏面上。它的平面示意图如图 7 - 5 所示,图中调整旋钮可调整狭缝宽窄。

狭缝有一定宽度,存在着工件端面投影界线落在狭缝中间的可能。在这种情况下,狭缝部分遮挡、部分透光,光电器件有一定的输出。所以,从有没有光电输出来判断公差界线还不准确。为此,在电路上还要采用鉴幅电路。光电器件输出的光电信号(电流或电压信号)经过放大器放大后,送到鉴幅器进行鉴幅处理。幅值大于鉴幅值时,鉴幅器有信号输出,光电眼为有光照状态;幅值小于鉴幅值时,鉴幅器无信号输出,光电眼为无光照状态。

图 7 - 6 为工件端面投影扫过狭缝时光电器件的输出信号,鉴幅值及鉴幅器输出信号之间的波形关系。在入射光不变的情况下,光电器件输出波形所示:段 1 是投影没有遮挡狭缝,通过狭缝的光全部入射到光电器件上,此时光电器件的输出最大。当投影遮挡时,投入狭缝的部分光入射到光电器件上,光电器件的输出变小,随着投影遮挡狭缝的面

积越大,光电器件的输出越小,如曲线段 2 所示。段 3 为投影全部遮挡狭缝时,没有光入射到光电器件上,此时光电器件的输出是暗电流输出。

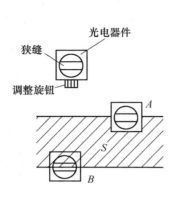

图 7-5 狭缝与光电器件的位置

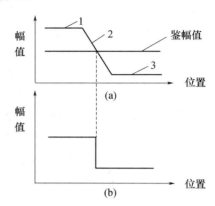

图 7-6 波形图
(a) 光电器件输出与鉴幅值;(b) 鉴幅器输出。

2. 动态投影法

在静态投影法中提到了两个问题:一是定位精确度;二是检测速度。为改进这两个问题而设计动态投影法。所谓动态投影法就是被测工件在运动过程中进行检测,直接进行测量的不是工件本身,而是运动着的投影尺寸,图 7-7 为动态投影检测原理图。

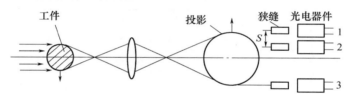

图 7-7 动态投影检测装置

每个光电器件的前面对应一个狭缝,组成光电眼,假设工件向下运动,投影则向上运动。光电眼 3 为定位装置,作为检测公差的相对基准,光电眼 1 和光电眼 2 为检测装置。狭缝 1 和 2 的边界宽度(图中标定的 S)为投影公差带尺寸,其检测原理同静态投影法。当投影的下端界线落入狭缝 3 的中心线位置时,光电器件 3 输出的光电信号经放大,鉴幅之后给出一个定位信号。检测装置给出的 1、2 两路信号,经过放大,鉴幅和逻辑处理后给出控制信号,控制执行结构。将检测结果和工作状态的关系见表 7-2。

表 7-2 检测结果和工作状态的关系

检测结果		光电眼 1		光电眼 2	
		光照	输出	光照	输出
合格	在允许公差内	有	有	无	无
不合格	大于允许尺寸	无	无	无	无
	小于允许尺寸	有	有	有	有

图 7-7 结构对工件尺寸的检测只能在一个公差范围内进行,显然,不能对工件的公

152

差分几个等级。为此,采用图 7-8 所示的检测原理,将双狭缝变为多狭缝(光栅)结构。

图 7-8 中检测装置的定位狭缝和检测光栅的位置由被测工件尺寸的大小来确定。工件投影扫过检测光栅时光电输出将是阶梯波,其阶梯数目与光栅的亮线条数相等,即投影扫过一个亮线条时,光电器件输出一个阶梯波。设光源通过一个亮线条的辐通量为 $\Delta\varphi$,对应光电变换电路输出将减少 ΔU_0 数值。ΔU_0 的大小与光源辐射通量 $\Delta\varphi$ 和光电器件的灵敏度 $S1$ 成正比,即 $\Delta U_0 = C\Delta\varphi S1$,其中 C 为系数。

工件投影扫过每个亮线条过程是连续变化量,辐射通量的减少也是连续的,所以光电器件的输出减少值也是连续的。因此,光电变换电路输出的阶梯波不是很陡的(不是突变值),有一定的斜率,如图 7-9 所示。

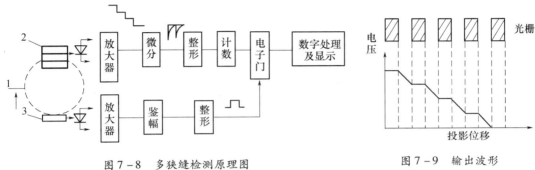

图 7-8 多狭缝检测原理图

1—工件投影;2—检测光栅;3—定位狭缝。

图 7-9 输出波形

从图 7-9 中看出,阶梯斜率的大小:一是与光源辐射通量大小有关,辐射通量越大其斜率越陡,反之其斜率变小;二是与投影位移速度有关,若位移速度越大其斜率越陡,反之其斜率变小。

为了获得理想的微分信号,希望阶梯斜率越陡越好,成为较理想的阶梯波。为此,在设计时可以适当的提高光源的辐射能。另外,在尽可能的情况下,提高工件运动速度,同时使检测速度也提高了。

光电器件输出的阶梯波,经放大、微分、整形后,得到方波脉冲信号,然后用计数器计数,工件投影扫过一个亮线条时,计数器将计一个脉冲数,所以计数器记录的脉冲将反应工件尺寸的大小。

图 7-10 为工作过程的原理波形图。

当投影下端界线进入定位狭缝内时,定位系统将给出一个定位信号,控制电子门,此时计数器所计脉冲数通过电子门输入到数据处理电路里。经处理后分选出公差等级,以及合格品和废品,然后用数字显示出来。

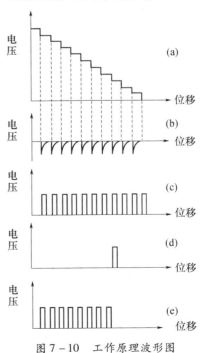

图 7-10 工作原理波形图

(a) 阶梯电压;(b) 微分电压;(c) 整形脉冲;

(d) 定位脉冲;(e) 计数脉冲。

153

7.2 模—数变换检测法

光电扫描检测,是基于模—数变换法原理,按扫描的方法大体上可分为光学扫描法、机械扫描法和电扫描法三种。

7.2.1 光学扫描法

这里所讲的光学扫描法是指一束平行光对被测工件(或工件投影)进行扫描,然后用光电接收器测量一束平行光扫过工件(或投影)时的光电信号。光电接收器的输出是一脉冲方波。

脉冲的宽度与被测工件的尺寸成正比。只要准确测量脉冲宽度就能得到准确的工件尺寸。

下面介绍一种数字式激光直径测量仪。因为激光有它独特优点,可以产生一束很细的平行光,所以用激光来扫描是非常理想的。整个检测仪器的原理如图 7 - 11 所示。

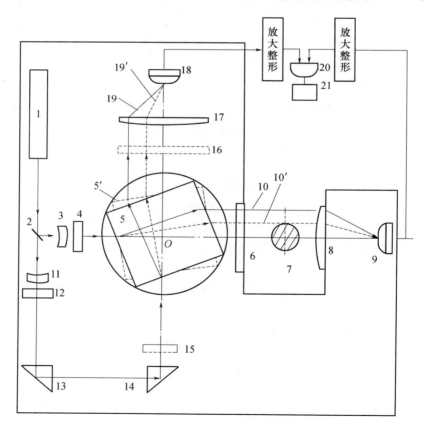

图 7 - 11　结构原理图

1—激光器;2—分光镜;3,4,8,11,12,17—透镜;5—玻璃四面体;6—窗口;7—工件;
9,18—光电接收器;13,14—棱镜;15,16—光栅;20—电子门;21—电子计数器。

从激光器 1 发射的光束被分光镜 2 分成两束,一束通过透镜 3 和透镜 4,然后再通过玻璃四面体 5。玻璃四面体绕中心轴 O(垂直图面)旋转。使光束的扫描方向与光轴相垂直。由几何光学可知,一束光按一定角度入射平行玻璃体时,由于折射结果使通过平行玻璃体的光束与原入射光束平移一段距离,而平行位移的大小与入射角度有关。那么,如果玻璃四面体按顺时针方向旋转时,使光束入射玻璃体的角度连续改变,因而使通过四面体的光束也连续平移,即光束连续扫描,如图 7-11 所示。玻璃四面体在 5 位置时,通过玻璃四面体的光束在 10 位置,当玻璃四面体旋到 5′位置时,通过玻璃四面体的光束平行位移到 10′位置。可见,当玻璃四面体顺时针旋转时,光束 10 由上向下扫描。

扫描光束通过窗口 6,然后横扫待测直径的工件 7。通过工件周围的光束由透镜 8 聚焦于光电接收器 9,当光束扫描到工件边缘(光束与工件相切点)时,因为光束在切点处开始被工件遮挡,所以光电接收器接收光能从有到无突然变化,使其输出电信号也突然变化。输出的信号经过电子线路处理后,能分辨出激光光束与工件上下边缘相切点位置的偏差为 ±1μm。

由分光镜 2 投射出的第二束光通过透镜 11 和 12 聚焦,并由棱镜 13 和 14 转向,使其与第一束光垂直,然后通过旋转玻璃四面体。第二束光通过玻璃四面体以前经由光栅 15,其刻线与图平面垂直,玻璃四面体旋转时,使第二束光类似第一束光那样进行扫描,其扫描方向由左向右。第二束光扫描过第二光栅 16,其第二光栅的刻线与第一光栅平行,透过光栅 16 的光束由透镜 17 聚焦在光电接收器 18 上。

光电接收器 18 输出的信号随着第二束光扫过光栅 16 而作正弦变化,其每一振荡周期相当于光束移过光栅刻线的一个节距。

从图 7-11 中所示的图线可以看出,这两束扫描光束相对它们入射光的位移是相等的。玻璃四面体旋转 90°时,每一扫描光束就进行一次完整的扫描。

两个光电接收器输出的信号波形如图 7-12 所示。光束 10 扫过工件时,光束接收器 9 输出信号经放大整形为方波脉冲如图 7-12(a)所示,此脉冲宽度正比于被测工件的直径。光束 19 扫过光栅 16 时,光电接收器 18 输出的正弦信号叫节距信号,经放大整形后为计量脉冲,如图 7-12(b)所示。用方波脉冲控制电子门 20,在此脉宽时间内打开电子门 20,用电子计数器 21 计入计量脉冲,如图 7-12(c)。设量化节距为 q,所计脉冲数为 n,则被测工件的直径为

$$D = qn \qquad\qquad (7-1)$$

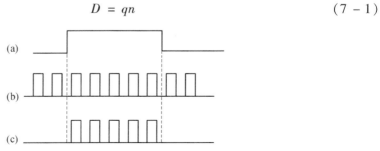

图 7-12 两个光电接收器输出的信号波形图

玻璃四面体的旋转速度一般是 3000r/min,在此旋转速度下,每秒内可以测量 200 次。因此,这种测量仪器可以用生产过程中,对较高速轴向移动的工件连续测量其直径。

采用这种测量原理,其特点是两个扫描光束是同步扫描,玻璃四面体旋转一定角度时,两光束扫过的位移是相等的,因此,这种测量方法与时间间隔无关,所以玻璃四面体旋转速度的变化对直径测量的精确度没有影响,即放宽了对玻璃四面体旋转速度的要求。

数字式激光直径测量仪目前已用于钢管厂测量红热钢管的直径,在测量时,钢管的速度为150m/min,可以将测量的直径偏差连续记录在纸带上。测量仪器的分辨率为10μm,测量精确度为±20μm。

目前,此仪器也成功的用于测量钢绳直径,因为钢绳是由许多股线扭在一起的。因此,直径沿着绳的长度呈周期性的变化,即使在普通的生产速度下,使用接触式的方法测量钢绳也是很困难的。

7.2.2 电扫描法

电扫描法检测工件几何尺寸的原理是,将工件的像成像到摄像器件的光敏面上,再转变成电子图像,然后用电子扫描方法检取图像的几何尺寸。目前,能够完成这种功能的摄像器件有电真空摄像管、固态自扫描光电二极管阵列(又称 Reticon 阵列)和固态自扫描电荷耦合摄像器件(又称 CCD)三种。

1. 真空摄像管检测法

图 7 – 13 为这种检测装置的示意图。摄像管按结构原理分有视像管和光电发射式摄像管两类。

光源 1 作为照明用,由透镜 2 和 4 将工件 3 的形状或轮廓投影到摄像管 6 的光敏面(光阴板或光电靶)5 上,并转换成电子图像存储于靶上,然后由电子束自上而下的逐行扫描。每行影像的视频信号经放大,整形后为一方波脉冲输出,方波脉冲正比于影像的尺寸,其波形关系如图 7 – 14 所示。

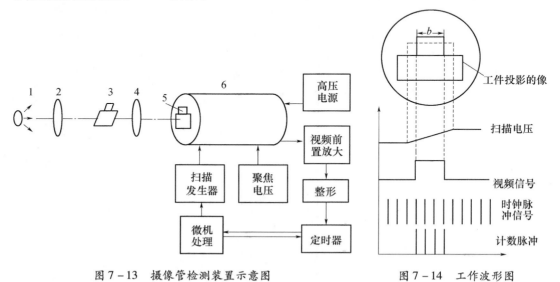

图 7 – 13　摄像管检测装置示意图　　　图 7 – 14　工作波形图

计数器的计数脉冲由微处理机的时钟脉冲提供,而控制脉冲由摄像产生的方波脉冲来完成。设扫描电子束每扫一行的有效距离为 L,计数器所计一行脉冲数为 N,则每一脉冲当量即量化单位 $q = L/N$(mm/每个脉冲),若电子在扫过影像的时间内,计数器所计脉

冲数为 n,则影像尺寸为

$$b = qn = Ln/N\ (\text{mm}) \tag{7-2}$$

微处理机可以控制扫描电路,确定工件公差等级,解答工件"合格/不合格",确定被测点的坐标等,根据需要可以实时显示或打印。

由于摄像管为面阵成像器件,所以,这种检测方法可检测较为复杂的平面几何尺寸。

产生检测误差的主要原因有量化误差、摄像管的分辨率、畸变和非线性、光学系统的像差等。

2. 光电二极管阵列检测法

由若干只硅光电二极管组成线阵列器件称为 Reticon 器件。每只光电二极管为一单元(像元),一般单元中心间距为 25μm,每毫米集成 40 个光电二极管,对于 512 和 1024 单元的线阵器件总长分别 12.8 mm 和 25.6mm。图 7-15 为其工作原理图。

由图 7-15(a)所示等效电路可见,每个单元由一只光电二极管与一只存储电容器并联而成,它们通过场效应开关管与输出总线相连。开关管由移位寄存器的自扫描电路控制,顺次地使各单元通与断,从而周期地将每一单元像素的电容器重新充电至 5V,移位寄存器由二相标准时钟脉冲驱动,另外,还需一路周期触发脉冲序列,用来启动每次扫描。单元间的扫描速率由时钟频率决定,它的最高速率达 5MHz,一般选取每通道为 10μs ~ 100μs,二相时钟驱动脉冲和启动脉冲由微机提供。

在两次扫描启动脉冲之间,每个电容器上的电荷被与之并联的光电二极管的反向亮电流(包括光电流和暗电流)逐渐释放,已释放的电荷总量等于信号积累时间与亮电流的乘积。当每个单元被再次取样时,则被释放掉的电荷恰好从视频信号输出线得到补充,即输出一视频信号。每次扫描后将得到 N 个充电脉冲信号序列,其脉冲的幅值与相应的光电二极管所接受的曝光量成正比,信号波形如图 7-15(b)所示。

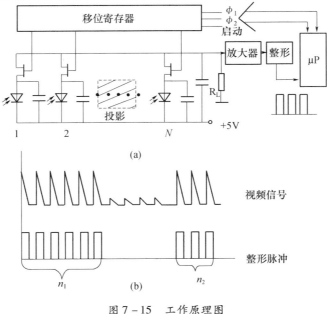

图 7-15 工作原理图

(a)线阵列等效电路;(b)工作波形图。

157

工件阴影部分的单元释放电荷量很少,其输出信号幅值为暗电平,所以经鉴幅整形后输出为零状态。整形后的单元脉冲信号输入微机进行运算,便可得到工件投影尺寸为

$$L' = q[N - (n_1 + n_2)] \qquad (7-3)$$

式中:N 为光电二极管阵列单元数;n_1 和 n_2 为亮脉冲数;q 为脉冲当量,等于单元间隔。

可见,它是以单元间隔为一把尺子对投影尺寸进行度量,则工件实际尺寸为

$$L = \frac{L'}{\beta} \qquad (7-4)$$

式中:β 为光学放大倍数。

3. CCD 检测法

图 7 - 16 描述了一种 CCD 零件尺寸检测系统。零件尺寸的信息量通过 CCD 检测和微机处理,最后达到了实时显示和控制的目的。

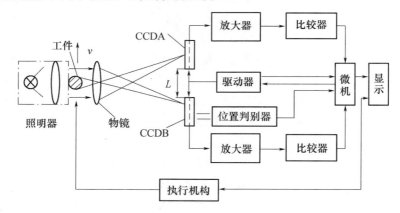

图 7 - 16 CCD 尺寸检测系统原理图

照明器产生的平行光照射以速度 v 运动的被测零件。通过投影物镜,将零件的轮廓放大并成像在两个 CCD 的像元上,这些像元按等距排成一线阵,每个像元好像一把"尺子"的刻线,用它们来量度影像的大小。那些未被阴影挡住的像元受光照后产生光生电荷,其光电荷的分布与影像关系如图 7 - 17 所示。

势阱的光电荷在驱动脉冲的作用下成为脉冲信号输出,设脉冲数分别为 n_a 和 n_b,并按时序送到放大器和比较器,经处理后的亮脉冲送至微型计算机进行运算,零件阴影尺寸为

$$D' = \left[(N_a + N_b) - (n_a + n_b) \right]q + L \qquad (7-5)$$

式中:N_a 和 N_b 分别为两个 CCD 的像元位数;n_a 和 n_b 分别为两个 CCD 输出的亮脉冲数;q 脉冲当量(mm/脉冲);L 为两个 CCD 阵列之间的间距(mm)。

工件的实际尺寸为

$$D = D'/\beta$$

式中:β 为光学放大倍数。

位置判别器用来判别影像在某一位置时进行检测,给计算机一个指令信号。计算机经运算后,判断零件是否合格,合格品的公差等级,并由终端显示器给出结果。与此同时,

计算机还给执行机构发出指令,由执行机构按产品公差等级分开,剔除不合格品。

如果让计算机定时地连续测量一批零件,并算出平均尺寸。那么,就可以根据平均尺寸所反映出来的加工尺寸的变动趋势来监视生产过程或自动调整机床。

图 7-17 所示的势阱电荷分布是在阴影静止时的情况。在实际中通常要求工件在运动过程中检测。所以,在光积分时间内阴影是移动的,那么 CCD 像元势阱的电荷分布由亮电荷到暗电荷有一过渡区,如图 7-18 所示。

CCD 输出的信号脉冲到暗脉冲也对应一个过渡区,过渡区的变化斜率为

$$K = \frac{U_{Lt} - U_{DK}}{n_p T}(\text{V/s}) \tag{7-6}$$

式中:U_{Lt} 为亮脉冲电压值;U_{Dk} 为暗脉冲电压值;n_p 为光积分期间影像扫过像元数目;T 为移位寄存器驱动时钟脉冲周期,两个相邻单元的信号电荷差为 ΔQ,对应输出的电压差值为

$$\Delta U = KT = \frac{U_{Lt} - U_{DK}}{n_p}(\text{V/s}) \tag{7-7}$$

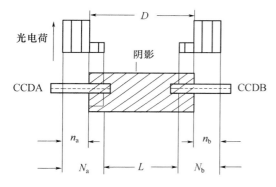

图 7-17 影像及光电荷分布   图 7-18 动态下阴影与电荷分布

计算投影尺寸为

$$D' = \left[(N_a + N_b) - (n_a + n_b + n_p) \right] q + L \tag{7-8}$$

下面分析检测系统的基本参量:

(1)量化单位(即分辨率)。设 CCD 像元间距 q 为影像的量化单位,光学放大倍数为 β,则检测工件的量化单位为 $q' = q/\beta$,由此引起的量化误差为 $1/2q'$。

(2)检测零件速度。每分钟所能检测零件数。被测零件影像扫过两只 CCD 像元的时间为

$$t = \frac{(N_a + N_b)q + L}{v_{像}} \tag{7-9}$$

式中:影像速度 $v_{像} = \beta v_{物}$,其中 β 为光学放大倍数,$v_{物}$ 为零件速度,则在单位时间内可检测零件数为

$$Q = \frac{1}{t} = \frac{60\beta v_{物}}{(N_a + N_b)q + L}(\text{件/min})$$

159

显然,检测速度与零件运动速度成正比。

（3）多次扫描检测次数。利用 CCD 自扫描功能,在被测工件的影像沿 CCD 像元阵列移动过程中对像多次扫描,不断地把每次检取的尺寸信息传输出去,经信号处理和运算后,便实现多次检测,多次扫描检测的平均值可以减小随机误差,提高检测的精确度,若单次检测的精确度为 σ,则多次检测的精确度为

$$\sigma_n = \frac{\sigma}{\sqrt{n}} \qquad (7-10)$$

其中:扫描次数 n 为

$$n = \frac{N}{n_p} \qquad (7-11)$$

式中:N 为每个 CCD 的像元数;n_p 为一次检测时影像扫过的像元数,n_p 的表达式为

$$n_p = \frac{v_{像} T_P}{q} \qquad (7-12)$$

式中:T_p 为光电积分时间。

CCD 检测系统的误差来源有量化误差、CCD 像元的间距误差、检测装置的定位误差、光学系统的成像误差,此外还有因光源波动、电源电压波动、杂光干扰以及 CCD 噪声等因素影响产生的随机误差。

思考题与习题

7-1 用光通量法检测零件尺寸,幅值鉴别电路的组成及设计原则。

7-2 光电扫描检测法与光通量变换检测法相比有何特点。

7-3 常用的光电扫描检测法有哪几种,说明它们的基本原理及特点。

7-4 试设计用 CCD 检测钢板宽度的结构原理图,并说明其工作原理。

7-5 图 7-11 激光扫描法检测结构原理图中,为什么采用玻璃四面体? 若它的转速 n =3000r/min,问每秒内扫描的次数是多少? 采用多次平均检测法有何优点?

第 8 章   位 移 检 测

位移量包括直线位移和角位移两个量,是几何量的基本参量。正因为它是各种计量和检测中的基本量,所以位移量检测技术得到人们的重视,并促进它迅速发展。目前,位移量检测的方法大多采用模-数变换法。按变换原理分磁电式(如磁栅传感器)、电磁式(如感应同步传感器)和光电式(如光栅传感器)三类。它们都是通过传感器将位移量变换成脉冲数字量,然后进行信号处理,用数字显示位移量,其电路处理部分基本相同,所不同的是传感器的结构和原理不同,这三类模-数变换法各有特点,相互竞争,但从稳定性、可靠性和精确度等方面来看,光电式较为优越。

8.1   激光干涉位移检测

8.1.1   激光干涉仪原理

激光干涉仪是以激光干涉信息变换为基础,采用不同的光路结构实现位移检测。激光干涉仪可分为单频和双频两种,下面分别简单地介绍这两种激光干涉仪的原理。

1. 单频激光干涉仪

单频激光干涉仪就是激光光源为单一频率的光(单色光),如用氦氖气体激光器作为光源,其激光波长 $\lambda = 0.6382\mu m$。单频激光干涉仪的光路结构又分为单路和双路两种,单路是指光路所通过的光束是单一的一束光,往返光束不重合,而双路是指光路所通过光束是往返两束光,即一束光往返光路重合。

图 8-1 是单频单路干涉仪的原理结构。具有稳频的氦氖气体激光器发出的一束激光,射到半透半反分光镜 M_1 后,激光被分成两束光,一束为参考光束,一束为测量光束。两束光分别由全反射镜(三面直角棱镜) M_2 和 M_3 返回到 M_1 汇合产生干涉条纹,干涉条纹由光电接收器进行接收并给予计数,用数字显示出被测位移量。

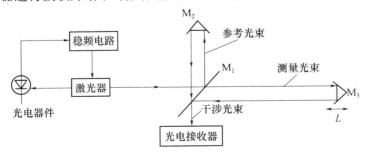

图 8-1   单频单路干涉仪原理图

全反射镜 M_2 是固定的,全反射镜 M_3 是可动的,装在可动测量头上,全反射镜 M_3 的移动量就是所测量的被测位移量。当可动反射镜 M_3 沿着测量光束的轴线移动时,就出现亮暗交替的干涉条纹,其光强变化可以近似于正弦波。被测位移量是用激光波长作为一把尺子进行度量,度量的多少是通过干涉条纹的变化次数反映出来。因为测量光束是往返二次,所以光程差 Δ 是动镜 M_3 的位移量 L 的 2 倍,即 $\Delta = 2L$。而光程差 $\Delta = n\lambda$,因此被测位移量为

$$L = n \cdot \frac{\lambda}{2} = qn \tag{8-1}$$

式中:$q = \lambda/2$ 为量化单位。

从式(8-1)可以看出,当测量头移动 1/2 波长时,光电接收器就接收一个光电信号(亮条纹)。所以,只要计出干涉条纹变化次数 n 就可以测出测量头移动的距离。

下面再介绍图 8-2 所示双路结构,双路的特点是两束相干光往返光路重合,所以参考光束的反射镜 M_2 可为平面反射镜,而测量光束多了一个平面反射镜 M_4。

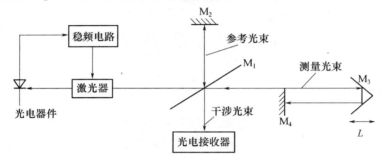

图 8-2　单频双路干涉仪原理图

本结构将 M_3 固定在可动测量头上,将 M_1、M_2 和 M_4 固定在干涉仪机身上。因为测量光路的光束往返四次,所以,光程差 Δ 是测量头位移量的四倍,即 $\Delta = 4L$,那么,测量位移的表示为

$$L = n \cdot \frac{\lambda}{4} = qn \tag{8-2}$$

显然,采用此结构的分辨力(量化单位 $q = \lambda/4$)比上述结构提高一倍。但是,测量头在相同的速度情况下,干涉条纹的变化频率也提高一倍。要求光电接收器和电子计数器的频率响应也提高一倍。

干涉条纹的频率和测量头移动的速度之间关系为

$$f = \frac{v}{q} \tag{8-3}$$

式中:f 为干涉条纹的变化频率;v 为测量头移动的速度;q 表示测量长度的量化单位(分辨率),例如,采用单路结构时,$q = \lambda/2$,如果再采用 4 倍频率计数法时,$q = \lambda/8$。

对于氦氖激光器其波长 $\lambda = 0.6328\mu m$,若测量头移动速度为 30mm/s,则计数频率 $f = 400kHz$,而干涉条纹的频率近似等于 100kHz。因为采用 4 倍频后,计数脉冲的重复频率是干涉条纹频率的 4 倍。

式(8-3)表明,当 q 确定后,干涉条纹的频率与测量头的移动速度成正比。因为干涉条纹的频率上限受光电器件和电子计数器件的频率响应的限制,所以,干涉仪的测量头的移动速度一般为几十毫米到几百毫米每秒。

2. 双频激光干涉仪

将氦氖激光器放在轴向直流磁场中,由于直流磁场的作用,引起激光器增益介质谱线发生塞曼(Zeemen)分裂,原来的增益曲线,被分裂成二个曲线,如图8-3所示。图8-3(a)为没被分裂的增益曲线,f_0 为中心频率,(b)为加磁场后被分裂的增益曲线2和3。这种效应就是把原来的光谱线分成为两个相反方向的圆偏振光(左、右圆偏振光),如图中曲线2和3分别为右旋和左旋增益曲线。f_0 是激光器的空腔谐振频率,右旋和左旋增益曲线的中心频率分别是 f_{20} 和 f_{10},由于频率牵引效应,使分裂的右旋和左旋光的振荡频率分别向各自增益曲线的中心牵引。这样就在两个振荡模之间产生一个微小的频差,激光原来是振荡在一个模,分裂后是振荡在两个靠得很近的模,一个是左旋,一个是右旋,频率差为 Δf,其频差 Δf 是所加直流磁场强度的函数,约为一点几兆赫。两个旋转圆偏振光的频率 f_1 和 f_2 对于原中心频率 f_0 是对称的,所以两圆偏振光的频率的平均值等于 f_0。

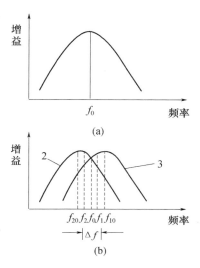

图 8-3 增益频率特性

利用这种激光器作为光源的干涉仪为双频激光干涉仪。图8-4为此激光干涉仪的光路原理结构图。氦氖激光器发出频率分别为 f_1 和 f_2 的左右圆偏振光,首先射到半透明半反射镜 M_1,其中一部分由 M_1 反射到接收器1,作为参考光束,参考信号有频差 $f_1 - f_2$ 的拍频波,其变化规律为 $\sin[2\pi(f_1 - f_2)t]$。

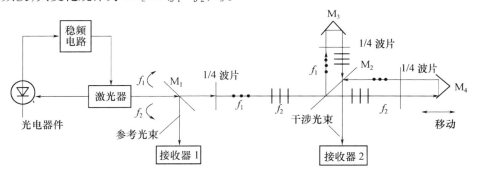

图 8-4 双频激光干涉仪原理图

通过半透明半反射镜的另一部分光透过 1/4 波片,此片把两个相反方向的圆偏振光变成两个互成正交的线偏振光,为方便起见,称垂直于纸面的偏振光为"垂直"成分(频率 f_1),平行于纸面的偏振光为"平行"成分(频率 f_2)。这两个成分进入干涉仪后,它们成布鲁斯特角射向多层镀膜组成的偏振光分光器 M_2 上,此处平行成分全部透过 M_2,而射向全反射镜 M_4,垂直成分全部反射到全反射镜 M_3 上,全反射镜 M_3 固定,全反射镜 M_4 装在测

163

量头上,为可移动臂。

垂直成分f_1,通过45°的1/4波片,到达固定的全反射镜 M_3(三面直角棱镜),再由 M_3 返回,反射光束再通过1/4波片,并回到偏振光分光器 M_2,因两次通过1/4波片使偏振面转过90°。这样,使垂直部分f_1变为平行部分,所以f_1能通过M_2,射向接收器2。通过M_2的平行部分(f_2)以相似的方法经过可动全反射镜M_4后反射回来,因光束两次通过1/4波片,偏振面转过90°,这样,使平行部分变为垂直部分。所以,f_2射向M_2后被全部反射到接收器2。两束光在M_2汇合后,产生干涉条纹。因为两束光有频差,所以,干涉条纹既与频差f_1和f_2有关,又与光程差有关,由光程差引起的相位变化$\Delta\varphi=2\pi L/(\lambda/2)$,其中 L 为可动反光镜 M_4 的移动量。因此,干涉条纹的变化规律可表示为 $\sin[2\pi(f_1-f_2)t+2\pi L/(\lambda/2)]$。接收器2产生的干涉条纹的电信号与接收器1产生的参考信号相比较,就能确定相移的大小和方向。当M_4的位移距离 L 等于半波长时,对应干涉条纹相移2π,即为一个干涉条纹。

采用双频激光干涉仪较单频激光干涉仪有很多优点,主要优点:它是交流系统而不是直流系统,因此,可以从根本上解决影响干涉仪可靠性的直流漂移问题。另外,双频干涉仪抗振性强,不需要预热时间,不怕空气湍流的干扰,而空气湍流的干扰,使激光光束偏移或使其波前扭曲,正是造成激光干涉仪性能不稳定的最普遍的原因。目前,采用双频激光干涉仪可以使测量速度达 300mm/s,最大量程可达 60m 以上。

8.1.2　光电接收和数字显示电路

对于不同形式的激光干涉测长机,所采用的光电接收方法和数显电路的种类有所不同,即使是相同类型的激光干涉测长机,在选用电路上也有差异。尽管具体电路不同,但是,在光电信号的处理方法上却大同小异,有共同之处。所以,以单频式一米激光干涉测长机为例来说明光电信号的检取和处理的基本方法。

光电信号处理和数显方框图如图 8-5 所示。

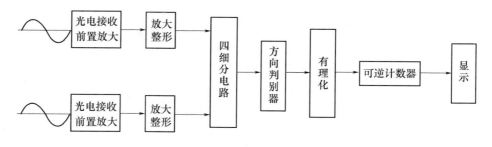

图 8-5　光电信号处理和数显框图

因为测量头可以左右移动,在测量过程中,被测量可能是增加,也可能是减少,所以,在计数上采用可逆计数器。用可逆计数器进行计数,首先要判断是加数还是减数,如果测量头是正向移动(长度增加)时,计数为加;测量头反向移动(长度减小)时,计数为减,因此,在计数前要判别测量头所移动的方向,即有方向判别电路。为了保证方向判别,要求有两路光电接收器,两路光电接收器所接收的干涉信号,在相位上差 $\pi/2$。

四细分电路就是将位移 $\lambda/2$ 所产生周期信号,细分四等份。在1/4 周期的间隔内产生一个计数脉冲,即将计数脉冲的频率增加了4倍,这就是通常所说的四倍频的含义。

四细分后计数脉冲当量为 $\lambda/8$,约等于 $0.07910248\mu m$,此数为非整数,给读数带来不方便,希望能将测量结果直接用长度单位显示,将 $\lambda/8$ 脉冲当量变为 $0.1\mu m$ 当量进行计数显示,这种过程叫做有理化,有理化的方法通常用三级迭代小数有理化法,或用微机进行数据处理。

整个工作过程简单叙述如下:两路相位差为 $\pi/2$ 的激光干涉信号分别输入到光电接收器1和2上,光电器件输出的光电信号,经过前置放大器,放大整形电路和四细分电路后,变换为四列矩形波输出。这些矩形波经过方向判别电路以后,按照测量头的移动方向,获得加、减计数脉冲。加减指令控制可逆计数器进行加数还是减数,其加或减的数量为计数脉冲有理化后的个数,最后,将计数器上的二——十进制的数变为十进制数,用8位数字显示出来。

光电器件目前采用硅光电二极管、硅光电三极管和光电池等,从体积小、线路简单和灵敏度高等方面考虑采用硅光电三极管为宜。

8.2 光栅位移检测

光栅位移传感器是模—数传感器的一种,基于光栅莫尔条纹信息变换的原理,实现测量长度,角度和振动等,还可以作为自动控制系统中的反馈信号来校正系统误差。

传感器中的计量光栅又分长光栅和圆光栅两种,长光栅用于长度计量和控制,圆光栅用于角度计量和控制。两种传感器除光栅结构不同外,其莫尔条纹信息变换原理和信号处理电路基本相同。

8.2.1 光栅位移传感器

光栅位移传感器分线光栅和圆光栅两种,前者通称光栅尺,后者通称编码器,光栅传感器的结构如图8-6所示。

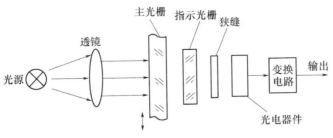

图 8-6 传感器结构示意图

主要由光源、透镜、光栅副(含主光栅和指示光栅)、狭缝、光电器件和变换电路组成。光源有钨灯、氖灯和半导体发光管等,对于光栅尺和小型编码器多采用半导体发光管。透镜起聚光作用,一般在高位数编码器中采用。主光栅和指示光栅构成一对光栅副,它们由玻璃制作,在上面刻有黑白相间的刻线,黑白刻线的宽度为光栅节距(栅距)。其节距的大小根据使用要求而定,目前,生产厂家已形成系列化,如长光栅节距有 $1\mu m$、$2\mu m$、$5\mu m$、

$10\mu m$、$20\mu m$、$40\mu m$ 等;圆光栅的角节距有 $20''$、$40''$、$1''$、$2''$、$5''$、$10''$等。狭缝起限定光电器件接收光栅信号的范围。光电器件多采用半导体光伏器件,如光电二极管、光电三极管和光电池。三种光电器件各有特点:光电二极管动态响应较高,其响应时间小于 $10^{-7}s$;光电三极管的光电流灵敏度高,为光电二极管的几十倍;光电池的接收光栅信号面积大,但响应时间较差。变换电路的作用是将光电器件输出的电流信号变换成方波或正弦波电压信号输出。输出正弦波信号通常是在要求电子细分大于四细分时采用。

在结构上将光源、透镜、指示光栅、狭缝、光电器件和变换电路固定在一个刚体上,称为光电读数头,而主光栅为单独体。在安装上,保证主光栅和指示光栅平行、相互间隙小,约为 $0.1mm$、且能相对位移。每当主光栅和指示光栅相对移动一个节距时,变换电路输出一个电信号,供数显仪计数。可见,光栅传感器是以节距为尺子来量度位移大小,换言之,节距为传感器的分辨率。

光栅传感器有如下优点。

(1)高精度。长光栅精度为 $0.2\mu m/m \sim 0.4\mu m/m$;圆光栅精度为 $0.1'' \sim 0.2''$。

(2)兼有高分辨率、大量程。可制作分辨率为微米量级,量程 $2m$。

(3)具有较强的抗干扰能力。它是以光为媒介实现位移 – 数字变换,具有较强的抗电磁干扰,适用于数控机床或机电干扰较强场合。

(4)光栅传感器的辅助电路和信号处理电路简单。

在光电读数头里安装有光源、透镜、光栅副、狭缝、光电器件和前置放大器,光电信号最后由前置放大器输出。所以,输出信号的质量不能只由前置放大器来决定,而是光、机、电的综合结果。例如,在光栅副安装质量不好的情况下,无法在整个位移长度上保证调整的结果,另外,光学与机械系统的精调也要依靠前置放大器输出信号的波动情况来加以判断。因此,在实际工作中,当光、机、电各部分调整一定程度,达到各自指标后,然后把它们联合起来进行调整,称为传感器的联合调整。

8.2.2 光栅线位移检测

检测装置由光栅传感器和数显仪组成,数显仪包括放大器、电子细分电路、鉴零整形电路、判向电路、可逆计数器、数显电路和电源等部分。图 8 – 7 是光栅线位移检测装置的原理框图。

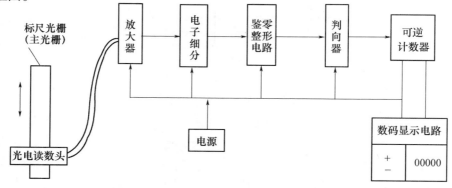

图 8 – 7　检测装置框图

在光电读数头里装有指示光栅,当光电读数头与标尺光栅相对运动时,便产生位移信号至放大器,位移信号经放大,细分,整形后得到相位差 π/2 的两路脉冲信号,然后由方向判别器判别两路脉冲信号的先后顺序(即位移方向),再控制可逆计数器加或减计数。

最后测量结果以十进制数字显示出来,并且数字前面"＋"、"－"符号,用来表示位移方向。

8.2.3 莫尔条纹信号的电子细分

随着科学技术的进展,人们对于计量光栅的分辨率提出了越来越高的要求,但是,要提高光栅的固有分辨率(光栅更细的分划),存在很多问题,因此,在实际中,250 线/mm的长光栅(固有分辨率为 4 μm)和格值为 10 弧秒(分辨率为 10″)的圆光栅,在目前已算是最细的光栅系统了,因此,采用电子细分的方法就能很好地解决这一问题。

用内插的方法寻求一个光栅节距内的位移坐标,从而提高光栅的分辨率,是光栅技术发展中的一次突破,目前,定型产品的分辨率在长度方面达到 0.1 μm,圆度方面达 0.2″。

莫尔条纹细分的方法有光学细分、机械细分和电子学细分。电子细分方法的优点是读数迅速,可以达到动态测量的要求;它不仅可以实现点位置控制,而且可以实现连续轨迹控制;输出量便于自动测量和控制。莫尔条纹经电子细分后,信号的重复频率提高了,因此,电子细分又称为倍频。

目前,常用的电子细分方法如下:

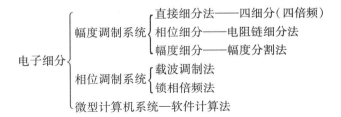

用光栅测长和测角的电子细分原理相同,即在莫尔条纹信号的周期之中插入一系列的计数脉冲,这种方法类似数学中的内插法,所以,把细分又叫做内插或插补。完成细分的电路一般称为细分电路或称倍频电路。

1. 移相电阻链细分

1)细分原理

将两相位不同的交流电压施加在电阻链(有多抽头的电阻分压器)的两端,在电阻链的各抽头上,由于电压合成时的移相作用,将得到幅度和相位各不相同的一系列电压。利用这一原理,我们可以将四相交流信号转换成 T 相交流信号,如图 8 - 8 所示,图中电压用矢量表示,U_1、U_2、U_3、U_4 为四路光电信号,相互之间相位差为 $\frac{\pi}{2}$,U_{Ti} 为插补电压信号。

如果用鉴零器对 T 相交流信号中的每一相信号鉴取零值,获得零值方波信号,然后再进行编码。这样一来就构成了插补(细分)系数等于 T 的插补系统,这一方案的原理框图如图 8 - 9 所示。

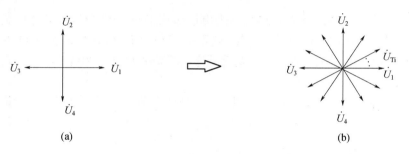

(a)   (b)

图 8-8   细分原理

为了搞清楚四相交流信号是如何变换成 T 相交流信号的,先分析一下相位差为 $\pi/2$ 的两相交流信号加到电位器上的情形,为简化运算采用复数符号法,并设 $\dot{U}_1 = 1$、$\dot{U}_2 = j$, 那么,从 K 点引出的电压为

$$\dot{U}_K = \dot{U}_1 + \frac{R_1}{R_1 + R_2}(\dot{U}_2 - \dot{U}_1) \tag{8-4}$$

图 8-10 就是与上式对应的电压矢量图,$\dot{U}_2 - \dot{U}_1$ 构成了矢量三角形 $\triangle OAB$ 的斜边, 当调整电位器时,由于 R_1 的变化($R_1 + R_2 = R = $ 定值)。$\dot{U}_K$ 的端点将沿着矢量三角形的 斜边 AB 滑动,也就是说 $\dot{U}_K$ 的矢端轨迹是一条直线,式(8-4)还可以进一步写为

$$\dot{U}_K = \frac{R_2}{R_1 + R_2}\dot{U}_1 + \frac{R_1}{R_1 + R_2}\dot{U}_2 = \frac{R_2}{R}\dot{U}_1 + \frac{R_1}{R}\dot{U}_2 \tag{8-5}$$

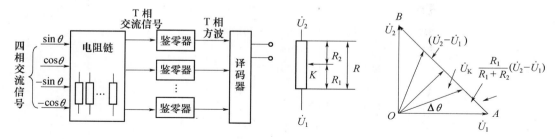

图 8-9   移相电阻链方案   图 8-10   移相矢量图

由式(8-5)可以得到 $\dot{U}_K$ 的幅度,即

$$|\dot{U}_K| = \frac{\sqrt{R_1^2 + R_2^2}}{R} \tag{8-6}$$

$\dot{U}_K$ 的相角,即移相的角度为

$$\Delta\theta = \arctan\frac{R_1}{R_2} \tag{8-7}$$

为了对移相电阻链进行设计计算,需要对 R_1 和 $\Delta\theta$ 之间存在关系进行推导,得到下 式关系:

$$\frac{R_1}{R} = \frac{\tan\Delta\theta}{1 + \tan\Delta\theta} = \frac{\sin\Delta\theta}{\sqrt{2}\sin\left(\Delta\theta + \frac{\pi}{4}\right)} \tag{8-8}$$

从式(8 - 8)可以看出,R_1 和 $\Delta\theta$ 是对应的函数关系,只要确定 $\Delta\theta$ 值,细分电阻值 R_1 便可以选定。而移相角 $\Delta\theta$ 是由插补系数 T 决定的。插补后每相交流信号对应的移相角为

$$\Delta\theta_K = k\frac{2\pi}{T} \tag{8 - 9}$$

式中:$k = 1, 2, 3, \cdots$,那么依次可以把对应阻值求出。

2)移相电阻链

在实际电阻链中有两种形式:一种为"并联"形式;一种为"串联"形式。"并联"形式是四相信号加在电桥的四个接点上,电桥的每个臂为可调电位器,电位器的动接点输出插补信号。根据插补系数 T 来选取并联电桥的数目。

串联形式的电阻链如图 8 - 11 所示。四相交流信号加入串联的电阻链中,图中为 $T = 16$ 时的电阻链。串联形式的电阻链还可以进一步简化,因为正弦信号在一个周期内存在着两个过零点,经过鉴零器鉴取零值后可以得到两个(一正一负)阶梯(阶跃)脉冲信号。若是计数器通过逻辑电路能正确的对正负阶梯脉冲计数,则细分电阻链所应用的元件数目可以减少 1/2。图 8 - 11 就是这样情况,这时 $T = 16$,每个电阻元件的数值以相对值的形式标记于图上。由于电阻链细分产生误差较大,因此,这种细分常用小插补系数情况,目前,用电阻链细分可达 32 等分,最高达 64 等分。

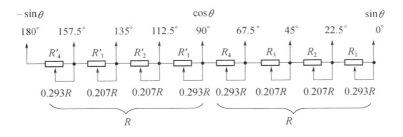

图 8 - 11 "串联"电阻链

在设计细分电阻链时,除了按式(8 - 8)和式(8 - 9)计算阻值外,还应注意以下两点。

(1)电阻链的阻值计算是在假定电阻链各节点上的负载电阻为无穷大,输入信号源的内阻为零的条件下进行的。因此,在电路设计时要考虑前后级的影响,必要时应加隔离级或对计算电阻值进行修正。

(2)当细分份数 $T = 8, 12, 16, \cdots$。即 T 为 4 的整数倍时,其它象限的电阻链的数值和顺序与第一象限的情况相同;当 $T = 10, 14, 18, \cdots$,即 T 是 2 的整数倍时,第一、第三象限的电阻链相同,第二、第四象限的电阻链相同。

为便于应用简化电路结构,北京半导体五厂采用硅栅 CMOS 工艺研制出 20 细分集成电路,如图 8 - 12 所示。20 细分电路由 C5193、C5192 和 C5194 组成。

C5193 为电阻链五细分整形电路,它将 $\sin\theta$、$\cos\theta$ 和 $-\sin\theta$ 三路信号变换成相位差为 $18°$ 的 10 路方波信号。C5192 为逻辑译码电路,将 10 路方波信号变换成相位差为 $90°$ 的两路方波信号 u_{01} 和 u_{02},其频率为三路信号频率的五倍。C5194 为四细分电路,当 CK 为

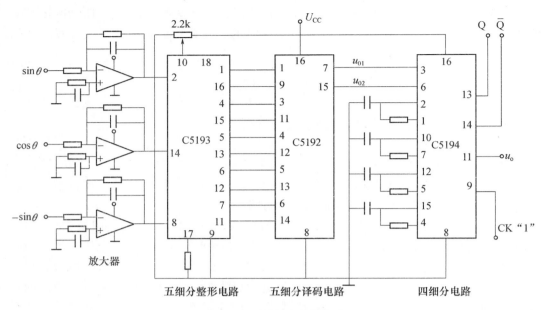

图 8-12　20 细分集成电路

"1"时,其输出方波信号 u_o 的频率为 u_{01} 和 u_{02} 的四倍,为三路信号的 20 倍,达到 20 细分的目的。Q 和 $\overline{Q}$ 为相位鉴别输出端,Q 为"1"时,u_{01} 超前 u_{02},$\overline{Q}$ 为"1"时,u_{02} 超前 u_{01},这样,起到了位移判向作用,用于控制可逆计数器。

2. 幅度分割细分

1）细分原理

将原始的正弦信号,经波形换后变为三角形。由于三角形为线性变化,只要将幅度等间隔的分割若干等分,则在相位横轴上对应相等的细分点,图 8-13 为三角形每边分割六等分,则在一个周期内细分 12 等份。

正弦波变换为三角波的方法较多,下面介绍一种倍频变换的原理。如图 8-14 所示。

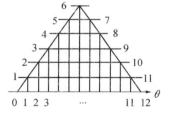

图 8-13　幅度分割细分

由前置级送来的 $\sin\theta$、$\cos\theta$ 两路光电信号分别经过正向全波整流得 $1/2|\sin\theta|$ 及负向全波整流得 $-1/2|\cos\theta|$,这两路信号通过电阻相加,又得到 $1/4(|\sin\theta|-|\cos\theta|)$ 信号。此信号送到运算放大器放大,其输出倍频变换后的信号电压为

$$u_s = -(|\sin\theta| - |\cos\theta|) \tag{8-10}$$

将 $\sin\theta$、$\cos\theta$ 用傅里叶级数展开,则得

$$|\sin\theta| - |\cos\theta| = -\frac{8}{\pi}\left(\frac{1}{1.3}\cos2\theta + \frac{1}{5.7}\cos6\theta + \frac{1}{9.11}\cos10\theta + \frac{1}{13.15}\cos14\theta + \cdots\right)$$

可见,对于 2θ 来说只含有奇次谐波,而且近似为三角波。变换后的三角波的频率刚好是原始光电信号频率的两倍。

170

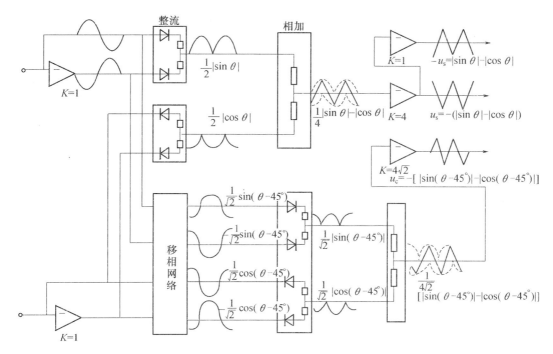

图 8 – 14　信号倍频及波形变换电路

综上分析,采用倍频波形变换有以下优点。

(1) 提高输入到比较鉴幅器的电压斜率,从而提高细分的精确度。

(2) 为达到高细分份数,而不用更多的鉴幅元件,如二倍频后鉴幅器减小1/2。

三角波的幅度分割是采用比较鉴幅器来完成的,在每一个分割点(细分点)处对应一个鉴幅器。当信号幅度达到分割点幅值时,鉴幅器有阶梯波输出,即达到细分的目的。那么,每个鉴幅器应有一确定的参考比较电压(鉴幅电压),此参考电压与对应的分割点的幅值相等。提供参考电压可采用直流电平,也可采用交变参考电压,图 8 – 14 为交变参考电压。

如图 8 – 14 所示,将 $\sin\theta$ 及 $\cos\theta$ 分别移相 $\pi/4$ 产生 $1/\sqrt{2}\sin(\theta-45°)$、$-1/\sqrt{2}\sin(\theta-45°)$、$1/\sqrt{2}\cos(\theta-45°)$、$-1/\sqrt{2}\cos(\theta-45°)$ 四路移相信号。采用上述处理方法,得到一个与 u_s 在相位上差 $\pi/4$ 的近似三角波的参考比较电压 u_c,即

$$u_c = -\left[\,|\sin(\theta-\pi/4)|-|\cos(\theta-\pi/4)|\,\right] \qquad (8-11)$$

将信号电压 u_s 倒相得到 $-u_s=|\sin\theta|-|\cos\theta|$。则将三路信号 u_s、$-u_s$ 和 u_c 送到比较鉴幅器进行幅度分割细分。

2)比较鉴幅细分电路

为了搞清幅度分割细分的原理,先分析 u_s、$-u_s$ 和 u_c 三路波形的对应关系。变换后三角波的第一象限为原始信号的相位 $\theta=0°\sim45°$ 区间,在此相位区间内,u_s 由 +5V 最大值降为 0V,u_c 由 0V 增加到 +5V。在第三象限内,即 $\theta=90°\sim135°$,u_s 由 -5V 增到 0V。u_c 由 0V 降为 -5V。可见,u_s 与 u_c 在建立细分点的一、三两象限内幅值变化趋势始终相反。同样,在二、四象限内 $-u_s$ 和 u_c 幅值变化趋势也是相反的。

巧妙地运用 u_s 与 u_c、$-u_s$ 和 u_c 之间幅值相反变化关系与比较器的鉴幅特征,就能实现信号幅度分割细分方法,如图 8-15 所示。

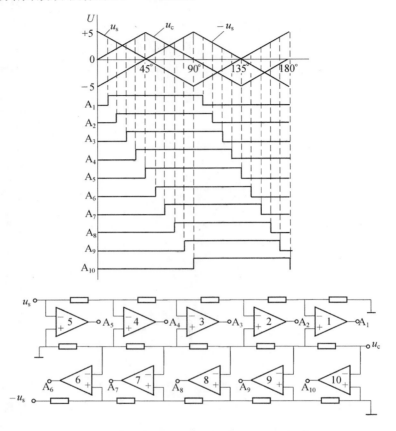

图 8-15　比较鉴幅的波形及电路原理图

在图 8-15 上面的比较器内,信号 u_s 加到比较器的负端(反相端),参考比较电压 u_c 加到比较器的正端(同相端),当信号电压 u_s 大于参考电压 u_c 时,比较器输出为低电平(近似为 0V);当 $u_c > u_s$ 时,比较输出为高电平(近似为电源电压)。只要精确地选取串联分压电阻值,就能保证在一、三象限内的各个细分点上得到一个阶梯波电压,即实现了信号幅度细分。在下面的比较器中,信号 $-u_s$ 加到比较器的正端,而参考电压 u_c 加到比较器的负端。当 $-u_s > u_c$ 时,比较器输出为高电平。反之,当 $-u_s < u_c$ 时,比较器输出为低电平。所以,下面的比较器可完成二、四象限内的幅度细分。

对于图 8-15 所示的比较鉴幅电路,在一个三角波信号周期内,可产生十相 20 个阶梯波信号,即二十细分。由于二倍频,所以,对原始光电信号进行四十细分。阶梯码信号经译码器后为数字量输出。

采用交变参考电压,并且使参考电压与信号电压成相反趋势变化,同采用恒定参考电压相比有以下优点:使每个细分点上的鉴幅斜率相对提高一倍;而且使细分点间的间隔电压值提高一倍。这些对提高电路的细分精确度和稳定度大有好处,其细分值可达 100 ~ 200。

172

3. 计算法细分

1）细分原理

原始光电信号的幅值变化与相位角呈正弦或余弦的函数关系,即 $u = A\sin\theta$,其中 A 为光电信号的幅度,如果信号幅度恒定,就可以通过 A/D 变换,将其瞬时幅值 u 变为数字量,再用微型计算机计算确定位移量。然而信号的幅度是受电源波动、光强大小、环境温度、位移速度等因素的影响而变化,因此无法准确得到位移信息。经过分析发现,光电信号的正弦量与余弦量的比值即 $A\sin\theta/A\cos\theta = \tan\theta$,基本上消除了幅度波动的影响,同时又隐含了确定的位移信息,由于微型计算机具有很强的运算功能,因此,可以通过计算 $\arctan(A\sin\theta/A\cos\theta)$ 求出相位角 θ,从而确定位移。如果令 N 代表细分份数,T_N 代表某一相位角 θ 所对应的细分值,则

$$T_N = \frac{N}{2\pi}\arctan\left(\frac{A\sin\theta}{A\cos\theta}\right) \qquad (8-12)$$

对式(8-12)的计算可分为以下两个步骤。

(1)由于 T_N 的表达式中 $\arctan(A\sin\theta/A\cos\theta)$ 是个多值函数,而细分是针对一个莫尔条纹信号周期而言,所以首先需要在 $0\sim2\pi$ 相位角范围内把 T_N 处理成单值函数。从图 8-16 所示 $A\sin\theta$ 和 $A\cos\theta$ 的波形图,可得出 $A\sin\theta$ 和 $A\cos\theta$ 的正负号与各象限的对应关系见表 8-1。计算机根据 $A\sin\theta$ 和 $A\cos\theta$ 的正负号就能判断出相位角 θ 在哪一个象限,并确定象限细分常数。若用 T_{N1} 和 θ_1 分别代表第一象限的细分值和相位角。则

$$T_{N1} = \frac{N}{2\pi}\arctan\left(\frac{A\sin\theta_1}{A\cos\theta_1}\right) \qquad (8-13)$$

$$\theta_1 = \theta - \frac{k-1}{2}\pi \qquad (k = 1,2,3,4) \qquad (8-14)$$

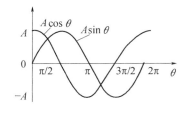

图 8-16　函数波形

表 8-1　$A\sin\theta$ 和 $A\cos\theta$ 的正负号与各象限的对应关系

函数＼象限	一	二	三	四
$A\sin\theta$	+	+	−	−
$A\cos\theta$	+	−	−	+

根据坐标变换原理,计算机把其他象限都按第一象限的方法处理,各象限的细分值 T_N 和细分常数 C_K 有下列表达式:

$$T_N = T_{N1} + C_K \qquad (8-15)$$

$$C_K = \begin{cases} 0 & (k=1) \\ N/4 & (k=2) \\ N/2 & (k=3) \\ 3N/4 & (k=4) \end{cases} \qquad (8-16)$$

按式(8-15)计算的细分值将为单值函数。

（2）由式（8-13）可知，当 θ_1 在 $\pi/2$ 附近时 $(A\sin\theta_1)/(A\cos\theta_1)$ 变化较大。尤其是当 $\theta_1 \to \pi/2$ 时，$(A\sin\theta_1)/(A\cos\theta_1) \to \infty$。此时计算机就要产生"溢出"，不能运算。为此，把第一象限分为 $0 \sim \pi/4, \pi/4 \sim \pi/2$ 两个区间，用计算机判断 $A\sin\theta_1$ 和 $A\cos\theta_1$ 的大小，分三种情况计算。

① $A\sin\theta_1 < A\cos\theta_1$。即 $0 < \theta_1 < \pi/4$ 时，T_N 按式（8-13）和式（8-15）计算求出。

② $A\sin\theta_1 = A\cos\theta_1$。即 $\theta = \pi/4$ 时，则 $T_{N1} = N/8$，$T_N = N/8 + C_K$。

③ $A\sin\theta_1 > A\cos\theta_1$。即 $\pi/4 < \theta_1 < \pi/2$ 时，先计算 $(A\cos\theta_1)/(A\sin\theta_1)$，由公式

$$\arctan\left(\frac{A\cos\theta_1}{A\sin\theta_1}\right) + \arctan\left(\frac{A\cos\theta_1}{A\sin\theta_1}\right) = \frac{\pi}{2}$$

可推导出

$$\theta_1 = \frac{\pi}{2} - \arctan\left(\frac{A\cos\theta_1}{A\sin\theta_1}\right)$$

所以有

$$T_{N1} = \frac{N}{2\pi}\theta_1 = \frac{N}{4} - \frac{N}{2\pi}\arctan\left(\frac{A\cos\theta_1}{A\sin\theta_1}\right)$$

综合上述三种情况可得

$$T_{N_1} = \begin{cases} \dfrac{N}{2\pi}\arctan\left(\dfrac{A\sin\theta_1}{A\cos\theta_1}\right) & \left(0 \leqslant \theta_1 < \dfrac{\pi}{4}\right) \\ \dfrac{N}{8} & \left(\theta_1 = \dfrac{\pi}{4}\right) \\ \dfrac{N}{4} - \dfrac{N}{2\pi}\arctan\left(\dfrac{A\cos\theta_1}{A\sin\theta_1}\right) & \left(\dfrac{\pi}{4} < \theta_1 \leqslant \dfrac{\pi}{2}\right) \end{cases} \qquad (8-17)$$

由式（8-17）、式（8-15）和式（8-16）可得 $0 \sim 2\pi$ 范围内任一相位角 θ 所对应的细分值。

2）系统组成及工作原理

以单片机为核心的系统组成如图 8-17 所示，它可以完成细分值的实时数据采集与处理，在本系统中单片机系统初始化以后，每次定时时间到都由信号端发出一个有效信号以控制单稳电路发出采样保持器所需要的采样脉冲。在采样脉冲的作用下，采样保持器（S/H）对 $A\sin\theta$ 和 $A\cos\theta$ 两路信号同时进行采样，并且保持所采集的 $A\sin\theta$ 和 $A\cos\theta$ 的瞬

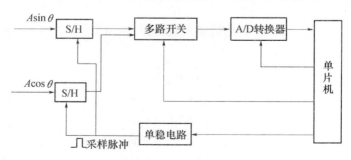

图 8-17　单片机细分系统

174

时值。同时单片机控制多路开关首先选择一路进行 A/D 转换。A/D 转换结束以后,发出"转换结束"信号。再选择另一路进行 A/D 转换。经过两次 A/D 转换后,把 $A\sin\theta$ 和 $A\cos\theta$ 信号在采集时刻的瞬时值变为数字量并且输入单片机。

在系统中,只用了一片 A/D 转换器,由多路开关控制对两路模拟电压信号分时进行 A/D 转换,省了一片 A/D 转换器,降低了成本。在速度要求较高时可应用两片 A/D 转换器同时工作,也可考虑用高速 A/D 转换器。单片机系统依据计算法细分原理编制程序,在程序控制下,完成数据的采集、细分值的计算和结果显示等任务。

实验结果表明,用微型计算机完成莫尔条纹信号的细分是行之有效的。与传统的电子学细分方法相比,其优点是充分发挥单片机的资源,电路结构简单,成本低,调试容易,提高细分份数不会导致电路的改变。

8.2.4 光栅角位移检测

将角度量变换为数字代码的装置叫做轴角编码器。轴角编码器的种类很多,其中光电轴角编码器是目前较为普遍应用的一种。光电轴角编码器按输出代码特征分:有直读式编码器和增量式编码器两种。

光电轴角编码器的应用有三种情况。

(1) 测量轴的旋转角度或指示旋转轴的角位置,如在光电经纬仪中作为水平轴和垂直轴角位置的测量。

(2) 在随动控制系统中作为角度发送设备或角度反馈元件。如用雷达引导经纬仪时编码器作为位置反馈元件,在数控机床、火炮指挥仪、航空航天等方面均有应用。

(3) 和其他各种机械传动设备配套后可用于测量直线位移,要求传动机构的精度与编码器的精度要相适应,例如光电胶片判读仪中就采用钢带传动机构和编码器的组合来测量二维坐标,最后确定脱靶量。

1. 增量式轴角编码器

增量式轴角编码器的核心部分是由圆光栅盘和指示光栅组成的光栅副,如图 8 - 18 所示。分辨率较低的编码器,不是通过莫尔条纹提取信号,而是在圆光栅盘上刻制四圈或三圈码道,在每个码道上通过狭缝安放一个光电器件,每个光电器件输出的光电信号近似为正弦信号,如图 8 - 19 所示。由于每圈刻线依次错开 1/4 周期,所以输出的四相光电信号在相位上依次错开 $\pi/2$,即 a ~ b 四个码道的光电信号的初相位为 0°、90°、180°、270°。

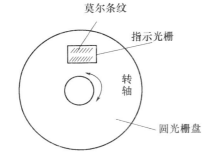

图 8 - 18　圆光栅副

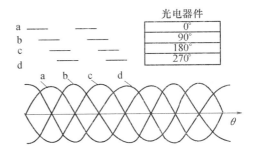

图 8 - 19　四圈码道光栅及信号波形

增量式编码器的信号处理框图如图 8-20 所示。

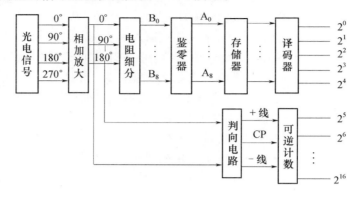

图 8-20　信号处理电路

为了减小轴系晃动及光栅盘安装偏心的影响,在编码器中,一般都采用对边读数,数字量相加平均(如绝对式逻辑电路)或模拟量相加平均,图 8-21 所示为模拟量相加平均结构原理图。在对径位置处安放两个读数头,共八个光电器件,先把 0°、90°、180°、270° 的同相信号两两相加,然后把所得到的四路信号分别加到两个差分放大器的输入端,则在差放的输出端得到 0° 和 90° 信号。再把 0° 信号倒相得到 180° 信号,于是便得到 0°、90° 和 180° 的三路信号。经图 8-11 所示电阻链细分后得到 $B_0 \sim B_8$ 九路正弦信号。其相邻两路信号的相位差为 22.5°,该九路正弦信号通过鉴零器鉴取零值得到 $A_0 \sim A_8$ 九路阶梯方波信号,并存入存储器中,译码器利用每路方波信号的前后沿便得到 16 细分的二进制信号 $2^0 \sim 2^4$。

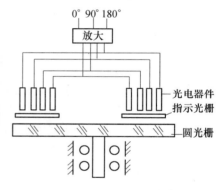

图 8-21　模拟对径相加平均结构

为了提高检测速度,在位移过程中速度较快,这时只关心莫尔条纹信号计数准确。在位移接近终点时位移速度较慢,这时又要关心细分信号计数的准确性。为此采用莫尔条纹计大数和电子细分计小数这两路计数方法。两路计数值最后送到显示电路进行位移显示。图 8-20 所示电路,圆光栅编码为 12 位,经 16 细分后,提高 4 位,相当于 16 位编码器,这就是电子细分的作用。

2. 直读式轴角编码器

直读式轴角编码器是基于轴角代码信息变换原理,对于不同位数和精度的编码器,其码盘的代码图案和逻辑电路不相同。下面介绍典型的编码器的代码变换方法。

1)码盘的校正和对边读数

(1)校正。前面谈到采用循环码可以避免错码,但是没有解决较高位编码器的精确度问题,码盘在刻制过程中存在着切线方向上的刻线尺寸误差,由于内码道刻画半径小,在同样的刻线误差下,刻线误差所引起的角误差,内码道就大,外码道就小,常常出现内码道精度达不到指标。为此,将码道分成精码道和粗码道两部分,粗码道为内圈码道,精码道为外圈码道,如 16 位码道,$A_1 \sim A_{11}$ 共 11 圈码道为粗码道,A_{11} 以外码道为精码道,码盘在制作时保证精码道的精确度,同时采用多狭缝读数,可以提高精确度和可靠性,用精码道对粗码道进行校正,能够保证粗码道的精确度。

校正指的是粗码道某一个端面位置有了偏差,影响到精确度甚至错码时,可以用一组精确度比较高的码道来发现它,并纠正这个偏差。为了便于理解校正的概念,画出五位码盘的展开图,看循环码与自然二进制码的对应关系,如图 8 - 22 所示。为画图方便码道画线部分为亮区,图中 A_1 到 A_5 为循环码道展开图,X_1 到 X_5 为自然二进制码,在码盘上没有此码道,是译码后的电信号,从图中可见,X_5 的端面数与 A_1 到 A_5 所有码道的端面数相等,而且位置重合,若任何一个码道端面有偏差,必然会反映到 X_5 的某一端面上,使 X_5 的某一端面产生偏差。

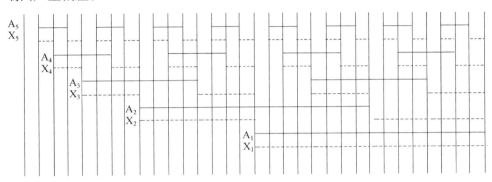

图 8 - 22　码道展开图

实际上采用校正的码盘高于五位,设粗码道有 A_1,A_2,$\cdots$,A_m,循环码译成自然二进制码的最低位数为 X_m,同上分析,X_m 所具有的端面也应与粗码道的所有端面重合,并且任何一个粗码道端面的偏差,必然引起 X_m 某一端面产生偏差,所以,对粗码道的校正实际上是对 X_m 的校正。

(2) 对边读数。在一般情况下,低位码盘用一边径向放置的狭缝读取信号,但在位数比较高的码盘上,用一边径向放置的狭缝不可能取得高精确度的读数,主要是由于码盘的转动中心与刻划线的中心不能精确重合(偏心)及机械转轴的摆动等原因。例如,一个 18 位码盘,直径为 200mm,偏心量为 $1\mu m$,带来最大误差 $\Delta\theta = 4''$ 接近 18 位编码器的分辨率 $4.94''$,可见偏心对精确度的影响很大。

为消除偏心、晃动所造成的误差采用了对边读数的方法,对边读数的基本原理是偏心,晃动在某一位置造成的误差,和在其对径 180° 方向读数所产生的误差数值大小相等符号相反,因此,将这两个有误差的读数相加再除 2,就可得到不带偏心、晃动误差的真实转角读数。

2) 信号处理框图

图 8 - 23 是电路原理框图,有三组读数头,其中有两组精码读数头,分别放置在精码对径位置上,以便对边读数取平均值,有一组粗码读数头,放置在粗码道上。每个码道都对应有狭缝和光电器件,码道的信号通过狭缝和光电器件来检取,每个光电器件对应有一组放大器、鉴幅器和存储器等电路,各码道的角位置信号通过狭缝由光电器件检取,光电信号经放大后加到鉴幅器。鉴幅器的作用是只允许大到一定电平 U_1 的电信号通过,而小

177

于 U_t 的信号不能通过。U_t 值就是比较电压,即是码道由暗区到亮区的转换点。狭缝对应的码道为亮区时电信号大于 U_t,通过鉴幅器存入存储器中,存储器由双稳电路组成,使双稳电路翻转置"1"状态。狭缝对应的码道为暗区时,则储存器是"0"状态。各存储器的数字代码的组合,就代表了该瞬间码盘角度的代码。

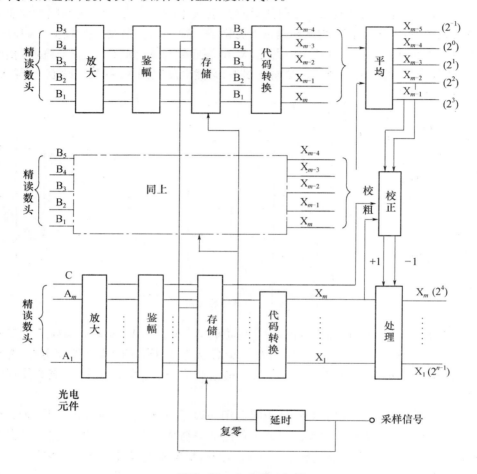

图 8-23 电路原理框图

因为码盘按周期二进制编码,所以存储器的输出要经过代码变换电路变换成自然二进制码。图 8-23 中 $X_1 \cdots X_n$ 表示转换后的粗码,$X_m \cdots X_{m-4}$ 表示变换后的精码,变换电路采用半加器电路。经变换后的精码,由平均电路实现对边相加平均,得到一组精确的平均值代码 $X_{m-1} \cdots X_{m-5}$。

平均后的代码 X_{m-1} 作为精码加到校正电路中,对变换后的粗码 X_m 进行校正处理,校正码由 C 码道取得,校控代码由平均值 X_{m-1} 和 X_{m-2} 经校正电路处理取得。X_m 进行校正处理后得到正确粗读码,它和平均后的粗码一起组成编码器的角度代码输出。对 N 位编码器来讲,最低第一位代码 X_{m-5} 表示 2^{-1} 位,第二位表示 2^0 位,依次为 2^1、2^2、$\cdots$、2^{n-1} 位。

代码取样后,由延迟电路给出复位脉冲,加到所有的存储电路进行清零,把前一次存储的角度信息除掉,以便下次取样脉冲来时存储新的角度信息,在采样信号来到之前存储器不工作,处于闭锁状态。

思考题与习题

8-1 干涉位移检测法的条件是什么? 有何特点? 是否能将干涉信号进行细分?

8-2 用光栅莫尔条纹信号检取位移量有何特点? 为什么采用判向电路?

8-3 试说明移相电阻链法、幅度分割法和计算法细分的特点。

8-4 用 He-Ne 激光器作为光源,试画出单频单路干涉仪的原理结构示意图,并说明其工作原理。若光电接收器输出的脉冲个数 $n=200$ 时,反光镜 M_3 移动多少毫米?

8-5 试画出光栅位移传感器示意图,并说明其工作原理。若两块光栅的节距 $d=20\mu m$,测出莫尔条纹移过的数目 $n=150$,问两光栅相互移动的距离 $L=?$

8-6 画出长光栅测位移组成框图,说明各部分的作用。

第9章　光谱检测

　　运用光谱分析的方法研究的物质成分及其组成已十分广泛,如在生物化学、天文学、光电子学、环保、卫生医药等领域内的基础科学和应用科学的研究中得到普遍应用。实现光谱分析的方法较多,早期的摄谱仪是将物质的发射光谱摄于板上,经显影、定影后,用比长仪测定波长,再用微光度计测出黑度。这种方法具有固定的几何定位,使用和操作较简单等优点,但却存在精度低、非线性大、耗时长、不能实时处理等缺点。随着科学技术的发展产生了光电检测方法。

　　本章主要介绍光谱检测的组成、光谱信息变换的原理以及典型光谱检测仪的结构与工作原理。

9.1　概　　述

9.1.1　光电光谱检测框图

　　光电光谱检测系统组成框图如图9-1所示。它大致分为三部分:光谱信息变换,光谱检测器和微机系统。

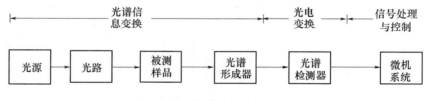

图9-1　光谱检测系统框图

9.1.2　光谱信息变换

　　它由光源、光路和光谱形成器组成。光源是由若干单色光组成的复合光,经光路后射入样品,由于样品的成分和组成不同,其对光的吸收特性也不同,改变了原光源的光谱特性。所以,通过样品后的光含有被检测样品的信息。光谱形成器的作用是将载有样品信息的复合光分解为按空间分布的单色光即光谱。可见,光谱信息变换是将样品信息变换为光谱信息。

9.1.3　光谱检测器

　　它含有光谱检测器件和检测电路两部分,其作用是将光谱信息转换为电信号,能完成这一功能的检测器件较多,采用不同的器件对应着不同的检测电路。能实现光谱某一点的检测称为单通道检测,常用的器件为光电倍增管(PMT)和热释电探测器。若完成其它各点的检测必需采用机械扫描的方法。同时对若干个谱线检测称为多通道检测,如美国PAR公司推出的光多通道分析仪(Optical Multichannel Analyzer ,OMA)和德国B/M公司推出的光多通道光谱分析仪(Optical spectra Analyzer,OSA)。光多通道检测技术采用新型的电视型光子探测器和微电子学系统,使灵敏度得到显著提高,曝光时间缩短至微秒甚至毫微秒量级。常用的器件有CCD、固态自扫描光敏二极管列阵(SPD)、硅靶摄像管、增强型硅靶摄像管、热释电摄像管等。

9.1.4　微机系统

微机系统能实时自动信息处理与控制、存储数据、荧光屏上快速显示分析结果、打印数据和绘制曲线等。

OMA系统采用了先进的电子技术、微电子学和计算机处理和控制,使整个仪器摆脱了传统光谱仪的机械扫描,具有多功能、速度快、操作方便等优点。在光谱测量、特别是快速微光光谱测量中显示其优越性。

9.2　光谱信息变换

光谱信息变换是基于被测样品的信息量载荷于光谱信息变换方式,首先将被测样品的信息量转换为光信息,然后通过光谱形成器将含有样品信息的复合光分解为含有样品信息的光谱。实现将被测样品的信息转换为光信息的方法,通常有两种:一种如图9-1所示,标准光源通过光路射入样品,样品出射的光含有样品的信息;另一种为样品的自燃(如金属等)或样品本身为辐射源产生的光含有样品的信息。

光谱形成器是整个信息变换过程中的重要组成部分。其光路结构种类较多,下面仅介绍其中一种的工作原理。

9.2.1　光谱形成器

光谱形成器一般由准直系统(包括入射狭缝和准直物镜)、色散系统和聚焦成像系统(包括聚焦成像镜和出射狭缝)三大部分组成。按出射狭缝处成像的谱线数分有单色器和多色器两种,单色器指的是在狭缝处只用一条单色谱线,适于单通道光谱检测(如单色仪、分光光度计等),多色器在狭缝处有几条单色谱线,适于多通道光谱检测(如OMA和OSA)。

图9-2是OMA的多色器光路结构示意图,采用非对称式切尔尼—吐奈尔结构。光束经入射狭缝 S_1 投射到凹面准值反射镜 M_1 后,形成平行光束射到光栅G上,光栅具有将复合光分解为按空间分布的单色光,这种现象称为色散。光栅色散后的光再由凹面聚焦成像反射镜 M_2 成像到有一定宽度的出射狭缝 S_2 处。由于多色器的出射狭缝开启宽度较大,所以在出射狭缝处呈现几条色散谱线,光电检测器(成像

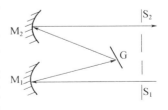

图9-2　光路示意图

器件)的光敏面安放在出射狭缝处。光栅的色散光谱有一定色散范围,若想转换波长的扫描范围,可通过波长扫描机构:一是使光栅旋转,二是更换光栅。

9.2.2　衍射光栅

在现代光谱检测仪器中,多采用衍射光栅作为色散元件。由物理光学知道,光栅衍射主极大的方向角 θ 和波长有关。对于给定光栅常数的光栅,当平行复合光束入射时,不同波长的同一级(零级除外)主极大均不重合,产生光的色散。光栅将入射的复合光按波长(或波数)在空间分解成光谱,这是由于多缝衍射和干涉的结果。图 9 – 3 为一反射式平面衍射光栅示意图。

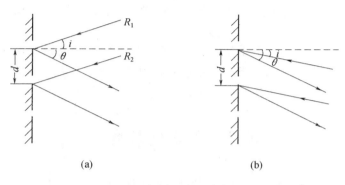

图 9 – 3　反射式光栅示意图
(a)i、θ 在法线异侧;(b)i、θ 在法线同侧。

设光栅相邻两刻槽间距为 d,通常称为光栅常数,入射光线 R_1、R_2 沿与光栅成 i 角的方向入射,此时,光波沿与法线呈 θ 角的方向衍射。设相邻两条光线 R_1、R_2 的光程差为 Δ,由图示得出光栅方程为

$$\Delta = d(\sin i \pm \sin\theta) = m\lambda \qquad (9-1)$$

式中:i 为入射角;θ 为衍射角;λ 为入射光波长;m 为衍射光谱级次,$m = 0, \pm 1, \pm 2, \cdots$,为整数。

式(9 – 1)中" + "号表示衍射光和入射光在光栅法线同侧(图 9 – 3(b)),"–"号表示它们不在法线的同一侧(图 9 – 3(a))。光谱级次 $m = 0$ 时,称为零级光谱,这时光栅没有色散作用,只起镜面反射作用。把式(9 – 1)进行变化,则有

$$\theta = \arcsin\left(\frac{m\lambda}{d} - \sin i\right) \qquad (9-2)$$

由式(9 – 2)可知:

(1)当给定光栅常数 d 和入射角 i 时,在同一级光谱中,不同的波长 λ 对应不同的衍射角,因此所对应的谱线在空间的位置也不同,从而使复合光分解成为对应的光谱。

(2)波长越短,衍射角越小,光栅光谱由短波到长波向着衍射角增大的方向展开。通常采用的衍射光栅为闪耀光栅,如图 9 – 4 所示。闪耀光栅刻槽断面形状多为三角形,每个刻槽的反射面(Z 平面)和光栅平面之间的夹角 α 称为闪耀角。n 为光栅平面法线,i 为

182

入射角,θ 为衍射角,d 为光栅常数,α 为刻槽深度。光栅衍射后光强分布不仅与光栅的每一条刻槽(单缝)的衍射有关,还与光栅的所有刻槽(多缝)的衍射光束相互干涉有关。只要改变这种刻槽的端面形状和尺寸,便可改变各级光谱的相对分布,使光强主要集中到所要求的光谱级次上。

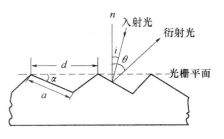

图 9-4 闪耀光栅示意图

衍射光栅的主要参数:

(1)光栅的角色散。指波长差为 $\Delta\lambda$ 的两个波长的光线被分开的角距离的大小。其单位为 rad/nm。

(2)光栅的分辨率。表示光栅能分开相邻两光谱的能力,通常把波长 λ 与在该波长附近能被分辨的最小波长差 $\Delta\lambda$ 的比值 $\lambda/\Delta\lambda$ 作为光栅分辨率的度量。

9.3 光谱信号检测典型应用

对于不同的应用,所采用的光谱信息变换的光学结构、光电接收器件和检测电路均不相同,下面结合典型应用实例进行介绍。

9.3.1 红外分光光度计

WGH-30 型红外分光光度计可以记录物质在波数为 4000cm^{-1}—400cm^{-1} 范围内的红外吸收光谱或反射光谱。根据所记录的谱图对被测物质进行定性或定量分析。

1. 基本工作原理

本仪器由光学系统、机械转动系统、电子系统和计算机数据处理等组成。图 9-5 为结构原理图。

由光源发出的光被分为能量均等对称的两束:一束样品光 S 通过样品,另一束为参考光 R 作为基准。这两束光通过样品室进入光度室后,被扇形镜调制器以 10Hz 的频率所调制,形成交变信号,然后两束光合为一束,按时间顺序交替通过入射狭缝 S$_1$ 进入单色仪器中。经抛物镜将光束平行地投射在光栅上,由光栅色散分解为单色光通过出射狭缝 S$_2$ 后,被滤光片滤除高级次光谱,再经椭球镜聚焦在探测器的接收面上,

探测器将变换的光信号转换为相应的电信号,经放大器进行电压放大后,输入 A/D 转换单元,将模拟电压信号转为相应的数字量并进入数据处理系统的计算机中。在计算机中,首先根据来自编码器的同步信号进行信号同步分离,求出某一谱线的 R 和 S 值,最后再求出 S/R。这个比值表征被测样品在某一固定波长位置的透过率值。该值可以通过计算机终端显示、绘图和打印。于是,当仪器自高波数至低波数进行机械扫描(旋转光栅)时,就可以连续地显示或记录被测样品的红外吸收谱图了。

该仪器的光电信息变换方式,属于前面章节所述的采用单一探测器的差接式光电信息变换结构。其优点是明显地减少了由光源波动、暗电流、温度变换和探测器性能不稳等因素所带来的误差。

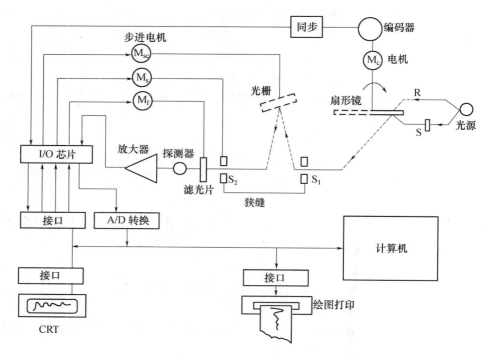

图 9-5　仪器结构原理图

2. 光学系统

光学结构原理如图 9-6 所示。光源室由平面镜 M_1、M_2 和球面镜 M_3、M_4 以及光源 L_s 组成。光源为磁土棒,其长 18mm,直径 3.6mm,光源点燃时,温度高达 1150℃ 左右。

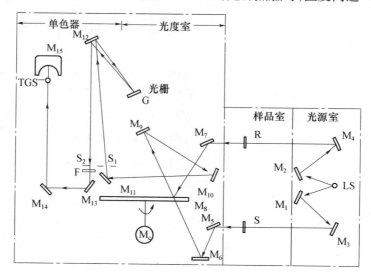

图 9-6　光学系统结构图

光度室是由反射镜 M_5、M_6、M_7、M_{10}、椭圆镜 M_9 以及扇形镜调制器 M_8 组成。扇形镜调制器是一个重要的元件,其结构如图 9-7 所示,它由 R、S 和两个 B 四部分组成。其中

184

R 为反射面,反射参考光束 R;S 为透射面,透射样品光束 S;两 B 面为不透光也不反射光。电机 M_c 带动调制器旋转,所调制的光信号如图 9-8 所示。由图 9-8 可见,被调制的参考信号 R 及样品信号 S 其相位差 180°,所以,R 和 S 两束光信号经光度室后,虽然它们在空间合为一路,但在时间上却是相互交替地进入单色器。

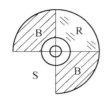

图 9-7 扇形镜调制器结构

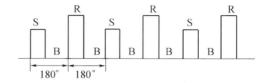

图 9-8 调制信号

单色器指的是输出为某一波长的谱线,故称为单色器,它由入射狭缝 S_1、平面反射镜 M_{11}、抛物镜 M_{12}、光栅、出射狭缝 S_2 和滤光片 F 组成。光栅采用一块双闪耀光栅,覆盖整个波段,光栅刻线为 66.6/mm,闪耀波长分别为 3μm 和 10μm。为获得一级光谱的单色光,所以在出射狭缝之后,采用三块干涉滤光片 $F_1 \sim F_3$,滤除光线中地高次光谱,它们分别在 $F_1 \sim F_2$ 为 2200cm^{-1} 波数处和 $F_2 \sim F_3$ 为 1200cm^{-1} 波数处自动切换。

3. 机械传动系统

由步进电机推动的机械传动系统主要完成波数扫描、调节狭缝宽度、滤光片切换、挡光板开启和关闭以及 400cm^{-1} 波数位置检出等功能。

波数扫描机构由步进电机、涡轮、凸轮、杠/杆及光栅台组成。由计算机控制步进机转动,经机械转动结构带动光栅转动,完成仪器的波数扫描工作。

狭缝机构由步进电机、狭缝凸轮及狭缝片等组成。本仪器由软件实现狭缝宽度及倍率变换的控制,计算机在控制波数扫描的同时,不断发出指令控制狭缝电机的运转并通过凸轮改变狭缝的宽度。这样就实现了在不同的波数位置具有相应的狭缝宽度,狭缝宽度为 0.1mm ~ 5mm,信号变换设置 5 挡。

仪器在扫描过程中,需要切换滤光片,由计算机发出指令,控制滤光片步进电机转动一定角度,从而完成滤光片的自动切换工作。

为了保证仪器具有较高的波数准确度,仪器必须具有自检功能,采用光电检测法实现自动、准确的检出或复位至 400cm^{-1} 波数位置。

4. 电子系统

电子系统由探测器、可控增益放大器、I/O 电路、编码器、电源和波数复位电路等组成。探测器采用硫酸三甘肽(TGS)热释电探测器,由于探测器输出信号微弱,必须进行电压放大,其前置放大器安置于 TGS 器件下端,构成一体化,对减小噪声干扰有利。可控增益放大器能根据输入信号的强弱自动变换增益大小,以保证仪器在检测不同的样品和不同的波数情况下能正常进行工作。A/D 转换单元将模拟信号变为数字量,为了提高转换精度采用 12 位 A/D 转换集成电路,其转换精度达 1/4069。

为了能够有效地进行信号分离工作,将产生同步信号的旋转编码与扇形镜调制器同轴连接,这样同步信号永远的与调制频率同步,从而保证准确地将 R、S 两路信号同步分离。

图 9 – 9 为整机接线图。

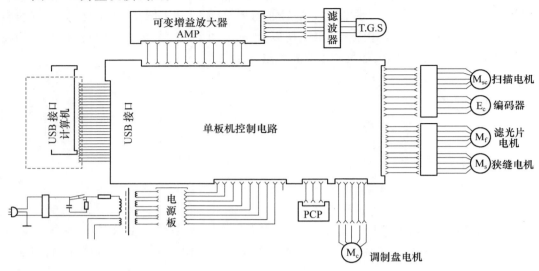

图 9 – 9　整机接线图

9.3.2　光多通道分析仪

1. OMA 的结构与工作原理

光多通道分析仪分为三大部分：多色器、光多通道探测器、信号控制和处理器。图 9 – 10 为结构原理图。

含有被测信息的复合光入射多色器后，将待测的复合光通过光学色散系统，按波长在空间分布排列，经聚焦成像射入多通道检测器 SIT 摄像管的光敏面（光阴极）上。光阴极将光谱图像转换为电子图像，经电子聚焦与加速，电子束轰击硅靶，转换为增强了的电位图像。通过电子束扫描转换为相应的视频信号。控制器控制 SIT 的扫描及信号读出等功能。信号经放大 14、取样保持 15 和 A/D 转换 16 后送入微型计算机进行信号处理和储存，或输出打印，或经 D/A 转换由 X – Y 记录仪作图谱的记录和绘制。

如预测光信号的空间强度 I 分布，则用透镜或显微镜取代多色器，将待测光信号成像于光多通道检测器的光敏面上，其后的信号监测和处理与光谱测量过程相似。注意在调多色器后应密闭光路，以排除杂散光及外界背景光的影响。

为了实现实时光谱的测量，OMA 和 OSA 系统中都备有选通工作方式。它用指令控制高压脉冲发生器，以产生适当幅度，脉宽和延时量的高压脉冲对检测进行选通，达到同步曝光和实时光谱的目的。应指示的是选通工作方式只适用于增强型的图像检出器，如 SIT 或一维增强型光敏二极管阵列。

随着科技的进步对 OMA 提出新的要求，EG&GPAR 公司推出了 CMA – IV 型，其方框图如图 9 – 10(b)所示。主要特点有：

（1）采用光纤传输信号，使仪器抗干扰能力增强，使用方便。将前置放大器和 A/D 变换器放在探测器中，数字变化后的脉冲信号经电/光转换后由光纤传输，光纤线长达 50m，这样就能避免了低电平模拟信号在传输中抗干扰差的缺点。

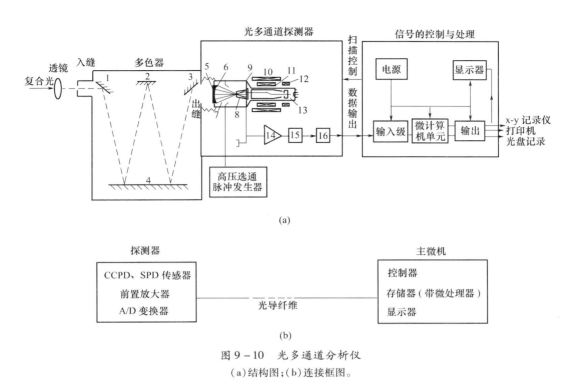

图 9 – 10　光多通道分析仪

(a)结构图;(b)连接框图。

（2）采用性能优良的探测器:低噪声、高灵敏度、高动态范围、宽光谱响应、高读出速度及灵活多样的扫描方式。如低噪声的 CCD 芯片,读出噪声≤5 个电子;前置放大器的放大倍数可增加到每 5 个光电子计一个数;采用 18 位快速 A/D 变换器;读出速度为每个像元为 $5\mu s$。

（3）采用双微处理器,双端口存储器的数据控制与处理系统。两个微处理器同时工作:一个控制探测器;一个控制屏幕、键盘和数据操作。存储器可以被两个微处理器访问:一个将采集的数据存入存储器;另一个从存储器中提取数据用于处理与控制。

2. SPD 阵列检测器

固态自扫描光电二极管阵列(简称 SPD 阵列)是一种固态图像传感器件。它由硅光电二极管线性阵列(或平面阵列)、移位寄存器、MOS 多路开关等组成。

OMA 系统主要应用于光谱测量,特别是快速微光光谱测量。可见,用 SPD 阵列作一维多通道系统的检测器比用摄像管有更多的优点:如接收单元多(一般可达 2048 位单元,而摄像管一般为 500 个通道);取样速度快,每通道可在 $10\mu s$ 或更短的时间内无剩余地取出信号;扫描控制容易,不需要聚焦偏转系统;实现选通工作方式方便,控制电压低、体积小、重量轻、安装方便等。目前,国际大多公司在微光光谱测量仪器中都采用 SPD 阵列或 CCD 阵列作为探测器。

1）SPD 线阵列电路结构

图 9 – 11(a)为 SPD 线阵列电路结构原理图。它由 SPD 器件和外部电路组成。SPD 线阵列器件多数采用两列并行的光电二极管阵列组成:一列为感光光电二极管阵列,输出光电视频信号;另一列为暗电流补偿光电二极管阵列,输出补偿视频信号。两列光电二极管与两列移位寄存器、MOS 开关和复位门等电路集成在一块芯片上,形成传感器件。外

187

部电路由时钟信号发生器、积分时间计数器、双向脉冲与启动信号发生器、复位电路、前置放大、差动积分放大器、取样保持电路及取样保持脉冲发生器等组成。其工作时序脉冲如图9－11(b)所示。

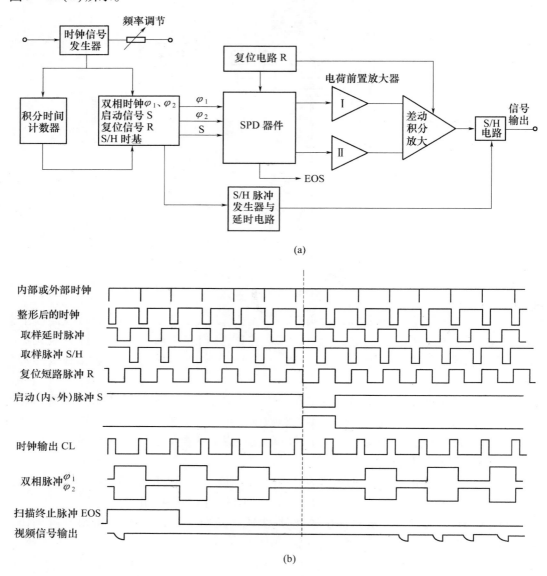

(a)

(b)

图9－11　SPD阵列检测原理图

(a)电路框图;(b)工作波形图。

2）SPD扫描读出的工作过程

SPD器件与7.2节中的Reticon器件类似,其工作原理可参阅图7－15。图9－11为SPD阵列检测原理图。

曝光测试前,器件应作预扫描。使每只光电二极管的PN处于反偏状态,达到初始状态。

曝光期间各MOS开关管均处截止,光电二极管在光信号照射下,基于光生伏特效应,

188

PN 结两端产生光生电压,致使各光电二极管阳极电位上升,其阳极电位的变化量与各管的曝光量成正比。于是,光电二极管阵列把光谱光强的空间分布变成像素上的电荷分布。

曝光时间结束后,进行信号扫描提取。先加信号 S,则双向脉冲 φ_1、φ_2 使 MOS 开关管按时间顺序导通,对应光电二极管 $VD_1 \sim VD_N$ 和补偿光电二极管 $VD_1' \sim VD_N'$ 依次同时充电,由于充电电荷与曝光期间产生的电荷大小相等且极性相反,所以,充电电流的脉冲幅值即是所要提取的光电视频信号。

在信号提取过程中,每个通道分两步进行。第一步为复位脉冲的前半周,此时复位门截止,MOS 开关管导通,两列器件产生的光电流与暗电流分别由两个视频线输出,经两个独立的电荷前置放大器放大,再由差动积分放大处理后,清除了暗电流和瞬态干扰的影响,然后由取样保持(S/H)电路输出。第二步为复位脉冲的后半周,R 信号使复位门饱和导通,把两视频输出线短路到"地",偏置电流对两列器件反向充电,达到初始状态。

当最后一像素扫描读取后,在 EOS 端输出一脉冲。当测试系统不用 EOS 脉冲时,应在外电路通过一数千欧电阻"接地",以免干扰视频输出信号。

思考题与习题

9 - 1 光电光谱检测法与先期摄谱仪相比有哪些优点? 简述光电光谱检测系统的组成及各部分的功能。

9 - 2 光谱形成器有哪两种? 它们有何不同? 它们分别采用哪种光谱检测器件?

9 - 3 用光栅示意图说明衍射光栅分解光谱的原理。常用哪种光栅?

9 - 4 说明红外分光光度计的组成,并简述其工作原理。

9 - 5 OMA 有哪几部分? 简述各部分的功能。

9 - 6 说明 SPD 阵列的组成。它与摄像管相比有何优点?

第10章 光子计数技术

光子计数技术是一种检测弱光信号的重要技术,它在一些基础科学研究,特别是在某些前沿学科研究中得到了广泛的应用。例如,在激光研究;喇曼散射;荧光、磷光测量;化学、生物、医学、物理等各个领域中发光的研究;质谱、X 射线测量;基本粒子分析;光吸收的研究;分子射线谱以及生命科学等研究。它与传统的光电流测量法相比,有以下优点。

(1)这一技术是通过分立光子产生的电子脉冲来测量,因此系统的探测灵敏度高、抗噪声能力强。

(2)可以大大提高系统的稳定性,如由于高压电源的波动使光电倍增管的增益发生变化,此变化使模拟法输出产生很大的漂移,而上述变化对光子计数法影响较小。

(3)可以排除光电倍增管直流漏电和输出零漂等原因所造成的测量误差。

(4)输出是数字量,因此可直接与计算机连接,构成自动测试与数据处理系统。

10.1 光子计数器的原理

光子计数技术是测量含有被测信息的弱光功率或光子速率的一种新技术。单个光子被光电倍增管阴极吸收后激发出光电子,经过倍增系统的倍增,在阳极上可收集到 10^5 个 $\sim 10^8$ 个电子。由于受到光电倍增管渡越时间的离散性和输出端时间常数的影响,光电流通过负载电阻和放大器将输出一个脉冲半宽度为几到几十纳秒的电压信号,这个信号再经鉴别器后被计数器计数。微光信号由每秒几个到几百万个光子组成,所发射的每个光子之间有随机的时间间隔,记录由它们引起的电脉冲数,从而测得光子速率,确定被测信息。

1. 光子

爱因斯坦指出,辐射的能量在空间的分布是不连续的,而且辐射的动量也是量子化的,从而提出了光子的假说。

(1)光能或辐射能有一最小单位,即光量子或光子。光子是一种单模(即单一波长、方向和偏振)的量子,其能量为

$$E_{\mathrm{p}} = h\nu(J) \tag{10-1}$$

式中:$h = 6.6 \times 10^{-34} \mathrm{J \cdot S}$,称普朗克常数;$\nu$ 是光频(Hz),$\nu = \dfrac{c}{\lambda}$;c 为光速;λ 为光的波长。

光子能量也可用电子伏(eV)的单位表示,1eV 等于 $1.602 \times 10^{-19} \mathrm{J}$,即一个电子通过 $1V$ 电场所获得的能量,即

$$E_{\mathrm{p}} = \frac{hc}{\lambda q}(\mathrm{eV}) \tag{10-2}$$

式中:q 是电子电荷,为 1.602×10^{-19}C。

（2）光（或辐射）是一束以光速传播的光子流,其功率 P 取决于单位时间内发射的光子数或光子速率 R,于是有

$$P = R \cdot E_p \text{(W)} \tag{10-3}$$

例 试求 1mW He-Ne 激光器发射光子的速率 R。

解:已知 He-Ne 激光器发射的波长为 633nm,则有

$$E_p = \frac{hc}{\lambda} = \frac{6.6 \times 10^{-34} \times 3 \times 10^8}{6.33 \times 10^{-7}} \approx 3.13^{-19} \text{(J)}$$

$$E_p = \frac{hc}{\lambda q} = \frac{3.13 \times 10^{-19}}{1.602 \times 10^{-19}} \approx 2 \text{(eV)}$$

$$R = \frac{p}{E_p} = \frac{10^{-3}}{3.13 \times 10^{-19}} = 3.2 \times 10^{15} \left[\frac{光子}{s} \right]$$

对于这样大的光子速率的光已不是弱光信号,光子计数技术是无法计数的,只需要用一般的光电器件进行测量,就可得到满意的结果。但当光功率下降到 10^{-16}W,光子速率减少到 300 光子/s 时,只有光子计数技术才能保证高的测量精度。

2. 弱光的光电信号

在光子计数技术中,几乎都是使用光电倍增管。它响应快、增益高、噪声放大低,且大大优于其它探测器。光电倍增管所覆盖的波长范围,在长波波段受光阴极材料限制,通常在 1μm 以内;在短波段受 PMT 玻璃或石英窗口透射特性的限制。

图 10-1 是对绿黄色发光二极管发出的 560nm 弱光进行探测时,在示波器上显示的光电倍增管输出电流波形。当光功率为 10^{-16}W 时,在 1ms 时间内出现几个高脉冲,其数值不断变化,有时甚至等于零,大量的低电平的小脉冲是噪声,如图 10-1(d)所示。如功率增至 10^{-14}W,则在 1ms 内可出现几十到几百个幅度较大的脉冲及大量的小脉冲,也会夹杂着由几个电流脉冲堆积而成的高脉冲,它是多个光子同时到达光阴极造成的,如图 10-1(b)所示。如功率增至 10^{-13}W,此时已看不到清晰的脉冲,出现的只是在直流电平上的起伏。从上述波形的分析,可清楚地看出光子的粒子特性,光子计数器就是建立在光的这一特性基础上而设计的。

3. 泊松统计分布,散粒噪声和暗电流（暗计数）

如前所述,一个弱光源所发射的光子是分立的,即彼此孤立的随机事件,若用光电倍增管接收并用示波器显示,那么可以看到它是随机分立的光电脉冲。观察和研究结果表明,对用直流稳压电源供电的大多数光源来说,如钨丝灯、激光器等发射的光子,在时间分布上是服从泊松概率分布的。即在 t 时间内有 n 个光子到达光电倍增管光阴极的概率为

$$p(n,t) = \frac{(Rt)^n \cdot e^{-Rt}}{n!} \tag{10-4}$$

式中:R 为发射光子的平均速率（光子数/s）;t 为测试的时间间隔。

概率论指出,随机变量有两个主要参数:数学期望和方差。这两个参数又称为随机变量的数字特征。

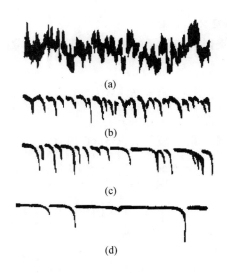

图 10 - 1　不同光功率下光电脉冲信号

(a)光强 10^{-13} W 光电速率脉冲及噪声;(b)光强 10^{-14} W 光电速率脉冲及噪声;

(c)光强 10^{-15} W 光电速率脉冲及噪声;(d)光强 10^{-16} W 光电速率脉冲及噪声。

概率论对泊松分布数学特性的分析表明:

$$\begin{cases} \text{数学期望：} & M(\xi) = Rt \\ \text{方差:}D(\xi) = \sigma^2 = Rt \\ \text{方差的平方根:}\sigma = \sqrt{Rt} \end{cases} \qquad (10 - 5)$$

图 10 - 2 是两个典型的泊松分布,其光子速率 R 均为 10^8 光子数/s。所谓"光子速率"是指平均的光子速率,由于光子发射的随机性,不可能期望每次测量都精确地得到每秒 10^8 个光子。图中实线的时间间隔为 t =50ns,而虚线为 t = 10ns。实际上时间间隔 t 即是两个光电倍增管的时间分辨率。在相同的时间间隔内光源发射光子数的概率是不同的。当 t =50ns时,发射 4 和 5 个光子的概率是相等的,均为 17.5% ,而发射 1 个光子的概率只有 3.4% 。

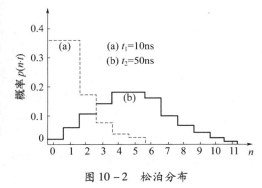

图 10 - 2　松泊分布

根据泊松分布标准偏差(由均方根 $\sigma = \sqrt{Rt}$ 来估算),将入射光功率减少到 100 光子/s,如果用 1s 的时间间隔对光子计数并反复测量多次,就会发现测量结果大多在 $100 \pm \sqrt{100}$ 之内,即 90 ~ 110。这些计数的起伏,就是光子速率的起伏,也是造成检测过程中出现"散粒噪声"的原因,通常把它称为"信号内部噪声"。

对于光电倍增管输出的光电脉冲来说,每一个入射光子通过光电倍增管时产生一个输出脉冲的概率原则上等于量子效率 η。η 值与光电倍增管阴极材料、制造工艺及入射光的波长有关,一般在 20% 以内。

考虑光电倍增管的量子效率 η,则在时间 t 内检测 n 个光子的概率为

$$p(n,t) = \frac{(\eta Rt) \cdot e^{-\eta Rt}}{n!} = \frac{N^n \cdot e^{-N}}{n!} \qquad (10-6)$$

式中:R 为平均光子速率(光子数／s);$N = R\eta t$ 是信号(在时间间隔 t 内,PMT 光阴极发射的平均光电子数)。信号中的噪声或偏差为

$$\sigma = \sqrt{\eta Rt} \qquad (10-7)$$

故信噪比为

$$\mathrm{SNR}_k = \frac{N}{\sqrt{N}} = \sqrt{\eta Rt} \qquad (10-8)$$

实际上,无光子输入时,由于温度影响光阴极和倍增极也会发射热电子。这种热载流子发射的速率随光电倍增管冷却而减小。由光阴极的热发射而产生的计数称暗计数,它不仅随阴极面积的减小而减小,而且还与阴极材料有关。

若光阴极以暗计数率 R_{DK} 随机发射电子,那么它将产生阴极电流的噪声,即为离散度 $R(\xi) = \sigma_2^2 = R_{\mathrm{DK}}t$,而散粒噪声是 $\sigma_1^2 = \eta Rt$,则光阴极电流的信噪比下降为

$$\mathrm{SNR}_k = \frac{\eta Rt}{\sqrt{\sigma_1^2 + \sigma_2^2}} = \frac{\eta Rt}{\sqrt{\eta Rt + R_{\mathrm{Dk}}t}} = \frac{\eta R\sqrt{t}}{\sqrt{\eta R + R_{\mathrm{Dk}}}} \qquad (10-9)$$

假定倍增极噪声被脉冲幅度鉴别器完成排除。那么,式(10-9)就是光电倍增管阴极的输出信噪比。从式(10-9)还可知,适当地增加测量时间可以提高信噪比。

光子计数技术就是利用光阴极发射的光电脉冲与各倍增极发射的噪声脉冲幅度分布不同,用脉冲幅度鉴别器从诸多脉冲中鉴别出高的信号脉冲供计数器计数,而倍增极产生的噪声脉冲则被消除。但是光阴极发射的热电子造成的电脉冲与光子形成的脉冲幅度相近,无法用脉冲幅度鉴别法消除。这只能用低温冷却方法降低热电子发射;或用减小光阴极面积的方法去降低热噪声。

利用光电倍增管作一般的光电转换直流测量时,由光阴极热电子发射和倍增极热电子发射产生的所有输出电子,经阳极与前置放大器放大成为一直流暗电流,此噪声电流是不能用脉冲幅度鉴别排除的。由此可知,光子计数器测出的信噪比将比一般直流测量方法的高。

4．光子计数系统方框图简介

图 10-3 是两个简单的光子计数器方框图。被测光束射到光电倍增管的光阴极上,经光电倍增管转换并输出一系列电脉冲。这些脉冲被放大器放大后,送至脉冲幅度鉴别器。在倍增极上产生的噪声所形成的脉冲幅度小于光阴极上的信号脉冲。这些高低不同的电压脉冲将由脉冲鉴别器进行鉴别。若输入脉冲幅值大于鉴别器的鉴别电平时(说明是阴极发射的电子),则鉴别器输出计数脉冲;如果鉴别器的输入脉冲幅度小于鉴别电平时(如噪声电压),则没有计数脉冲输出。在选定的时间间隔内,用计数器对鉴别器的输出脉冲进行计数,且以数字形式(或通过一个数模转换器获得模拟电压)输出。有的光子计数器中备有静电计,用于强光时直流测量;有的用速率计对鉴别器输出的光电脉冲作数模转换,以输出光子速率的模拟信号,如图 10-3(b)所示。

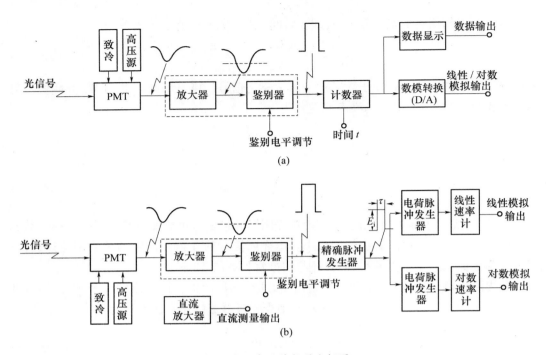

图 10-3　光子计数器方框图

(a)数字式光子计数器方框图;(b)模拟光子计数器。

光子计数器须满足两个要求:一是光电倍增管及后续电路的分辨时间必须足够短,保证每一个光电脉冲的分辨时间不被展宽;二是必须把信号光电脉冲从暗噪声脉冲中鉴别出来。

10.2　光子计数器中的光电倍增管

关于 PMT 的原理、特性及偏置电路的设计等内容在 2.3 节中作了详细的讲述,因此,本节重点介绍 PMT 应用于光子计数器中的一些特性参数。在选用 PMT 时,除了考虑光谱匹配、灵敏度和量子效率等参数外,还应注意以下几点。

1. 响应时间

光电子从光阴极发射后到达阳极时将有一个时间延迟,称为渡越时间。由于每个光电子的渡越时间存在的差异,因此,倍增过程中的所有电子不可能同时到达阳极。渡越时间的差异是由于各个电子到阳极所需的时间不同引起的,这一现象称为渡越时间离散(散差)。实际上,每一个光电子经过倍增后,在阳极便得到一定宽度的阳极电流脉冲。脉冲宽度与光电倍增管的渡越时间离散有关。根据光电倍增管的不同型号,电流脉冲半宽度 t_w 的典型值为 10ns～30ns,此电流脉冲对阳极寄生电容 C_a 和负载电阻 R_a 组成的 R_aC_a 电路进行充电,即得阳极输出脉冲。

当阳极负载 R_a 很大时,且 $R_aC_a \gg t_w$,则其输出脉冲幅度 $U_a \approx Q/C_a = Gq/C_a$,且宽度增加,故具有较长时间的拖尾,容易产生脉冲堆积现象。当 $R_aC_a \ll t_w$ 时,输出脉冲幅度 $U_a \approx GqR_a/t_w$,脉冲宽度仍为 t_w。

例如，$C_a = 20\text{pF}$，$R_a = 50\Omega$，$t_w = 20\text{ns}$，则 $R_aC_a = 1\text{ns}$，因此电压脉冲和电流脉冲一样窄，其幅度分别为

$$U_a = \frac{GqR_a}{t_w} = \frac{10^6 \times 1.6 \times 10^{-19} \times 50}{20 \times 10^{-9}} = 0.4(\text{mV})$$

$$I_a = \frac{U_a}{R_a} = 8(\mu\text{A})$$

选用 PMT 必须满足渡越时间短、渡越时间离散性小及时间常数小的要求。可见，聚焦型倍增极结构的光电倍增管用作光子计数器最为适宜。

2．工作温度

温度能使光阴极发射热电子，称为暗电子。由它造成的电脉冲，即为暗计数，成为重要的噪声源。为减小热电子发射，在光子计数器中常采取致冷措施，使光电倍增管工作在 -20℃ 以下的低温。

3．最佳偏置电压

为选定最佳偏置电压，可选用稳定的弱光照射光电倍增管，测出脉冲数与偏置电压的关系曲线，这一脉冲数是信号计数和暗计数（噪声）之和。然后，在遮光情况下，测量暗计数与偏差电压的关系曲线。再从上一计数中扣除暗计数，即获得信号计数，图 10-4 示出了信号计数，暗计数与偏置电压的关系曲线。由图可见，信号计数曲线有一平坦区，暗计数曲线只有不断上升的趋势。为获得最大信噪比，最佳偏置电压应选用在

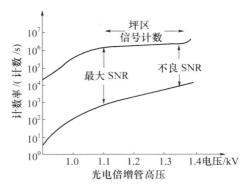

图 10-4　光电倍增管最佳偏压选择

信号计数曲线开始进入平坦区的电压，此处是具有最大信噪比时的偏置电压。

10.3　放大器与鉴别器

10.3.1　前置放大器

前置放大器有两种放大电路：一是电压放大器（图 10-5），PMT 输出的电流信号流经负载电阻 R_a 变为电压信号，由电压放大器放大；二是电流—电压（互阻）放大器（图 2-43），PMT 输出的电流信号直接输入互阻放大器，其放大后的输出电压 $U_o = I_aR_f$，该电路的特点如前所述。

1．前置放大器输出波形

图 10-5 所示电路有两个鉴别电平，称为双电平鉴别器，图中的各种波形是出现在放大后的不同类型的脉冲。例如，光阴极发射出一个光电子，在放大器输出端得到如图 10-5 中波形（1）所示的脉冲信号，不管这电子是光子发射还是热电子发射（亮计数或暗计数）。如果第一倍增极发射一个寄生热电子，由于它没有得到第一倍增极的倍增，所以，它的总增益要比一个从光阴极发射的电子得到的增益小 3 倍~4 倍。因此，所形成脉冲波形的幅值较

低,如图 10 - 5 中所示波形(2)。同样,从第二倍增极发射一寄生热电子,则得到如图 10 - 5 中所示波形(3)的小脉冲,它的增益又要比第一倍增极发射的小 3 倍 ~ 4 倍。

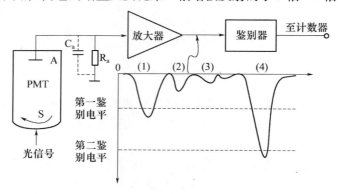

图 10 - 5　放大器 - 鉴别器工作示意图

目前,有一种用负电子亲和势材料构成倍增极的光电倍增管,其倍增系数比其他倍增极高得多。因此,所有倍增极的热电子发射所形成脉冲比光阴极发射电子所形成的脉冲小得多。这样,利用脉冲幅度鉴别器就能很好地把光阴极以外的所有噪声脉冲(如各倍增极的热噪声)消除掉。

如果有两个或三个光电子以极短的时间间隔离开光阴极,以致光电倍增管无法区分开,形成一个多光子发射。此时前置放大器的输出为一个大的脉冲,如图 10 - 5 中所示波形(4)。第二鉴别电平用于鉴别双光子发射。

2. 前置放大器的参数

1) 放大倍数

对于平均增益为 10^6 的光电倍增管,每个光电子将产生平均输出电荷为 $Q = q \times 10^6 = 1.6 \times 10^{-13}\text{C}$,这些电荷在离散时间 t_w 内收集到阳极上。设宽度 $t_\text{w} = 10\text{ns}$,阳极电流脉冲峰值为

$$I_\text{am} = \frac{Q}{t_\text{w}} = \frac{1.6 \times 10^{-13}}{10 \times 10^{-9}} = 16\mu\text{A}$$

阳极负载电阻为 $50\Omega \sim 100\Omega$。典型值 $R_\text{a} = 50\Omega$,$C_\text{a} = 20\text{pF}$。因此时间常数 $\tau = R_\text{a}C_\text{a} = 1\text{ns}$,$\tau << t_\text{w}$,这样,阳极负载阻抗上的电压脉冲宽度与电流脉冲宽度相同,其峰值为

$$U_\text{am} = I_\text{am}R_\text{a} = 16 \times 10^{-6} \times 50 = 0.8\text{mV}$$

一般鉴别器的鉴幅电平几十到几百毫伏。从这个数据可知前置放大器的电压放大倍数通常在几百倍至 1000 倍 ~ 2000 倍。

2) 放大器带宽

要求放大器将宽度约为 10ns ~ 30ns 的窄脉冲电压进行放大,并且保证波形不失真,则必须是宽频带低噪声放大器。放大器的输入阻抗为 $50\Omega \sim 100\Omega$,而大多数采用 50Ω,便于和传输电缆匹配。

放大器的通频带 Δf 与对应的脉冲响应时间 t_r(脉冲的上升时间)的关系为

$$\Delta f t_\text{r} = 0.35 \qquad\qquad (10 - 10)$$

对于半宽度约为 10ns 的正态脉冲波形,它的上升与下降沿估算为 3.5ns。则放大器的带宽按式(10 – 10)得

$$\Delta f = \frac{0.35}{t_{\mathrm{r}}} = \frac{0.35}{3.5 \times 10^{-9}} = 100\mathrm{MHz}$$

由此可见,光子计数器的低噪声前置放大器带宽约为 100MHz,放大倍数为 1000 倍 ~ 2000 倍,输入阻抗为 50Ω。

10.3.2　脉冲幅度鉴别器

脉冲幅度鉴别器通常采用电压比较器来实现,电压比较器的阈值(鉴别电平)作为参考电压,用它来鉴别信号脉冲幅度的大小。

1.鉴别器的工作方式

在光子计数器中,常采用下列两种电子鉴别工作方式。

1)单电平鉴别器工作方式

只有一个鉴别电平。光阴极发射的光电子、热电子和多光电子所形成的脉冲幅度均高于鉴别电平,鉴别器均有计数脉冲输出。而各倍增极的热电子发射所形成的脉冲,因幅度低于鉴别电平而无计数脉冲输出。也就是说,单电平鉴别器只能消除各倍增极产生的噪声。

2)双电平鉴别器工作方式

双电平鉴别器有两个鉴别电平,可完成两种工作方式。

(1)校正工作方式。多光子发射时,将产生大幅度脉冲,且高于第二鉴别电平,此时鉴别器产生两个输出脉冲。那么,这一工作方式能区分单光子和双光子,从而提高了测量精确度。

(2)窗口工作方式。在光子速率很小,产生多光子的概率很低的情况下,输入脉冲幅度仅在两个鉴别电平之间才输出一个脉冲;对低于第一鉴别电平或越过第二鉴别电平的脉冲均无计数脉冲输出。这种工作方式可提高弱光功率(小于 10^{-16}W)的检测精确度。

2.鉴别器阈值

鉴别器阈值可以用实验获得的脉冲幅度 – 速率分布图来确定。图 10 – 6 是一个典型的脉冲幅度—速率分布图。坐标的水平轴为鉴别器的阈值(鉴别电平),而纵轴是每个鉴别器阈值下测得的脉冲速率。对于一个好的光电倍增管和放大器,有一个 PMT 倍增极噪声和放大器噪声产生的峰值,中间有一个谷值,然后又是一个峰,该峰对应于单光电子的脉冲幅度。当增加被测光强(提高光子速率)时,还可以看到第三个峰,这就是双光电子峰。

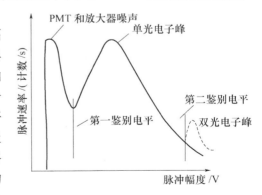

图 10 – 6　幅度 – 速率分布图

在理想情况下,可以在第一个谷值处设置第一个低鉴别器阈值电平,在第二个谷值处设置第二个阈值电平。当没有第二个谷值时,将以单光电子峰值为中心,在与第一阈值电平相对称的幅度处设置第二个阈值电平。

3. 放大－鉴别器电路框图

在性能完善的光子计数器中,常采用双阈值电平放大－鉴别器,其电路框图如图 10-7 所示。它有两个鉴别电平,故可用于三种工作方式。

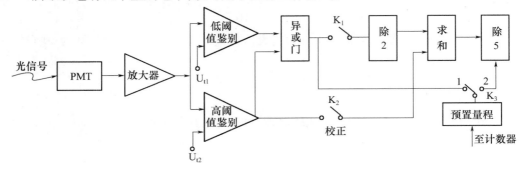

图 10-7 双阈值鉴别器框图

（1）单电平工作方式。异或门电路只让低阈值鉴别器的输出通过,开关 K_3 置在 1,计数器直接计数。在光子速率较高时,用预置 ×10 的方式,K_1 合上,K_3 置在 2 时,鉴别器的输出已被除 10。

（2）窗口工作方式。当信号电平在两鉴别电平之间时,仅低电平鉴别器有输出,异或门有输出;当信号电平大于第二鉴别电平时,两个鉴别器均有输出,此时异或门电路无输出。将开关 K_3 置 1 可以直接计数,也可以通过 K_1 除 10 后将 K_3 置 2 计数（预置 ×10）。

（3）校正工作方式。校正工作方式是考虑有脉冲堆积的情况时使用。当信号超过第二个鉴别电平时,认为这是双光子现象,要求输出二个脉冲。在这种工作方式时,K_1、K_2 合上,K_3 置在 2 端。当信号电平在两个鉴别电平之间时,异或门有输出,经过除 10 后计数。当信号电平超过第二个鉴别电平时,高、低两个鉴别器皆有输出,此时异或门无输出,高阈值鉴别器的输出通过 K_2 至求和电路,以除 5 的倍率供计数。因此它少除了一个 2 倍,其结果是一个高阈值鉴别器的输出脉冲等于低阈值鉴别器输出的两个脉冲,从而实现校正工作方式。

10.4 光子计数器的测量法

光子计数的工作原理和频率计(或计数器)有相似之处,可以认为光子计数器是频率计应用的扩展。在光子计数器中,鉴别器的输出脉冲送入计数器,对光子速率进行计数。计数器的输出为数据信号,可供微型计算机进行处理、计算和控制,也可供打印或记录仪记录等显示。

下面介绍两种常用的测量方法。

1. 光子速率的直接测量法

直接测量法是光子计数器最常用的测量法,如图 10-8 所示。

当按下"启动"脉冲时,计数器 A 开始对鉴别器来的信号脉冲进行计数。同时,计数器 C 开始对石英晶体振荡器来的时钟脉冲计数。计数器 C 由面板上的拨码开关预置一数 N。当计数器 C 的累加数达到预置的 N 值时,"预置"电路将产生一个脉冲使计数器 A

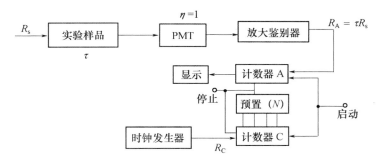

图 10 − 8   直接测量原理框图

和 C 同时停止计数。此时,计数器 A 的计数为 N_A。

由于 R_C 是恒定的时钟脉冲频率,那么计数器 C 达到它预置数值 N 所需要的时间 t,即测量时间为

$$t = \frac{N}{R_C}$$

在测量时间 t 内,计数器 A 所累加的数值为

$$N_A = R_A \cdot t = R_A \cdot \frac{N}{R_C}$$

则鉴别器输出的光子脉冲平均速率为

$$R_A = \frac{N_A}{t} = \frac{R_C}{N} \cdot N_A \propto N_A \qquad (10 - 11)$$

若选定 N/R_C 为某一单位时间,如 1s、0.1s 等,周期地启动、停止计数器 A 和 C,并测得按时间变化的 N_A 值,即可获得光子速率的时间函数,或按时间的变化曲线。

2. 源补偿测量法

源补偿测量法和频率计的"频率比"测量法很相似。因为常用光源的辐射强度不十分稳定,所以,在直接测量法中不能消除辐射源的波动所带来测量误差。采用源补偿测量法可以消除辐射源波动引起的测量误差,其原理框图如图 10 −9 所示。

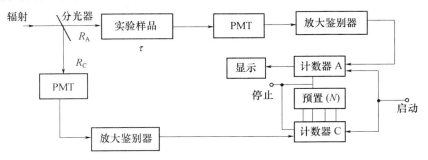

图 10 −9   源补偿测量法

辐射源通过分光镜后分两路:射向实验样品的光子速率为 R_A,透过光子速率为 τR_A,其中 τ 为实验样品的透过率(透射比);分为镜反射的光子速率为 R_C。假定两个 PMT 特性相同,其量子效率 $\eta = 1$,那么,计数器 A 的读数为

$$N_A = \tau R_A t = \tau \frac{R_A}{R_C} N \qquad (10-12)$$

式中：R_A / R_C 是分光镜的分光比,等于一常数。由式(10-12)可知,计数器 A 的读数 N_A 与辐射强度的波动无关,从而消除了因辐射源波动而产生的误差。

如果没有实验样品时,$\tau = 1$,计数器 A 的读数为 N_A,放入实验样品后读数为 $N_A(\tau)$,则透过率为

$$\tau = \frac{N_A(\tau)}{N_A}$$

与实验样品的材料性能、密度(或浓度)等参量有关。

思考题与习题

10-1 采用光子计数技术进行微弱光信号检测的特点。泊松统计分布与 PMT 输出信噪比的关系。

10-2 光子计数法与光电流检测法相比有何优点?

10-3 光子计数器中对 PMT 有何特殊要求? 如何选择偏置电压?

10-4 如何确定前置放大器的放大倍数和带宽? 如何确定鉴别器的鉴别电平?

10-5 什么是单电平工作方式、校正工作方式和窗口工作方式? 它们各自适用于哪种条件?

10-6 试说明源补偿测量法的工作原理。它与直接测量法相比有何优点?

10-7 He-Ne 激光器发射的辐通量 $\phi_e = 10^{-14} W$,试求发射光子的速率 $R = ?$ 泊松分布的标准偏差 $\sigma = ?$ ($t = 10ns$)

第 11 章　光纤传感技术

光导纤维简称光纤,从 20 世纪 60 年代中期产生的光纤技术发展至今,在技术市场上已有强大的竞争力和吸引力。由于它具有独特的优点,而得到飞速发展,已成为当代新技术革命的标志之一。目前,光纤技术已在光纤通信和光纤传感器两大方面得到应用,本章主要介绍光纤的基本知识,光纤传感器的原理、类型及典型应用。

11.1　光导纤维的基本知识

11.1.1　光纤传光原理

光导纤维简称为光纤。光纤传光基于光的全反射原理,光从光密介质到光疏介质在入射角大于某一临界角时,将产生全反射。光纤是由高折射率 n_1 的芯玻璃和低折射率 n_2 的包层玻璃组成,如图 11 - 1 所示。当光入射内芯后,若保证传光效率,入射光必须满足全反射条件,即角 C 大于临界角,$\angle C = (\pi/2) - \beta$,按全反射条件得

$$n_1 \sin\left(\frac{\pi}{2} - \beta\right) \geqslant n_2 \sin 90°$$

又按折射定律,有

$$n_1 \sin\beta = n_0 \sin\alpha$$

所以,要满足全反射

$$NA = \sin\alpha = \sqrt{n_1^2 - n_2^2}/n_0 \approx \sqrt{n_1^2 - n_2^2} \qquad (11-1)$$

式中:n_0 为空气折射率;$NA = \sin\alpha$ 表征光纤的数值孔径参量,它反映了光纤的集光能力,α 角越大接收光能越多。

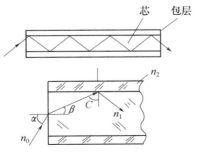

图 11 - 1　传光原理

11.1.2　光纤的分类

光纤按结构分大体上有芯皮型光纤和自聚焦型光纤。芯皮型光纤又分阶跃折射率（Step – Index）光纤和梯度折射率（Graded – Iindex）光纤，如图 11 – 2 所示。阶跃折射率光纤是指径向折射率分布从折射率高的芯子阶跃地变到折射率低的包层，即芯和包层的界面分明。梯度型光纤，其断面径向的折射率分布是从中心的高折射率逐渐变到包层的低折射率。光纤外面的包层既作为光学绝缘介质，也起到内芯的保护层。

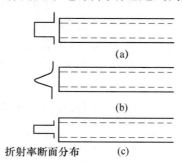

图 11 – 2　芯皮型结构

（a）多模阶跃折射率；（b）多模梯度折射率；（c）单模小芯光纤。

光纤按其传输模式分，有单模和多模之分。单模光纤细，芯径一般小于 $10\mu m$，其断面结构是芯细包层厚。多模光纤芯径大于 $50\mu m$，断面结构芯粗包层薄，在光传输时有多种空间电磁场模式存在。相比之下单模光纤波形失真小，损耗小，所以近年来更加受到重视。三类主要光纤的几何形状如图 11 –3 所示。

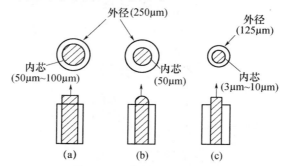

图 11 – 3　光纤的几何形状

（a）多模阶跃型；（b）多模梯度型；（c）单模。

在传输光信息时，多采用光缆。光缆是将若干根光纤单丝集聚一束，然后在外层包覆一层尼龙或聚乙烯塑料，最外层为保护层。

自聚焦光纤好像由许多微型透镜组成，能迫使入射光线逐渐地向光纤的中心轴靠拢，进行聚焦，因此，光线就不会从光纤中泄漏出去。这种光纤中央折射率最高，四周折射率按梯度均匀减小。

11.1.3　光纤的基本特性

1. 低损耗

光在光纤中传输时其损耗主要由吸收损耗和散射损耗造成的。吸收损耗由玻璃材料的本征吸收和杂质吸收。杂质吸收主要由玻璃中的 OH‾ 离子的吸收。例如,石英玻璃的紫外与红外吸收分别为 $0.2\mu m$ 以下和 $7\mu m$ 以上。

散射损耗主要有本征散射和结构不完善引起的散射,例如,芯与包层界面不完善,以及内部的条纹和气泡等缺陷造成的散射。

总之,光纤的传输损耗低,光纤的低极限损耗约为 $0.2dB/km$,一般达到 $0.4dB/km$。

2. 宽频带

脉冲光在光纤传输时,导致脉冲展宽的三个主要原因是模式色散(Modal Dispersion)、颜色(或材料)色散(Chromatic Dispersion)和波导(或结构)色散(Waveguide Dispersion)。

色散是指折射率及其它物理参数随光的波长变化而变化的现象。光纤的传输带宽又受这些参数限制。为方便起见,采用色散一词来描述这些参数的变化。

1)模式色散

不同的脉冲模式的激光在光纤传输时,它们将以不同的时间传输到光纤的另一端,其结果是使激光脉冲加宽,这种现象为模式色散。

2)"颜色"色散

颜色色散是光纤玻璃材料的折射率随入射光的波长的改变而改变的现象。实际光源具有非零的光谱宽度,即含有多"颜色"光。这些多"颜色"光具有不同的折射率,最终导致激光脉冲展宽。

3)波导色散

与光纤结构的波导效应相联系的色散称为波导色散,一般只在单模光纤中存在波导色散问题。

激光脉冲在时间轴上的展宽,对应于频率轴上是高频分量的衰减。但对于光传输,高频成分的衰减在原理上并不伴随能量的更多损失,而是由于色散引起的相位改变。

实验结果证实,目前研制的光纤的特性已接近理论极限值,单模光纤在波长 $1.3\mu m \sim 1.6\mu m$ 范围内已达到损耗和带宽的最高性能。

综上所述,作为传输介质的光纤的优点如下:

(1)现代光纤具有极低的传输损耗,低达为 $0.2dB/km$,这与 $2km$ 左右中继站的同轴电缆相比,光纤中继站的间距可能为 $100km$ 或更长。

(2)具有较大的频带宽度,对于多模光纤可达 $1GHz/km$,单模光纤可高达 $100GHz/km$,所以,光纤传输信息的载荷量大。

(3)抗电磁干扰和避免接地回路串扰问题,防止光纤间串音,并可增大电的安全性。

(4)可利用丰富的硅、磷、锗、硼等物质来制造,成本低。

(5)光纤是高强度抗断裂材料,体积小、重量轻及韧性好。

光纤的许多效益可以用一个例子来说明,1982 年,报道了美国航空母舰的最新应用,雷达和船体中心连接线路使用重 15 磅(1 磅 $=0.4536kg$)的光纤系统(设备价值 3000 美元)代替了 70t 铜线(设备费用为 100 万美元)。

可见,光纤技术作为高新技术在飞速发展,它应用于光纤通信已确定了稳固的地位,并在蓬勃发展,已成为信息高速公路的主要组成部分。光通信技术实质上是光电信息变换的一种基本形式,称为光信息通信变换方式(5.1 节)。由于光纤传输信息具有载荷量大、损耗小、频带宽、失真小、抗电磁干扰能力强等优点,现已广泛地用于文字、声音和视频图像等信息通信中。

11.2 光纤传感器的基本原理和类型

1. 光纤传感器的基本原理

光纤传感器是属于光电传感器的一个分支,它与其他光电传感器不同之处,其传光介质是光纤,因此,光纤传感器的光电信息变换的基本形式与5.1节介绍的内容基本相同。被测量对光纤传输的光进行调制,使传输光的功率(振幅)、相位或偏振状态等参量随被测量的变化而变化,这样就完成了被测量变换为光信息量的过程,即被测信息量载荷于光信息中。然后再对被调制过的光信息进行检测和解调,完成光电信息变换过程,从而获得被测参量。

2. 光纤传感器的分类

按照光纤在传感器中的作用,通常可将光纤传感器分为两种类型:一类是功能型(Function Fibre Optic Sensor);另一类是非功能型(Non – Function Optic Sensor)。功能型光纤传感器是以光纤本身作为敏感元件(传感介质),被测量通过使光纤的某些光学特性变化来实现对光纤传光的调制,因此,功能型光纤传感器又称传感型光纤传感器。非功能型光纤传感器是以光纤作为传光(光导)介质,利用其他敏感元件完成传感被测量的变化,实现被测量对光纤传光的调制,因此,非功能型光纤传感器又称传光型光纤传感器。

光纤传感器从20世纪80年代发展至今,已有强大的竞争力和吸引力,并得到迅速发展,是因为它与常规电传感相比有以下优点。

(1) 固有抗电磁干扰能力。

(2) 在易燃易爆、高温、蒸气和有害气体等恶劣环境中因光纤传感器在感测上无需电子线路或电源,所以应用它具有安全性。

(3) 具有很高的电气绝缘性,可在高压场合应用。

(4) 由于光纤具有低损耗,因此可以进行遥测或长距离的分布式光纤传感器。

(5) 光路结构简便,不受空间限制,成本低。

11.3 非功能型光纤传感器

非功能型光纤传感器中光纤只是起传光的作用,被测量通过其他敏感元件对通过光纤的辐通量(功率)进行调制,使输出光纤的光信号含有被测量的信息,光信号由探测器探测转换为电信号,再经放大、解调后便得到被测量。

常用的辐通量调制方式如图11-4所示。

1. 辐射式

如图11-4(a)所示,被测对象本身就是辐射能源,它发出的辐通量与被测对象(如温度)的量值有关。由光电器件探测和电路处理后,便可测定待测量的大小。辐射式可以应用于测量辐射体温度、辐射光谱分析、武器制导和火灾报警等。

2. 透射式

图 11-4(b)中被测对象可以是液体或透明体,被测对象改变了出射光纤 O_2 中的通量大小,探测器检测通量值便能求出被测量。透射式可以测量溶液的浓度和混浊度、透明体的密度、透过率以及疵病等。

3. 反射式

图 11-4(c)中的出射光纤 O_2 的通量值大小与被测对象的表面的几何状态和物理性能有关。所以此方式可以测量工件表面的粗糙度、光盘的定位和阅读。在入射通量对材料的激励下,对引起荧光或磷光材料的再发射的研究。

4. 遮挡式

图 11-4(d)中的遮挡可以是渐变式遮挡,用于测量位移和物体的定位;也可以是通断(开关)式遮挡,用于流水线上产品的自动计数。用调制盘作为敏感元件可以测量旋转体的转速。

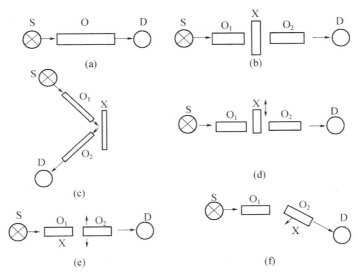

图 11-4 非功能型光纤传感器的调制方式

(a)辐射式;(b)透射式;(c)反射式;(d)遮挡式;(e)线位移式;(f)角位移式。

S—光源;D—探测器;O—光纤;O_1—入射光纤;O_2—出射光纤;X—被测对象。

5. 光纤位移式

如图 11-4(e)和(f)所示,两根光纤 O_1 和 O_2 间距为 $2\mu m \sim 3\mu m$,端面为平面。通常入射光纤 O_1 不动,被测量使出射光纤 O_2 作横向或纵向线位移(图 11-4(e)),或角位移(图 11-4(f)),于是出射光纤 O_2 输出的通量被其位移所调制。这种方式可以测量微量线位移和角度。

11.4　功能型光纤传感器

功能型光纤传感器中的光纤本身是传感元件,被测量改变光纤本身的传输特性。通常被测量调制光纤传输的基本参数:①光纤传输的辐通量(功率);②光通过光纤的传输时间（或相位）；③光纤传输光的偏振状态。下面介绍两种典型的调制方式。

1. 功率调制式光纤传感器

图 11-5 为微弯功率调制式光纤传感器结构原理图。两块波形板或一串滚筒组成变形器，一根多模光纤从波形板或滚筒之间通过。

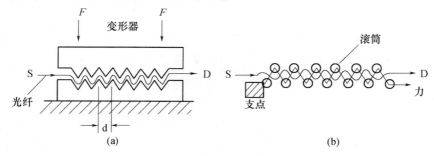

图 11-5　微弯功率调制式结构原理
(a)波形板式；(b)滚筒式。

由光全反射原理可知，当光纤发生弯曲达到一定程度后，使射向纤芯与包层界面上的部分光线的入射角小于临界角，这部分光线穿过界面折射到包层内，造成纤芯传输损耗，称为微弯损耗。当变形器受力或位移时，变形器使光纤发生周期性微弯曲，引起传输光的微弯损耗。当光纤入射端的辐通量恒定时，变形器的位移或受力越大，光纤出射端输出的辐通量越小，通过检测光纤输出的辐通量的变化就能测出位移或受力等被测量。

2. 相位调制式光纤传感器

图 11-6 所示是相位调制式光纤传感器的典型实例，用于探测水声波信息。激光器发出的激光由分光器分为两路光束：一路光束经驱动频率为 $\Delta\nu$ 的布喇格盒，使激光产生频移 $\Delta\nu$，作为参考光路；另一路光束输入光纤声波传感器，作为测量光路。光纤线圈在水声波作用下产生变形，引起光程差的变化，导致光传输的相位差（时间差）发生变化。两路光束在复合器进行外差，得到频率为 $\Delta\nu$ 的声波信息相位调制信号。

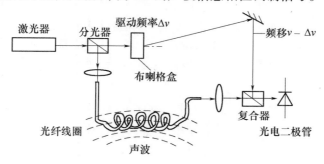

图 11-6　光纤外差水听器原理

差频信号经滤波后，滤掉直流分量、高次谐波的和频及差频分量后，光电二极管输出的光电流为

$$i_\varphi = I_{\varphi m}\cos(2\pi\Delta vt + \Delta\varphi) \tag{11-2}$$

相位差 $\Delta\varphi$ 含有声波信息。经电路处理解调后，测得声波信息量。

206

思考题与习题

11-1 试说明光纤传光的原理。什么是数值孔径?

11-2 简述光纤的分类及特性。指出光纤有哪两大方面的应用?

11-3 试说明光纤传感器的基本原理和分类。

11-4 试设计差分式光纤传感器表面粗糙度检测方案,要求:①设计差分式光纤传感器结构原理图;②画出检测电路框图。

11-5 试说明功率调制式和相位调制式光纤传感器的原理和区别。

11-6 试设计用光纤传感器检测旋转体转速的方案,要求:①设计光纤传感器结构原理图;②画出检测电路框图。

第 12 章　光电信息技术应用

光电信息技术是由光学、光电子、微电子等技术结合而成的多学科综合技术,涉及光信息的辐射、传输、探测以及光电信息的转换、存储、处理与显示等众多的内容。

光电信息技术以其极快的响应速度、极宽的频宽、极大的信息容量以及极高的信息效率和分辨率推动着现代信息技术的发展,目前已经广泛应用于国民经济和国防建设的各行各业。近年来,随着光电信息技术产业的迅速发展,对从业人员和人才的需求逐年增多,因而对光电信息技术基本知识的需求量也在增加。

在技术发达国家,与光电信息技术相关产业的产值已占国民经济总产值的 1/2 以上,从业人员逐年增多,竞争力也越来越强。

本章简单介绍一些光电信息技术的典型应用,希望对学生有一定的参考价值。

12.1　光存储技术

信息存储技术是将字符、声频和视频等有用信息数据通过专门的写入装置暂时或永久记录在某种存储介质中,并可利用相应的读出装置将信息从存储介质中重新再现的技术总称。

对于声频和视频信息的采集与处理及大规模的文字和图像信息来说,都必须要有大量的存储空间。从而首先要解决存储装置问题,目前相对而言较好的外存储器即为紧凑型只读光盘 CD – ROM。光盘存储已成为现代化办公及生活中不可缺少的和最为流行的信息载体,此外各种多媒体应用也都是通过 CD – ROM 来读取程序和数据的。

光盘存储提供了存储和发布大文件的一个非常耐久的方法。

对于光存储技术来说光盘和光盘驱动器是存储设备的核心,学习和掌握有关的知识便显得尤为重要,而其中由光盘驱动器和光盘盘片组成的光盘系统的相关理论的掌握是更为重要。下面主要介绍采用光热变形的光盘存储系统。

1. 光盘的类型

1）记录用光盘

记录用光盘也称"写后直读型 draw"光盘,它兼有写入和读出两种功能,并且写入后不需要处理即可直接读出所记录的信息,因此,可用做信息的追加记录。这类系统根据记录介质和记录方式的不同又可分为一次写入和可擦重写两类。一次写入主要用于文件档案、图书资料、图纸图像、音频和视频信息的存储;可擦重写方式特别适用于计算机的外部存储设备。

2）专用再现光盘

专用再现光盘也称"只读(read only)"型光盘。它只能用来再现由专业工厂事先复制的光盘信息,不能由用户自行追加记录。例如,激光电视唱片(CD – ROM)、计算机软件光盘等都属于这一类。这类光盘批量大、成本低,已占领了大部分音响和视频市场。

2. 光盘存储的特点

光盘存储具有如下特点:

(1)存储密度高、容量大:在直径 300mm 的数字光盘中的数据总容量为 8×10^{10} B;光盘纹迹间距为 $1.6\mu m$、直径为 300mm 的光盘每盘面有 54000 道纹迹。如每圈纹迹对应一幅图像,则可容纳 50000 多幅静止的图像。

(2)读写率高:数字光盘单通道可达 25×10^{6} b/s。

(3)存储寿命长:库存时间大于 10 年以上,而商用磁盘仅为 3 年~5 年。

(4)每信息位的价格最低,易复制、寿命长。

(5)有随机寻址能力,随机存取时间小于 60ns。

(6)高数据传输速率:可达几十兆字节每秒。

(7)信息的信噪比高:可达 50dB 以上,反复读取后不降低,图像和声音的清晰度是磁材料记录所无法比拟的。

(8)光盘存储是非接触读/写,防尘耐污染,操作方便,易与计算机联机使用。

12.2　光　盘　存　储

光盘是一种圆盘状的信息存储器件。它利用受调制的细束激光改变盘面介质不同文职处的光学性质,记录待存储的数据。当用激光束照射介质表面时,依靠各信息点处光学特性的不同提取被存储的信息。在光盘上写入信息的装置称作光盘记录系统,如光盘文件记录器;能从光盘上读出数据的装置为光盘重放系统,如视频光盘放像机。大多数光盘装置具有记录和重放的双重功能。

1. 光盘读/写原理

1)只读型

如图 12 – 1 所示为光盘光轨道形状示意图,图 12 – 2 所示为光盘读/写的原理图。

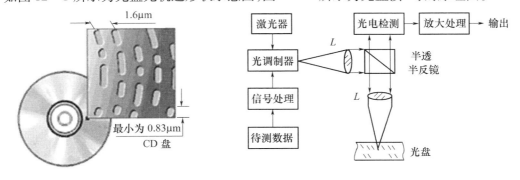

图 12 – 1　光盘光轨道形状示意图　　　　图 12 – 2　光盘读/写原理图

将载有音频、视频或文件信息的调制激光束用聚焦透镜缩小成直径约为 $1\mu m$ 的光点。用高能量密度的细束激光加热光盘记录介质的表面,使局部位置发生永久性变形,造成介质表面光学特性的二值化改变。由于光盘是旋转的，而写入头是平移的，在光盘盘面上会形成轨迹为螺旋状的一系列微小凹坑，或者其它形式的信息记录点。这些信息点的不同编码方式就代表了被存储的信息数据。一般光盘凹坑宽度为 $0.4\mu m$，深度为读出光束波长的 $1/4$，约为 $0.11\mu m$，螺旋线形的纹迹间距为 $1.67\mu m$。

在读出状态时，将照射激光束聚焦在光盘信息层上。当激光束落在信息层的平坦区域时，大部分光束被反射回物镜，落在凹坑边缘的反射光因衍射作用向两侧扩散，只有少量反射能折回物镜。落入凹坑底部的光束由于坑深为 $1/4\lambda$，故反射光相位与坑上反射光相位差为 $1/2\lambda$。由干涉理论可知，当两束光相位差为 $1/2\lambda$ 时，形成暗条纹。由此可见，当激光束全部照在光盘信息层的平坦区域时，反射光为亮纹；而当部分激光束落在凹坑底部时，反射光为暗纹。这样，当光盘按一定的速度旋转时，来自光盘的反射激光束的亮度将随光盘上凹坑的变化而变化。只要用光电检测器接收反射回来的被信息点调制的光强，就可得到"0"或"1"的信号，如图 12-3 所示。

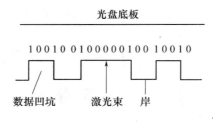

图 12-3　CD-ROM 读盘原理示意图

读出数据时，与写入信息相同，光盘转动，读数头作平移运动，即合成螺旋运动。

2）可擦型

它与只读型类似，只是在激光束照射光盘时，需要使光盘表面的磁性膜磁化或使介质表面结晶状态发生变化。

光存方法为采用光热磁效应的光磁盘装置。它的基本设备也和光盘装置相类似，主要的区别在于它采用磁性的记录介质。在细束激光的调制作用下，通过改变介质的磁化方向完成信息的存储。在信息读出时不是通过检测光的反射率，而是通过检测光的偏振状态和检测信息点的磁化方向。

2. 光盘编码数据

为了在物理介质上存储数据，必须把数据转换成适于在介质上存储的物理表达形式。习惯上，把数据转换后得到的各种代码称为通道码。之所以叫通道码，是因为这些代码要经过通信通道。磁带、磁盘、网络都使用通道码。可以说，所有高密度数字存储器都是使用 0 和 1 表示的通道码。如软磁盘，它就使用了改进的调频制（Modified Frequency Modulation，MFM）编码，通过 MFM 编码把数据变成通道码。CD-ROM 和 CD-DA 一样，把一个 8 位数据转换成 14 位的通道码，称为 8-14 调制编码，记为 EFM（Eight-to-Fourteen Modulation）。根据通道码可以确定光盘凹坑和非凹坑的长度。

以 CD-ROM 为例，光盘上的信息是沿着盘面螺旋形状的信息轨道以一系列凹坑点线的形式存储的。激光光束能在 $1\mu s$ 内从 $1\mu m^2$ 探测面积上获得满意的信号。利用激光聚焦成亚微米级激光束对轨道上模压形成的凹坑进行扫描，光束扫描凹坑边缘时，反射率

210

发生变化,表示二进制数"1",在坑内或岸上均为"0"。通过光学检测器产生光电检测信号,从而读出 0、1 数据。

一般坑深为 $0.11\mu m \sim 0.13\mu m$,光轨道的间距为 $1.6\mu m$,坑宽不足光轨道间距的 $1/3$,为 $0.4\mu m \sim 0.5\mu m$,光轨道位长度约 $0.25\mu m$。为了提高数据的可靠性,减少误码率,存储数据采用 EFM 编码,即 1 字节的 8 位数据经编码为 14 位的光轨道位,这些光轨道位采用 RLL(2,10)规则的插入编码,意即"1"码间至少有两个"0"码,但最多有 10 个"0"码。图 12 - 4 为光盘数据通道编码示意图。

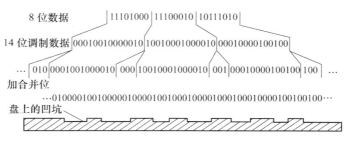

图 12 - 4　光盘数据通道编码示意图

CD - ROM 盘表面由一个保护层覆盖。这个涂层使你无法触摸到凹坑,它有助于保护盘片不被划伤、印上指纹和粘上杂物。

12.3　光盘驱动器

1. 光盘驱动器的组成
光盘驱动器的组成方框图如图 12 - 5 所示。

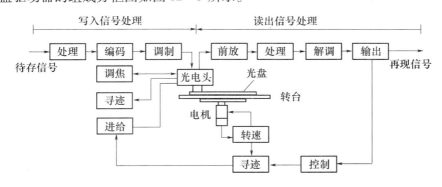

图 12 - 5　光盘驱动器组成方框图

光盘存储系统的核心装置是光盘驱动器。它是一种超精密光电子装置,主要包括光学系统、机械系统、伺服跟踪系统和信号处理系统。

驱动器的读写头是用半导体激光器和光路系统组成的光头,光盘为表面具有磁光性质的玻璃或塑料等圆形盘片。光盘系统较早应用于小型音频系统中,它使得音响系统具有优异的音响效果。20 世纪 80 年代初开始逐步进入计算应用领域,特别是在多媒体技术中扮演着极为重要的角色。下面简单介绍光盘驱动器各组成部分。

1）光学系统

光学系统由以下几部分组成。

（1）激光聚束光路。它产生用于写入和读出的两种激光细束，它们公用一个聚焦透镜。为区别写入和读出激光束，一般采用偏振分束镜使偏振角分开，并用半波片调制相对光强度。

（2）写入光调制器。现多用半导体激光器电流调制，即在编码后的信号控制下使激光束光强发生变化。

（3）寻迹跟踪反射镜。在读出时由寻迹跟踪系统控制，使扫描光点准确跟踪纹迹。

（4）光电检测系统。它接收光盘的反射光束，将其分束并由光点信息转换器件检测，从而得到待还原的数据信号和有关调焦及寻迹跟踪的控制信号。

2）机械系统

机械系统由以下几部分组成。

（1）转台机构。它用于承载光盘并以 $1200r/min \sim 1800r/min$ 的恒定线速转动，采用空气轴承，径向定位稳定度优于 $0.1\mu m$，轴向跳动小于 $0.1\mu m$。

（2）滑板机构。它使光学系统做径向进给运动，使激光光点在光盘上形成螺旋线轨迹，采用空气轴承支撑，线性电机驱动位移速度为 $40mm/s$。

（3）光电头机构。它用于承载光学系统、光电检测系统和部分电路等。

3）控制系统

控制系统由以下部分组成。

（1）转台恒速控制系统。它采用锁相控制电机和轴角编码传感器组成闭环电路。

（2）滑板位移控制系统。它用线性电机驱动，由光栅或直线编码器等测速装置产生速度反馈信号。

（3）调焦控制系统。它控制聚束镜头到实际光盘平面的偏差，为实时控制系统，通过离焦检测，用线性驱动器控制镜头轴向跟踪光盘，离焦量小于 $\pm 0.1\mu m$。

（4）寻迹跟踪系统。它保证激光束照射在纹迹的中央，采用径向误差检测器测出光点的偏移量，将校正放大后驱动寻迹反射镜，使光点能以 $\pm 0.1\mu m$ 的位置精度进行纹迹跟踪。

4）信号处理系统

它由以下部分组成。

（1）写入信号处理器。它对输入信息进行数字化处理、编码、校正，形成光束的调制信号。

（2）读出信号处理器。它用于检测、恢复已存储的信息，包括光信号检测、放大、编码/解调、误差补偿、D/A 转换和信号输出。

（3）控制器。实现光盘系统的程序运行和操作、信号接口联络、信号缓冲和指令控制等。

2. 光盘驱动器的读盘原理

从激光二极管（激光器）发出的激光束经透镜准直和聚焦后，射向光盘铝反射层。当激光束照射到光盘的凹槽边界时，反射光束强弱发生变化，这时读出的为"1"数据信息，反之，当激光照射到槽底或凸面的平坦部分时，反射光强度没有变化，认为读出的是"0"数据信息。反射光导入光电检测器（光电检测二极管），由光电检测器（光电检测二极管）

根据反射光的强弱不同转换为用1、0表示的电信号。从而得到光盘中存储的编码信息，编码信息再经译码后，便可得到其所存的信息状态。图12－6给出了读盘过程中光束路径的变化。

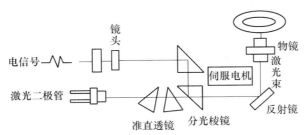

图12－6　光盘驱动器的读盘原理图

读盘原理：

常说的光盘(CD)实际上是Compactdiscs的缩写。不管其存储的是音乐(Audio)、数据(Data)还是其它多媒体视频文件(Video)等，所有数据都经过数字化处理变成"0"与"1"，其所对应的就是光盘上的Pits(凹点)和Lands(平面)。

所有的Pits都有着相同的深度与长度。一个Pits大约只有0.5μm宽，大概就是500粒氢原子的长度。而一张CD光盘上大约有28亿个这样的Pits。当激光映射到盘片上时，如果是照在Lands上，那么就会有70%~80%激光被反射回；如果照在Pits上，就无法反射回激光。根据反射和无反射的情况，光盘驱动器就可以解读"0"或"1"的数字编码。

首先将光盘凹凸面向下对着激光头，当激光头读取盘片上的数据时，从激光发生器发出的激光透过半反射棱镜，汇聚在物镜上，物镜将激光聚焦成为极其细小的光点，透过光盘表面透明基片照射到凹凸面上。此时，光盘上的反射物质就会将照射过来的光线反射回去，透过物镜，再照射到半反射棱镜上。此时，由于棱镜是半反射结构，因此不会让光束穿透它并回到激光发生器上，而是使光线经过反射，穿过透镜，到达光敏元件上面。由于凸面会将激光原封不动反射回去，并不会有强度损失，而凹面则将光线散射出去，所以就依靠"反射"和"散射"来识别数据。其中，光强度由高到低(或由低到高)的变化被表示为1，持续一段时间的连续光强度表示为0，并将它们解析成为所保存的数据。

3．光盘刻录原理

具有刻录功能的光盘驱动器CD－RW是CD－ReWritable的缩写，是允许用户在同一张可擦写光盘上反复进行数据擦写操作的光盘驱动器，由Ricoh公司首先推出。CD－RW采用相变技术来存储信息。相变技术是指在盘片的记录层上，某些区域是处于低反射特性的非晶体状态；数据是通过一系列的由非晶体到晶体的变迁来表示。CD－RW驱动器在进行记录时，通过改变激光强度来对记录层进行加热，从而导致从非晶体状态到晶体状态的变迁。

12.4　蓝光刻录

1．蓝光盘名称由来

蓝光(Blu－ray)这一名称是所用激光的颜色"蓝色"(blue)与"光线"(ray)两个词组

合而成,而蓝光盘是(Blu‑ray Disc,BD)利用波长较短(405nm)的蓝色激光读取和写入数据,并因此而得名。

2. 蓝光存储技术的优点

(1)蓝光光盘存储容量高,可以储存和播放大量高清晰视频和音频以及照片、数据和其他数字内容。

到目前为止,蓝光是最先进的大容量光碟格式,BD 激光技术的巨大进步,使得在一张单碟上能够存储 25GB 的文档文件。这是现有(单碟)DVD 的 5 倍。

(2)读写速度快,蓝光允许 1 倍～2 倍或者说 4.5Mb/s～9Mb/s 的记录速度。

(3)数据安全性高,蓝光光盘拥有一个异常坚固的层面,可以保护光盘里面重要的记录层,以保证蓝光产品的存储质量和数据安全。

(4)兼容性强,在技术上,蓝光刻录机系统可以兼容此前出现的各种光盘产品。

蓝光是下一代数字视频光盘,它可以记录、储存和播放高清晰视频和数字音频以及计算机数据,其蓝光的最大优势是可以存储海量的信息。蓝光产品的巨大容量为高清电影、游戏和大容量数据存储带来了可能和方便。将在很大程度上促进高清娱乐的发展,蓝光光盘与传统 DVD 相比,不仅存储容量大,而且还能提供更高级的交互体验。用户能够连接到互联网即时下载字幕和其他交互的电影功能。蓝光的优势具体体现在:

(1)录制高清晰电视(高清电视)节目,无任何质量损失。

(2)即时搜索光盘。

(3)可以在观看光盘上一个节目的同时录制另一个节目。

(4)创建播放列表。

(5)对光盘上录制的节目进行编辑或重新排序。

(6)自动搜索光盘上的空白空间,避免覆写节目。

(7)访问网页以下载字幕和其他附加功能。

3. 蓝光存储的原理

光盘是将数字编码的视频和音频信息存储在凹槽中,即从光盘中心到边缘的螺旋槽。激光读取这些凹槽的背面,即凸起,播放在 DVD 上存储的电影或节目。光盘上包含的数据越多,凹槽就必须越小、越紧凑。凹槽(与之相对的是凸起)越小,读取激光的精度就必须越高。

蓝光之所以能够在同样的一张 12cm 的光盘上放下五倍于 DVD 的容量,主要是在三个方面做了技术的改变。

(1)光头发出的激光,波长越小,其激光越细。目前使用红色激光的 DVD 发出激光的波长为 650nm,属于红光范围,而 BD 发出的激光波长是 405nm,属于蓝色激光。通常来说波长越短的激光,能够在单位面积上记录或读取更多的信息。在同样大小的盘片上就能够存储更多的数据。

(2)只有蓝色激光还不够,还需要打孔径透镜的支持,透镜孔径越大,激光穿过透镜后的聚焦点越小,目前,DVD 采用 0.6NA 透镜,而 BD 采用 0.85NA 透镜,BD 穿过透镜的光束聚焦更精确,聚焦点只有 DVD 红光聚焦点面积的 19%,即 1/5 的面积,能够读取只有 0.15μm 长的凹槽中记录的信息——这个长度还不到 DVD 上凹槽长度的 1/2。

(3)由于透镜孔径变大,激光聚焦点位置变化,要求盘片的记录层随之变化,现有的

DVD 光盘是由两张厚 0.6mm 的树脂基板中间夹记录层构成。BD 采用下层 1.1mm 树脂基板,中间为记录层,记录层上有 0.1mm 涂层构成。此外,蓝光光盘还将轨距从 0.74μm 缩小到 0.32μm。

通过以上三种技术的改变,以更小的凹槽、更小的光束以及更短的轨距结合起来,使得单层蓝光光盘能够保存 25GB 以上的信息——达到了同样大小的光盘约存储量是 DVD 存储量的 5 倍。DVD 与蓝光光盘之间结构对比如图 12 - 7 所示。

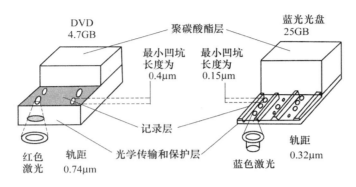

图 12 - 7　DVD 与蓝光光盘之间结构对比

在结构上,蓝光光盘的厚度为 1.1mm,而 DVD 光盘的厚度为 1.2mm,大致相同。但是,两种光盘存储数据的方式并不相同。在 DVD 中,数据存放在两个聚碳酸酯层之间,每层有 0.6mm 厚。数据上面的聚碳酸酯层可能导致双折射问题,底层会将激光折射成两个不同的光束。如果光束分得过开,光盘将无法读取。此外,如果 DVD 表面不够平,导致不能准确地保持与光束垂直,可能导致盘片倾斜问题,激光束会因此变形。所有这些问题都导致对生产工艺有极高的要求。

图 12 - 8 是 CD、DVD、蓝光光盘的写入功能对比示意图。

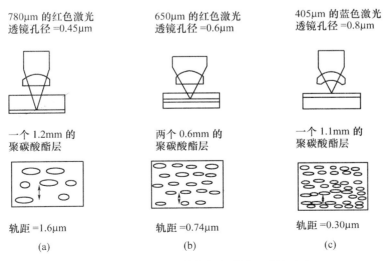

图 12 - 8　CD、DVD、蓝光光盘的写入功能对比
(a)CD;(b)DVD;(c)蓝光光盘。

蓝光光盘克服了 DVD 的读取问题。将数据放在上面可以防止双折射,避免出现可读性问题。而且,记录层与读取装置的物镜更接近,盘片倾斜问题也基本得到解决。由于数据更接近表面,因而在光盘外面加了坚固的涂层,防止产生划痕和指印。

目前,蓝光技术得到了世界上 170 多家大的游戏公司、电影公司、消费电子和家用计算机制造商的支持。

12.5　光　电　鼠　标

伴随着光电技术突飞猛进的发展,作为计算机重要的输入设备之一的鼠标也从简单的机械式鼠标变成先进的光电式鼠标。1999 年,微软公司与安捷伦公司合作发布了 IntelliEye 光学引擎,以及第一只光学鼠标。从光电鼠标的出现,到主导市场仅用了短短的 4 年时间。而且就现代光电技术来看,新一代的光电鼠标从性能上取代老式的光机鼠标已成定局。

光电鼠标经历了需要专用鼠标垫的第一代和不需要专用鼠标垫的第二代两个发展阶段,按照与计算机主机的连线关系又分为有线连接和无线连接两种。下面简单介绍其工作原理。

1. 第一代光电鼠标的工作原理

第一代光电鼠标是利用漫反射原理,与机械式鼠标最大的不同之处在于其定位方式不同。光电鼠标器是通过检测鼠标器的位移,将位移信号转换为电脉冲信号,再通过程序的处理和转换来控制屏幕上的光标箭头的移动。光电鼠标用光电传感器代替了滚球。这类传感器需要特制的、带有条纹或点状图案的垫板配合使用。

光电鼠标由光断续器来判断信号,最显著特点就是需要使用一块特殊的反光板作为鼠标移动时的垫。这块垫的主要特点是其中那微细的一黑一白相间的点。原因是在光电鼠标的底部,有一个发光的二极管和两个相互垂直的光电晶体管,当发光的二极管照射到白点与黑点时,会产生折射和不折射两种状态,而光电晶体管都这两种状态进行处理后便会产生相应的信号。从而使计算机作出反应,一旦离开那块垫,那光电鼠标就不能使用了。

在光电鼠标内部有一个发光二极管,通过该发光二极管发出的光线,照亮光电鼠标底部表面(这就是为什么鼠标底部总会发光的原因)。然后将光电鼠标底部表面反射回的一部分光线,经过一组光学透镜,传输到一个光感应器件(微成像器)内成像。这样,当光电鼠标移动时,其移动轨迹便会被记录为一组高速拍摄的连贯图像。最后利用光电鼠标内部的一块专用图像分析芯片(DSP,数字信号处理器)对移动轨迹上摄取的一系列图像进行分析处理,通过对这些图像上特征点位置的变化进行分析,来判断鼠标的移动方向和移动距离,从而完成光标的定位。

光电鼠标通常由以下部分组成:光学感应器、光学透镜、发光二极管、接口微处理器、轻触式按键、滚轮、连线、PS/2 或 USB 接口、外壳等,如图 12 - 9 所示。下面简单介绍几个重要的部件的功能。

1) 光学感应器

光学感应器是光电鼠标的核心,目前能够生产光学感应器的厂家只有安捷伦、微软

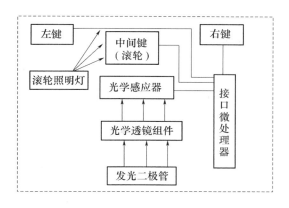

图 12-9 光电鼠标组成方框图

和罗技三家公司。其中,安捷伦公司的光学感应器使用十分广泛,除了微软的全部和罗技的部分光电鼠标之外,其他的光电鼠标基本上都采用了安捷伦公司的光学感应器。

2）光电鼠标的控制芯片

控制芯片负责协调光电鼠标中各元器件的工作,并与外部电路进行沟通(桥接)及各种信号的传送和收取。可以将其理解成是光电鼠标中的"管理中心"。

3）光学透镜组件

光学透镜组件被放在光电鼠标的底部位置,它由一个棱光镜和一个圆形透镜组成。其中,棱光镜负责将发光二极管发出的光线传送至鼠标的底部,并予以照亮。圆形透镜则相当于一台摄像机的镜头,这个镜头负责将已经被照亮的鼠标底部图像传送至光学感应器底部的小孔中。

4）发光二极管

通常,光电鼠标采用的发光二极管是红色的(也有部分是蓝色的),且是高亮的(为了获得足够的光照度)。发光二极管发出的红色光线:一部分通过鼠标底部的光学透镜(即其中的棱镜)来照亮鼠标底部;另一部分则直接传到了光学感应器的正面。用一句话概括来说,发光二极管的作用就是产生光电鼠标工作时所需要的光源。

光电式鼠标除了新采用的 CCD 的外,一般的光电鼠标(包括在用的)内部判断原理和机械鼠标类似,从根本的识别本质上看,只不过是把机械鼠标内部的光电器件拿到外部来了。机械鼠标内部用带栅格的轮子来切割光线,经光电转换后得到脉冲,而光电鼠标则利用鼠标外部的反射面,因为一般的反射面(桌面、纸面等)都是漫反射(光电鼠标在镜面上就不行了),同样移动鼠标,反射光反射回鼠标有变化,同样得到光电转换后的到脉冲信号。再有鼠标专用集成电路根据接收头得到的脉冲信号的先后次序就能得到鼠标的相对移动,得到鼠标是前后移动还是左右移动。再结合软件,就能得到鼠标任意方向的相对移动。

2. 第二代光电鼠标的工作原理

第二代的光电鼠标的原理很简单:其使用的是光眼技术,这是一种数字光电技术,较之第一代需要专用鼠标垫的光电鼠标完全是一种全新的技术突破。光电感应装置每秒发射和接收 1500 次信号,再配合 18MIPS(每秒处理 1800 万条指令)的 CPU,实现精准、快速的定位和指令传输。另一优势在于光眼技术摒弃了上一代光电鼠标需要专用鼠标板的束缚,可在任何不反光的物体表面使用,而且最大的优势:定位精确。随着 IT 技术的发展,光电鼠标也不仅仅局限在老式的有线鼠标,逐渐发展成多功能的无线鼠标等。一般来说,光电鼠标的起步就是很高的,也就是说,大部分光电鼠标均是人体工程学设计,这样可以让消费者拥有一个更合适的消费理由。

12.6 扫 描 仪

扫描仪是集光学、机械、电子一体化的现代高技术电子产品,是继键盘和鼠标之后的第三代计算机输入设备。自 20 世纪 80 年代诞生之后,得到迅猛的发展和广泛的应用,从最初仅仅应用在印刷、出版、广告和工程设计等专业领域,到现在普遍应用在政府机关和多数企事业单位的办公自动化中,乃至甚至延伸到的领域还有商业、金融、医疗和公安等众多系统,甚至随着家用扫描仪的价格急剧下降和满足不同层次家庭用户的需要,已经大量走进普通家庭。

12.6.1 扫描仪的功能

图像信息是一种包含信息量最大的传输方式,扫描仪的主要功能是用于计算机图像的输入。从最直接的图片、照片、胶片到各类图纸、图形以及文稿资料都可以用扫描仪输入到计算机中,进而实现对这些图像信息的处理、管理、使用、存储或输出。由于它的出现,使一些领域的工作方式发生了革命性的变化,也为家庭文化娱乐生活提供了新的方式。

实际上虽然扫描仪和数码相机都是工作和生活中不可缺少的数字化设备,它们在应用上各有优势,但是扫描仪是使已有图片或照片数字化的唯一方法。

扫描仪的主要功能可以概括为以下四个方面。

1. 采集图像

将模拟图像转换为数字图像,这是扫描仪的主要功能。所谓模拟图像是指普通照片、印刷在各种介质上的图形图像,以及绘画和电影电视画面等。因为人的眼睛所能识别的图像都是由可见光形成的,所以模拟图像所传递的是一系列亮度变化的信息(还有一些由不可见光形成的图像,比如 X 射线、红外线、微波等,必须通过相关的设备将其转换为可见光信息才能显示出来)。而扫描仪就是将这些光信息转换为数字信息的保存并显示出来的工具,所以凡是通过扫描仪采集到的图像都是数字图像。当然数字图像的来源并不仅仅是扫描仪,数码相机和数码摄像机也是产生数字图像的设备,另外直接通过绘图软件进行创作、生成的也是数字图像。

2. 文字录入

识别文字并且将结果直接转换为可编辑的文本方式进行处理,这是扫描仪另一重要功能。如果对键盘输入汉字不太熟练,用扫描仪的此项功能配合一下,对于提高工作效率会有很大帮助。

OCR(光学字符识别)技术把扫描仪的应用从图片推广到文字,它是以图形方式将文字材料扫描进计算机,然后通过软件进行识别使其成为可以编辑的文本文件。一篇 A4 幅面的印刷文档,从开始扫描到识别出来仅仅需要 2min~3min 的时间,在提高工作效率的同时也降低了劳动强度。目前,OCL 技术日趋成熟,不仅能识别文字,还能识别表格;不仅能识别中文、日文,并且还在识别手写体的领域得到发展。目前扫描仪的附带软件包中的专业版 OCL 文字识别软件甚至还具有自动版面复原功能。

3. 复印资料

目前 SOHO(Small Office Home Office)在全球广泛流行,并且成为一种时尚。而家庭办公少不了要经常复印资料,但是复印机价格相对昂贵,一般家庭难以承受,而且一般只能进行黑白复印。而有了扫描仪,在打印机的配合下,就能够实现复印机的功能。如果是彩色打印机,还能够进行彩色复印。据有关资料介绍,目前有的扫描仪不需要通过计算机而直接与打印机连接,这就使得扫描仪的复印功能更加完善。

4. 发送电子邮件

由于 Internet 的普及,传统的信件通信方式已经被电子邮件方式所取代。那么,在电子邮件中加一张近照给远方的亲人,会给人一种更加完美的感觉。此事交给扫描仪再合适不过了,有的扫描仪商家在其新产品中增加了快捷键,将照片摆在扫描仪的平台上,只需按一下发电子邮件就可以了。

12.6.2 扫描仪的构成和工作原理

扫描仪的问世不过十几年的时间,但其发展速度很快。经历了黑白、灰白、彩色三个发展阶段,已形成了手持式、平台式、滚筒式等主要门类,如今早期的手持式扫描仪已基本被淘汰,滚筒式扫描仪也大有被平台式扫描仪淘汰之势。目前在全球扫描仪市场中,成长最快、销量最大、用户最多且用途最广的当属平台式扫描仪,按其价位和专业性能又分为家用扫描仪、商用(办公)扫描仪和专业级扫描仪。

平台式扫描仪从结构上分为 CCD 和 CIS 两种类型,其中 CCD 扫描仪是市场的主流。

1. 扫描仪的构成

CCD 型扫描仪主要由光学成像部分、机械传动部分和光电转换部分组成。这几部分相互配合,将反映图像特征的光信号转换为计算机可接受的电信号才能完成扫描过程。其中光学成像部分是扫描仪的关键和核心部分,也就是通常所说的镜组。扫描仪的核心是完成光电转换的光电转换部件,目前大多数扫描仪采用的光电转换部件是电荷耦合器件 CCD,它可以将照射在其上的光信号转换为对应的电信号。打开扫描仪的黑色上盖,可以看到里面有镜条和镜头组件及 CCD。除核心的 CCD 外,其它主要部分有光学成像部分的光源、光路和镜头。光学部分是扫描仪的"眼睛"。

机械传动部分包括步进电机、扫描头及导轨等,主要负责主板对步进电机发出指令带动皮带,使镜组按轨道移动完成扫描。

光电转换部分是指扫描仪内部的主板。主板以一块集成芯片为主,其作用是控制各部件协调一致地动作,如步进电机的移动。其中有 A/D 转换器、BIOS 芯片、I/O 控制芯片和高速缓存(Cache)。BIOS 芯片的主要功能是在扫描仪启动时进行自检,I/O 控制芯片提供连接界面和连接通道,高速缓存则是用来暂存图像数据的。如果先把图像数据字节传输到计算机里,那么就会发生数据丢失和影像失真等现象,如果先把图像数据暂存在高速缓存里,然后再传输到计算机,就减少了上述情况发生的可能性。现在普通扫描仪的高速缓存为512KB。高档扫描仪的高速缓存可达2MB。

光电转换部分的主要职能就是完成图像数据转换、向计算机传送数字信息等。它控制扫描仪的整个工作过程。整个扫描仪的协调配合及对数据进行处理的工作都由它来完成。扫描的主板是扫描仪的心脏。

2. 扫描仪的工作原理

CCD扫描仪的工作原理从它的工作过程就能够反映出来。其扫描的一般过程为:

(1)开始扫描时,机内光源发出均匀光线照亮玻璃面板上的原稿,产生表示图像特征的发射光(反射稿)或透射光(投射稿)。反射光经过玻璃板和一组镜头,分为红绿蓝3种颜色汇聚在CCD感光元件上,被CCD接受。其中空白的地方比有色彩的地方能发射更多的光,如图12-10所示。

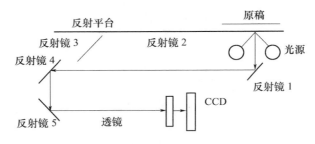

图12-10　反射稿扫描原理示意图

(2)步进电机驱动扫描头在原稿下面移动,读取原稿信息。扫描仪的光源为长方形,照射到原稿的光线经发射后穿过一个很窄的缝隙,形成沿x方向的光带,经过一组反光镜,由光学透镜聚焦并进入分光镜。经过棱镜和红、绿、蓝三色滤色镜得到的RGB三条彩色光带分别照到各自的CCD上,CCD将RGB光带转变为模拟电子信号,此信号又被A/D转换器转变为数字电子信号。

(3)反映原稿图像的光信号转变为计算机能够接受的二进制数字信号,最后通过USB等接口送至计算机。扫描仪每扫描一行就得到原稿x方向一行的图像信息,随着沿y方向的移动,直至原稿全部被扫描。经由扫描仪得到的图像数据被暂存在缓冲器中,然后按照先后顺序将图像数据传输到计算机并存储起来。当扫描头完成对原稿的相对运动,将图搞全部扫描一遍,一幅完整的图像就输入到计算机中去了。

(4)数字信息被送入计算机的相关处理程序,在此数据以图像应用程序能使用的格式存在。最后通过软件处理再现到计算机屏幕上,如图12-11所示。

所以说,扫描仪的简单工作原理就是利用光电元件将检测到的光信号转换成电信号,再将电信号通过A/D转换器转化为数字信号传输到计算机中。无论何种类型的扫描仪,它们的工作过程都是将光信号转变为电信号。所以,光电转换是它们的核心工作原理。扫描仪的性能取决于它把任意变化的模拟电平转换成数值的能力。只能区别黑色和白色的扫描仪只适合于扫描文本文件;彩色扫描仪用红、蓝、绿滤色镜来探测反射光中的各种颜色。现在的扫描仪几乎都是彩色模式。

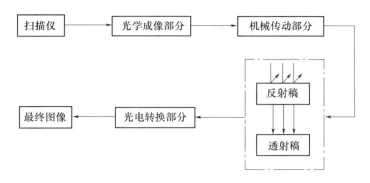

图 12-11 扫描仪的工作原理示意图

在扫描仪获取图像的过程中,有两个元件起到关键作用:一个是 CCD,它将光信号转换成为电信号;另一个是 A/D 转换器,它将模拟电信号变为数字电信号。这两个元件的性能直接影响扫描仪的整体性能指标以及选购和使用扫描仪时如何正确理解和处理某些参数及设置。

12.7　激光打印机

打印机是计算机系统、办公自动化系统、网络系统、智能化仪器仪表系统重要的输出设备之一。随着计算机和网络的不断发展,打印机呈现出由极大式向非极大式方向发展的趋势。高技术含量不断增加,高速、高质量、高性能和高智能化的各类新型打印机不断推向市场。打印机的类型很多,捕获一种打印机往往是几种类型打印机的组合,目前市场上打印机的主要类型有:针式打印机、喷墨式打印机、激光打印机和计算机一体化打印机四种,其中计算机一体化打印机是计算机和激光打印机的组合,它实质还是激光打印机,只不过打印的自动化程度更高。

激光打印机是将激光扫描技术和电子显像技术相结合的非击打输出设备。

12.7.1　激光打印机的特点

激光打印机是光电技术和电子照相技术相结合的一种数字机器,它综合利用了激光器、光束调制和偏转、精密光学机械和计算机处理技术,是非常有代表性的光电子仪器。目前激光打印机已和计算机一起成为人们生活中必不可少的产品。它有以下特点。

（1）像素密度高,印字清晰,分辨率比机械点阵式高近百倍。

（2）打印速度快,比普通打印机快 6 倍～30 倍。

（3）工作无撞击,打印噪声小。

另外,打印机价格也已大幅度下降,在计算机数据输出、办公自动化及文件管理、计算机辅助设计、图像传真和处理等领域得到广泛的应用。

12.7.2　激光打印机的组成

激光打印机的结构与复印机基本类似,主要由激光扫描系统、电子成像系统、电子成像转印系统、进出纸系统和电源系统组成。

激光打印机的核心器件是激光器和感光鼓。

12.7.3 激光打印机原理

其基本工作原理是将打印机接口电路送来的二进制点阵图点信号调制到激光束上，通过激光束将点阵信号进行传递，当激光束扫描到感光体上时，感光体感光，通过感光体与照相机构成的电子成像转印系统，将照射到感光鼓上的图点信号映像转印到打印纸上，其原理与复印机相同。

激光打印机的打印原理如图 12 - 12(a)所示，其结构如图 12 - 12(b)所示。

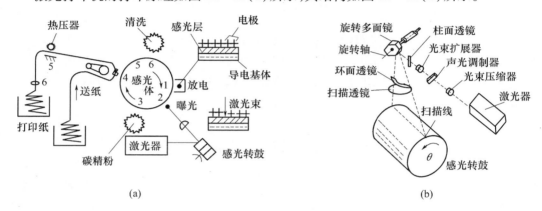

图 12 - 12　激光打印机的打印原理图
(a)原理；(b)结构。

图 12 - 12 中，激光器发出光束经声光调制器调制后照射在旋转多面镜上，旋转多面镜将光束反射到感光转鼓上，实现对感光转鼓的扫描。被打印的内容分成若干行，每行的信息通过声光调制器调制到激光束上，再扫描到感光鼓对应的位置上。感光鼓旋转一周，就可以完成一页纸的打印。

1. 晒鼓带电

对应图 12 - 12(a)所示的感光转鼓(也称晒鼓)位置 1，用电极对感光体表面进行高压电晕放电，使感光层表面带电。感光转鼓在导电基体表面上涂有晒或其他光电导材料，光电导层在光照时的电阻率下降。

2. 扫描曝光

对应图 12 - 12(a)所示的位置 2，被打印内容调制的光束对感光层扫描曝光，受光照区域的电阻率下降，表面电荷被中和而消失，在感光层上形成由静电荷分布构成的潜像(电荷图像)。

激光扫描写入系统主要包括激光光源、声光调制器、光偏转器、扫描透镜等光路元件及相应的控制电路。图 12 - 12(b)中，激光由光束压缩器将光束直径缩小后，射入声光调制器，在这里光束的强度随打印信号而变化。随后按照感光体表面要求的光束直径，将激光束扩束，形成平行的均匀细光束。采用旋转多面体作为光偏转器，控制激光束使它在感光转鼓的母线方向扫描。为减少多面镜面形误差引起的扫描不均匀现象，可采用柱面透镜和环面透镜的光学校正系统。偏转后的光束一般用特制的扫描透镜在感光体上聚焦成像,确保光束在随多面镜旋转时,光束作等速直线扫描运动。

3. 静电成像

对应图 12 – 12(a)中所示的位置 3,用含有碳精粉的显像剂与感光层接触,在静电场的作用下,碳精粉粒附着在感光层的曝光区域上,形成可见的碳精粉图像。这个过程也称为显像过程。

4. 着色转印

对应图 12 – 12(a)中所示的位置 4,打印纸与已经显像的感光体接触,同时采用电晕带电体,从纸的反面加电场,这时感光体表面的显像剂转移到打印纸上完成转印。

5. 热压定影

对应图 12 – 12(a)中所示的位置 5,用热压器加热、加压,使着色剂牢固黏结在打印纸上,完成静电打印。

6. 清洗吸鼓

对应图 12 – 12(a)中所示的位置 6,用清洗器清除感光体上残留的色粉,准备对下一张纸进行打印。

12.7.4 激光打印机工作过程

激光打印机的机型不同,打印功能也有区别,但无论是黑白激光打印机还是彩色激光打印机,其工作原理基本相同,都是采用静电照相技术,将打印内容转变为感光鼓上以像素点为单位的点阵位图图像,再转印到打印纸上。图 12 – 13 所示为激光打印机工作过程示意图,整个过程可分为充电、曝光、显像、转换和清洁 5 个部分,整个过程围绕感光鼓进行。

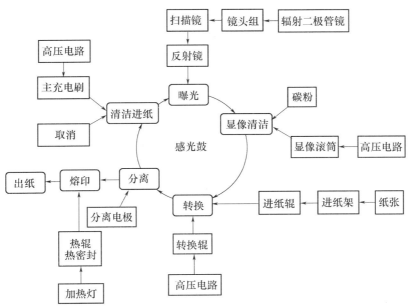

图 12 – 13　激光打印机工作过程示意图

223

当把要打印的文本或图像输入到计算机中,通过计算机软件对其进行预处理。然后由打印机驱动程序转换成打印机可以识别的打印命令(打印机语言)送到高频驱动电路,以控制激光发射器的开与关,形成点阵激光束,再经扫描转镜对电子显像系统中的感光鼓进行轴向扫描曝光,纵向扫描由感光鼓的自身旋转实现。

感光鼓是一个光敏器件,有受光导通的特性。表面的光导涂层在扫描曝光前,由充电辊充上均匀电荷。当激光束以点阵形式扫射到感光鼓上时,被扫描的点因曝光而导通,电荷由导电基对地迅速释放。没有曝光的点仍然维持原有电荷,这样在感光鼓表面就形成了一幅电位差潜像(静电潜像),当带有静电潜像的感光鼓旋转到载有墨粉磁辊的位置时,带相反电荷的墨粉被吸附到感光鼓表面形成了墨粉图像。

当载有墨粉图像的感光鼓继续旋转,到达图像转移装置时,一张打印纸也同时被送到感光鼓与图像转移装置的中间,此时图像转移装置在打印纸背面施放一个强电压,将感光鼓上的墨粉像吸引到打印纸上,再将载有墨粉图像的打印纸送入高温定影装置加温、加压热熔,墨粉熔化后浸入到打印纸中,最后输出的就是打印好的文本或图像。

12.7.5 激光打印机中的关键技术

1. 激光器和调制器

实用的激光打印机一般采用 He－Ne 激光器或导体激光器为激光光源。这除了考虑到小型化、可靠工作和长寿命外,主要是为了使激光的灵敏波长和感光体感光波段相适应,一般在 440nm～800nm 波长范围内。He－Ne 激光器早期得到应用的原因是它有良好的使用性能:它的寿命在 1 万 h 以上;可靠性高,输出不稳定度在 5% 以下;噪声低(均方根值在 1% 左右)。半导体激光器具有体积小、成本低、可直接进行内调制,因而可不用光调制器,是一种有发展前途的打印机光源。激光二极管的缺点是输出功率低、动态响应速度慢、波长需要短化处理等,适用于低速打印机。

激光打印机中使用的光调制器早期多为声光调制器,它的结构稳定、光损耗小、调制信号功率较小,但结构复杂、成本高。随着半导体激光器的发展,直接电流调制方式已逐步代替声光调制方式。电流直接调制的 LED 光源已在激光打印中应用,有望不久将发展成为 LED 打印机。

2. 光偏转器

采用光偏转器实现激光束的扫描,大多采用旋转多面镜的方式,它由采用正多角柱体的侧面作为镜面的多面反射镜和使其高速旋转的点动机组合而成。多面体的面形精度直接影响到像素的排列精度,后者一般要求为像素大小的 1/10～1/4。例如,当像素大小为 100μm 时,位置精度为 10μm～25μm。产生扫描误差的主要原因为多面镜分割角度误差、镜面平面度误差和旋转摆动误差等。为满足前述的精度要求,需要有秒级的角度误差和 10^{-1}μm 级的偏斜误差。因此,光偏转器为超精度的组合体。扫描范围由起止光电开关定位,以便确保行扫描的宽度。

3. 激光打印机的主要技术指标

激光打印机的主要技术指标为打印宽度、打印速度和清晰程度。打印宽度一般为 160mm～400mm,它由光路系统的放大倍数、旋转反射镜的倾角和成像透镜与感光层间的距离决定。打印速度为 2000 行/min～11000 行/min,与感光转鼓的转速和扫描速度有关。后者取决于反射镜面数和转速。由于感光体的感光量取决于所吸收的激光能量,所以,要提高打印速度需要提高激光器的能量。打印清晰度与单位面积上的扫描光斑数有关,称为空间分辨率,一般为 60 点/mm² ~ 200 点/mm²。

12.8 复印机

1. 概述

复印机是从手写、绘制或印刷的原稿得到等倍、放大或缩小的复制品的设备。复印机复印的速度快、操作简便,与传统的铅字印刷、蜡纸油印、胶印等的主要区别是不需要经过其它制版等中间手段,而能直接从原稿获得复制品。

现在的复印机已经与现代通信技术、电子计算机和激光技术等结合起来,成为信息网络中的一个重要组成部分。在近距或远距的数据传输过程中可作为读取和记录信息的终端机,是现代办公自动化中不可缺少的环节。

按工作原理,复印机可分为光化学复印、热敏复印和静电复印三类。其中静电复印是现在应用最广泛的复印技术。它是用硒、氧化铅、硫化镉和有机光导体等作为光敏材料,在暗处充上电荷接受原稿图像曝光,形成静电潜像,再经显影、转印和定影等过程完成复印过程的。

静电复印机是利用静电正、负电荷能相互吸引的原理制成的。

静电复印有直接法和间接法两种。早期的静电复印采用直接法:先让涂有光导材料的复印纸按图画文字深浅,分别带上相应的静电电荷,深处电荷密,浅处电荷稀,从而形成一张与图画文字相对应的静电图像,但这时的图像还不能被看见,所以称为静电潜像。形成静电潜像后用液体或粉末的显影剂加以显影,图像定影在复印纸的表面之后即成为复印品。

间接法则先在光导体表面上形成潜像并加以显影,再将图像转印到普通纸上,定影后即成为复制品。

20 世纪 70 年代以后,间接法已成为静电复印的主流和发展方向。

静电复印机主要有三个部分:原稿的照明和聚焦成像部分;光导体上形成潜像和对潜像进行显影部分;复印纸的进给、转印和定影部分。

2. 复印的三个步骤

1)照明和聚焦成像

当一张要复印的图像放在复印机的稿台上时,在机内灯光照射下形成反射光,通过内反射镜和透镜组成的光学系统,聚焦成像。

2)静电显影

像正好落在感光鼓上,感光鼓是一个圆鼓形结构的筒,表面覆有硒光导体薄膜。光导体对光很敏感,没有光线时具有高电阻率,一遇光照,电阻率就急剧下降;在充电机的作用下,电阻率就急剧下降。光导体表面,在充电极的作用下,带有均匀的静电荷。当由图像的反射光形成的光像落在光导体表面上时,由于反射光有强有弱(因为原稿的图像有深有浅),使光导体的电阻率相应发生变化。光导体表面的静电电荷也随光线强弱程度而消失或部分消失,在光导体膜层上形成一个相应的静电图像,也称静电潜像。人们看不到它,好像潜藏在膜层内。

3）转印和定影

这时,一种与静电潜像上的电荷极性相反的显影墨粉末,在电场力的吸引下,加到光导体表面上去。潜像上吸附的墨粉量,随潜像上电荷的多少而增减。于是,在感光鼓的表面显现出有深浅层次的墨粉图像。

当复印纸与墨粉图像接触时,在电场力的作用下,吸附着墨粉的图像,好比用图章盖印一样,将墨粉转移到复印纸上,在复印纸上也形成了墨粉图像。再在定影器中经加热,墨粉中所含树脂融化,墨粉被牢固地黏结在纸上,图像和文字就在纸上复印出来了。

目前的静电复印机有模拟和数字两种,如图 12 - 14 和图 12 - 15 所示。

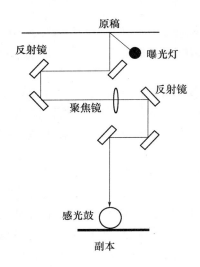

图 12 - 14　模拟复印机原理

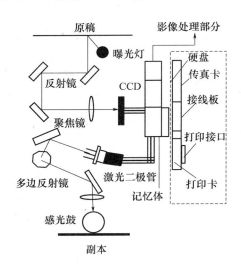

图 12 - 15　数字复印机原理

模拟复印机和数字复印机的工作原理基本相同,所不同的是：
（1）模拟复印机:曝光灯:复印多次,曝光多次;光源强弱变化;镜头:移动变化。
（2）数字复印机:曝光灯:复印多次,曝光一次;光源强弱不变;镜头:位置固定。

复印技术的发展很快,光导材料的性能不断提高,品种日益增多。复印机在控制性能方面不断改进,多数机器能自动和手动进纸,有些还能自动双面复印;复印机的应用日益扩大,各种新技术的不断采用,使它已逐渐超出按原样复制文件和图纸的范围。

12.9　条 形 码

条形码是光数字技术的一个典型应用。最初,条形码是由美国的 N. T. Woodland 在 1949 年首先提出的。近年来,随着计算机应用的不断普及,条形码的应用得到了很大的发展。条形码可以标出商品的生产国、制造厂家、商品名称、生产日期、图书分类号、邮件起止地点、类别、日期等信息,因而在商品流通、图书管理、邮电管理、银行系统等许多领域都得到了广泛的应用。

条码是由一组规则排列的条和空、相应的数字组成,这种用条、空组成的数据编码可以供机器识读,而且很容易译成二进制数和十进制数。这些条和空可以有各种不同的组合方法,构成不同的图形符号,即各种符号体系,也称码制,适用于不同的应用场合。

1. 条码应用的优越性

(1)可靠准确。有资料可查键盘输入平均每 300 个字符一个错误,而条码输入平均每 15000 个字符一个错误。如果加上校验为位出错率是千万分之一。准确:条码的正确识读率达 99.99%~99.999%。

(2)数据输入速度快。键盘输入,一个每分钟打 90 个字的打字员 1.6s 可输入 12 个字符或字符串,而使用条码,做同样的工作只需 0.3s,速度提高了 5 倍。

(3)经济便宜。与其它自动化识别技术相比较,推广应用条码技术,所需费用较低。

(4)灵活、实用。条码符号作为一种识别手段可以单独使用,也可以和有关设备组成识别系统实现自动化识别,还可和其他控制设备联系起来实现整个系统的自动化管理。同时,在没有自动识别设备时,也可实现手工键盘输入。同时根据顾客或业务的需求,容易开发出新产品;有手动式、固定式、半固定式;输入、输出设备种类多,选择性大。

(5)自由度大。识别装置与条码标签相对位置的自由度要比 OCR 大得多。条码通常只在一维方向上表达信息,而同一条码上所表示的信息完全相同并且连续,这样即使是标签有部分缺欠,仍可以从正常部分输入正确的信息。

(6)设备简单。条码符号识别设备的结构简单,操作简单,无需专门训练。

(7)易于制作。可印刷,称作"可印刷的计算机语言"。条码标签易于制作,对印刷技术设备和材料无特殊要求。

(8)可扩展:目前,在世界范围内得到广泛应用的 EAN 码是国际标准的商品编码系统,横向、纵向发展余地都很大,现已成为商品流通业、生产自动管理,特别是 EDI 电子数据交换和国际贸易的一个重要基础,并将发挥巨大作用。

2. 条形码的识别原理

条形码是由宽度不同、反射率不同的条和空,按照一定的编码规则(码制)编制成的,用以表达一组数字或字母符号信息的图形标识符。即条形码是一组粗细不同、按照一定的规则安排间距的平行线条图形。常见的条形码是由反射率相差很大的黑条(简称条)和白条(简称空)组成的。为了阅读出条形码所代表的信息,需要一套条形码识别系统,它由条形码扫描器、放大整形电路、译码接口电路和计算机系统等部分组成,如图 12-16 所示。

由于不同颜色的物体,其反射的可见光的波长不同,白色物体能反射各种波长的可见光,黑色物体则吸收各种波长的可见光,所以当条形码扫描器光源发出的光经光阑及透镜 1 后,照射到黑白相间的条形码上时,反射光经透镜 2 聚焦后,照射到光电转换器上,于是光电转换器接收到与白条和黑条相应的强弱不同的反射光信号,并转换成相应的电信号输出到放大整形电路。白条、黑条的宽度不同,相应的电信号持续时间长短也不同。但是,由光电转换器输出的与条形码的条和空相应的电信号一般仅10mV 左右,不能直接使用,因而先要将光电转换器输出的电信号送放大器放大。放大后的电信号仍然是一个模拟电信号,为了避免由条形码中的疵点和污点导致错误信号,在放大电路后需加一整形电路,把模拟信号转换成数字电信号,以便计算机系统能

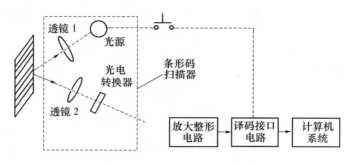

图 12-16　条形码识别系统的组成框图

准确判读。

整形电路的脉冲数字信号经译码器译成数字、字符信息。它通过识别起始、终止字符来判别出条形码符号的码制及扫描方向;通过测量脉冲数字电信号 0、1 的数目来判别出条和空的数目。通过测量 0、1 信号持续的时间来判别条和空的宽度。这样便得到了被辨读的条形码符号的条和空的数目及相应的宽度和所用码制,根据码制所对应的编码规则,便可将条形符号换成相应的数字、字符信息,通过接口电路送给计算机系统进行数据处理与管理,便完成了条形码辨读的全过程。

12.10　激光计算机简介

电子计算机,是于 20 世纪 40 年代发明的。此后不久,科学家们便开始研制光计算机。电子计算机是以电子输送信息,而光计算机是以光子输送信息。

电子计算机自诞生后,发展速度是非常快的。由于结构日趋复杂化和高度集成化,于是出现了一系列难以克服的问题。

(1) 尽管在电子元器件中传输的是很弱的电流,但随着元器件的高度密集,不仅工作时产生的热量会急剧增加,而且相邻的元件也会彼此干扰。

(2) 电子计算机的元器件中,电子的运动速度约为 60km/s。即便是在砷化镓器件中,电子的运动速度也不会超过 500km/s。也就是说,电子在导体中最快的运动速度也不及光子流运动速度的 10%,这就大大限制了运算速度的提高。而且,当电子计算机的工作频率超过 100MHz,或每秒转换(运算)1 亿次时,还会出现一些不正常的情况。

(3) 由于计算机的结构和功能日趋复杂化,组成运算电路的电子元件也日益增多。为了在有限的面积上容纳下更多的元件,人们早就将许许多多元件密集起来,做成一个个小方块。这类方块就叫集成块,或叫集成电路。每个集成块是通过身上的插脚,固定在位置上,并与整个电路相连的。超大规模集成块的插脚数目是很多的,而且越来越多,目前最多的已有 300 只插脚。若干年后,也许会出现上千个插脚的集成块,它们会占据很大的地盘,以致腾不出足够的"宅基"来安排它们。

随着巨型计算机的出现,这些问题会日益严重。而要解决这些问题,只有将综合功能性的计算机装置逐一分解成许多功能单一的装置,然后再用专门的联接装置将它们一个个地连接起来,但这样一来,计算装置就会变得更加复杂化。

如果用激光计算机,就不存在这些棘手的问题了。在光脑中,输送信息的是光子,运动速度相当于光速度(30 万 km/s),要比电子运动速度快得多。而且,光子携带和传递信息的能力也远远强于电子。

目前,美国、日本的不少公司都在不惜巨资研制激光计算机。

以激光为基础的计算机能广泛地用来执行一些新任务,例如预测天气、气候等一些复杂而多变的过程。再如,还可以应用在电话的传输上。因为电话信号正在逐步由光导纤维中的激光束来传送,如果用光计算机来处理这些信号,就不必再像现在这样,需要在电话局内将携带声音的光脉冲转变成电脉冲,经电子计算机处理后再转换成光脉冲发送出去。即可以省掉光—电—光的转换过程,直接将携带声音信号的光脉冲加以处理后发送出去,这样,便大大提高了传送效率。

由于激光计算机善于进行大量的运算,所以能高效地直接处理视觉形式、声波形式,以及其他任何自然形式的信息。此外,它还是识别和合成语言、图画和手势的理想工具。这样,光计算机就能以最自然的形式进行人机对话和人机交流。

激光计算机的核心部分处理机是用激光产生的光波代替电波进行计算机基本 0 和 1 的转换。处理机是计算机的心脏,它接收各种信号或资料,根据程式指令加以处理,然后以新的形式输出。

由于光本身比电能携带更多的信号,而且不易受外界干扰,在传导途中可以同其他光波交叉,但又不会使它处理的数据或资料遭到破坏。同时,各种激光计算机也更容易相互结合,处理互为交叉的各种问题。由此可见,激光计算机的资料处理与再处理能力以及储存量等,都大大超过传统的电子计算机了。

科学家们预测,在未来的光学计算机中,仍然会用到一些电子元件,而不只是光子元件,是一种混合使用的光电计算机。最早运用的范畴可能并行运算处理器。并行运算的原理是,将一个运算问题划分为许多个次级运算子题,而并行处理器可以同时处理这次级子题,大大减少了运算的总时间。

12.11 光纤照明

光纤照明是近年发展起来的一项全新照明技术。它采用光导纤维(简称"光纤",又称"光波导"),利用全反射原理,通过光纤把光传送到人们需要的任何地方进行照明。这种新兴的照明方式以其独特的多样性在现代电气工程中得到了越来越多的应用。

1. 光纤照明的主要优点

(1) 光纤传光、发光,不发热、不导电。

(2) 只透可见光,几乎不透红外线与紫外线。

(3) 光损耗小,透光性强;柔韧性好,易于加工。

(4) 点线结合,艺术性更强。

(5) 可以进行点发光、线发光,随意变换色彩。

(6) 柔软,可随意弯曲、造型。

(7) 安全、节能、环保、免维护。

（8）防水、防紫外线。

（9）使用寿命长,使用范围广。

2. 光纤照明应用于各种场合

由于光纤照明的独特优点,它已广泛地应用于各种场合,并在不断地推广中。现将目前国内应用情况简述如下:

1）室内装饰

在室内装饰中,用体发光光纤来构成轮廓线条。其效果是光照均匀、颜色和顺。利用光晕照明,更有立体感。

在大厅中,其顶部用水晶吊灯可模拟星空效果。忽明忽暗,使人有无限太空的遐想。

在吧台上,装上水晶吊灯更显得华丽别致。

在洞房里,在席梦思周围形成一个彩色光边,更增添了新房的温馨和浪漫。

2）水景照明

水景离开了照明就失去了迷人的景色,而不安全照明又给游人带来危险的隐患。由于光纤照明实现了光电分离,是水景中绝对安全的绿色照明。

光纤照明除了针对水体照明时,使水色更为艳丽动人外,也可用光纤来构成水池的轮廓线。使垂直的彩色水姿与横向的水池轮廓,形成协调的线条美。

3）游泳池

游泳池是人体进入水中,光纤照明应是首选的照明设备。同时,用光纤作泳道的分界线既美观又清晰。

4）城市建筑

在灯光工程中,用体发光光纤来构成建筑轮廓线是最常见应用实例。特别是对一个城市的形象建筑,以多彩的线条把建筑轮廓在夜色中显得更蔚为壮观。同时光纤照明中,可用光色使建筑物随季节而变化。

5）园林绿化

在园林绿化中,用端发光光纤来作亭园灯、地埋灯,使绿地道路,在照明的同时也有色彩变化。在景观道路上,装上星星点点的端发光光纤,更增加了景观的趣味性。

6）溶洞照明

溶洞是一种自然景观,由于它没有阳光照射,全靠灯光来展现它的风采。多变的光色和柔性的光纤,对无规则溶石和湖岸更显出它的用武之地,使溶洞的景色更迷人。而最重要的是清除了对游客的不安全隐患。

7）古建筑物及文物照明

在一般的灯光照射下,因紫外线的作用,使图书文物、木结构等建筑物加速老化。同时有电会造成大火的危险。而用光纤照明,既安全又能达到理想的艺术效果。

8）易燃易爆场合

在油库、矿区等严禁火种入内的危险场合中,应用其他各种照明都有明火的隐患,如不小心就会酿成大祸。从安全角度看,因光与电分开,所以光纤照明应是一种最理想的照明。

9）太阳光的利用

在常见的太阳能利用中,都是把太阳光转换为热能或电能,而光纤可将太阳光直接加以利用。人是太阳光抚育下的人,太阳光的综合光谱是人类难以复制的。所以能把太阳光直接引入室内,不但改善了原来的居室照明,而且对于地下室、隧道等永远见不到阳光的地方能重见光明。

3．照明用光纤特点

塑料光纤本身不发光,主要是传导光线。装饰照明用塑料光纤按使用方式的不同,分为端光光纤和侧光光纤两类,同时又有单股和多股之分。

1）端光光纤(又称尾光光纤)

主要使用光纤端面发光来达到装饰照明的作用,其应用方式灵活多变,利用端点组成各种图案、模拟星空效果,还可以配合光学原理来制作出时空隧道等魔幻效果。主要应用于广告招牌、娱乐场所、文物珠宝照明以及家庭装修等诸多场所。

2）侧光光纤(又称通体发光光纤)

光线沿光纤长度方向均匀散射,利用光晕来达到装饰的效果。利用侧光光纤可以勾勒物体轮廓或组成各种艺术造型,由于其使用寿命较长,广泛用于勾勒楼宇和水池的轮廓以及地下隧道的道路指引。

12.12　2008 年北京奥运会光电技术应用简介

在北京成功举办的 2008 年奥运会上光电技术的应用尤其 LED 技术的应用可谓是达到了空前的规模,主要体现在:

1．科技奥运 LED 角色重

据了解,近几届奥运会中,LED 显示屏都是奥运比赛场馆不可或缺的主要设施。2008 年北京奥运会新建和改建的体育场馆数量众多,规模空前,奥运场馆均采用了大量 LED 显示屏作为比赛实况播放和计分显示的设备,显示屏产品以全彩色、高分辨力、数字化等为主。可以说,2008 年北京奥运会所采用的 LED 显示产品从数量到技术水准以及应用方面都达到了一个新的里程碑。

2．实时直播 LED 风景亮

北京日益严重拥堵的交通被视为 2008 年北京奥运会成功举办所面临的重要挑战性问题。交通信息服务作为奥运交通保障体系的重要环节,通过 LED 显示产品为公众提供动态交通信息服务,成为了奥运会期间京城一道亮丽的风景线。

3．人文奥运 LED 应用广

人文奥运在于大众对奥运会的关注和参与。2008 年北京奥运会之前,北京建设了多个奥运文化广场,这些奥运会广场都采用了 LED 全彩色显示屏作为发布宣传信息和奥运比赛转播的媒体,为弘扬奥运精神、体现公众参与发挥着积极的作用。

思考题与习题

12－1　简述光盘驱动器的读盘原理。

12－2　蓝光存储技术有什么优点?

12－3 简述光电鼠标的工作原理。

12－4 简述扫描仪的工作原理。

12－5 简述激光打印机的工作原理。

12－6 简述复印机的工作原理。

附录 I 项目制作基础思考题

1. 简述常用光电信息变换器件的名称、原理、主要特性和实用电路。

2. 发光二极管工作时加正向电压还是反向电压？它输出的光强由什么控制？发光二极管和光电二极管电路中的电阻 R 各起什么作用？

3. 请在光电继电器的亮通控制电路中加入施密特触发器电路，并分析其结果，画出当照射光为矩形脉冲时电路各点的电压波形。

4. 请用电子开关设计一个光控电路，要求低压区和高压区完全隔离，而且能控制大功率器件工作。

5. 试设计一个机器人视觉系统中用光电投影法测距的方案，叙述原理，画出对应的波形图和电路原理图。

6. 试设计一个用于水下作业的光纤开关系统，用双向晶体管控制用电器。请画出全部电路原理图。

7. 光电测控中常用的消除杂散光影响的方法有哪些？

8. 试叙述光电池的工作原理以及开路电压、短路电流与光照度的关系。为什么光电池输出与所接负载的大小有关？请画出用光电池作为检测元件时的电路并分析之。

9. PIN 管和 APD 管的频率特性为什么比普通的光电二极管好？

10. 为什么结型光电器件只有反向偏置或零偏置时才有明显的光电效应？

11. 热电探测器件与光电探测器件比较，在原理上有何区别？

附录 Ⅱ　创新设计制作参考项目

1. 试用光电元器件实现以下功能（画出电路图）：

（1）电致发光。

（2）光致发光。

（3）光照开启门电路。

（4）光照关闭门电路。

（5）传送带上小物体技术电路（画出结构图和电路图，标明杂光方向）。

（6）传送带上大物体技术电路（画出结构图和电路图，标明杂光方向）。

2. 试设计一个在线自动测长装置，即对传送带上物体进行自动测长。要求：

（1）叙述测长原理。

（2）画出结构原理框图。

（3）画出电路原理图。

（4）叙述提高测量精度的措施。

3. 试设计一个实用的光电检测或光电控制装置，要求：

（1）大胆想象，有创新意识，又有实用价值。

（2）叙述原理，画出原理框图。

（3）画出电路原理图，不能画出部分用框图代替。

（4）提出提高测量精度或防干扰措施。

（5）要有延时装置。

4. 试设计一台光电防盗报警装置，要求：

（1）叙述防盗报警原理。

（2）画出原理框图。

（3）画出电路原理图。

（4）要有防干扰措施，以防误报。

（5）要有延时装置。

5. 试设计一个霓虹灯自动控制电路，要求：

（1）天黑霓虹灯自动开启，天亮则自动关闭。

（2）画出原理框图，叙述控制原理。

（3）设计全部控制电路。

（4）晚上暴雨闪电时，霓虹灯不能出现闪耀现象，叙述采取的措施。

6. 试设计一个煤气泄漏自动保护装置，要求：

（1）煤气点燃后，自动保护装置同时开始工作。

（2）当物体煮开溢出时，火苗变小或熄灭，保护装置自动报警或自动关闭煤气阀门。

（3）叙述测控原理，画出装置的原理框图。

（4）设计全部电路原理图。

（5）叙述该装置的使用方法。

7. **试设计一个能精确测出自行车车速的装置，要求：**

（1）叙述测量方法。

（2）画出原理框图并叙述测量原理。

（3）设计全部电路原理图。

（4）如显示装置要求固定在车把上，宜采用何种显示方式？试提出实现方案。

（5）骑车人在知道车速的同时，是否可同时知道自己所骑的路程？请提出实现方案。

8. **车灯亮度全自动控制系统设计：**

一般汽车前灯都有强弱两挡，按有关规定，汽车在晚上行驶，如遇对面有车驶来，须将车灯打至弱挡，以免对方司机炫目而造成撞车事故。然而，由于种种原因，有些司机很难做到这一点，因而晚间事故时有发生。车灯亮度全自动控制系统有光电传感器和单片机系统组成，根据入射光信号的不同，自动将车灯置于强挡、弱挡或关闭状态。

（1）白天行驶时，光电传感器接收到较强的且强度基本不变的光信号，车灯将关闭。

（2）当汽车晚上行驶在城市或装有路灯的马路上时，光电传感器接收到近似于正弦变化规律的且比较弱的光信号，车灯将开启在弱挡。

（3）当汽车晚上行驶在郊外时，光电传感器接收不到或接收到很弱的光信号，车灯将开启在强挡。

（4）当对面有车开来时，光电传感器接收到的光信号强度逐渐增大（说明对方正在接近）或强度突然大幅度变小（说明对方已关闭强光灯），车灯将开启至弱挡，直到接收不到光信号（说明车已经交会），才重新点亮强光灯。

（5）整个控制系统电源受汽车电门钥匙控制，只要汽车发动，一切进入自动控制状态。

试叙述控制原理，画出框图及主要电路原理图，画出软件流程图。

附录Ⅲ 光电器件特性参数表

表 A3-1 常用发光二极管发光特性表

构 造	峰值波长/cm	光 色	光亮度/mcd,$I_F = 20mA$
GaP/GaP	555	绿	50
GaP:N/GaP	565	绿	120
GaAs0.15P0.85:N/GaP	585	黄	120
GaAs0.25P0.75:N/GaP	610	橙	80
GaAs0.35P0.65:N/GaP	625	红	100
Ga0.65Al0.35:As/GaAs	660	红	220
GaP:Zno/GaAs	700	红	50

表 A3-2 发光二极管主要参数表

类别	参数名称	定 义	测试条件	符号	单位
电气参数	正向电流	正向导通时,流过 PN 结的正向电流(典型应用值)		I_F	mA
	正向压降	正向导通时,在 PN 结上产生的电压降	$I_F = 20mA$	V_F	V
	反向电流	额定反向电压下,流过器件的电流	$V_R = 3V$	I_R	μA
	结电容	PN 结电容	0V,1MHz	C_0	pF
	响应时间	上升(或下降)到极大值某一比例所需时间	63%(或37%)	$t_r(t_f)$	ns
光学参数	峰值波长	发射光谱中与最大能量所对应的波长	$I_F = 20mA$	λ_P	nm
	半宽度	相对发光强度为50%处所对应的谱线宽度	$I_F = 20mA$	$\Delta\lambda$	nm
	发光强度	一定正向电流下,发光二极管的发光(或辐射)强度	$I_F = 20mA$	I_V,I_e	Mcd W/sr
	λ_P 温度系数	发射光谱的峰值波长随温度的变化规律	$I_F = 20mA$	T_c	Nm/K
	温度系数 $I_V(I_e)$	$I_V(I_e)$ 随温度的变化规律	$I_F = 20mA$	T_c	%/k
极限参数	正向电流	所能承受的最大工作电流		I_F	mA
	耗散功率	所能承受的最大电功率		P_c	mW
	反向耐压	达到某一反向电流时的反向电压值	$I_R = 10μA$	V_B	V
	最高结温	管芯所能允许的最高温度		T_j	℃

表 A3－3　光敏电阻参数

光敏电阻	灵敏度	响应时间	工作范围/μs
硫化镉（CdS）	50A/lm	1ms～1s	0.3～0.8
硒化镉（CdSe）	50A/lm	500μs～1s	0.3～0.9
硫化铅（PbS）	$S=N\sim10^{-12}\,W$	100μs	3
硒化铅（PbSe）	$S=N\sim10^{-11}\,W$	100μs	4
碲化铅（PbTe）	$S=N\sim10^{-12}\,W$	10μs	4.6
锑化铟（InSb）	$S=N\sim10^{-11}\,W$	0.4μs	5～7
硒（Se）	1Ma/lm	100μs	0.7
锗（Ge）	$S=N\sim10^{-12}\,W$	10μs	10
注：$S=N$，即信号与噪声电平相等时			

表 A3－4　光电二极管参数

参数 型号	最高工作电压 U_{max}/V	暗电流/mA	环电流/mA	光电流/mA	灵敏度/(mA/mW)	光谱范围/μm	峰值波长/μm	结电容/pF	响应时间/s
（数值/条件）		U_{max}	U_{max}	U_{max}, 1000lx	U_{max}, $\lambda=0.9\mu m$			U_{max}	U_{max}, $R_L=1k\Omega$
2DU1A	50	<0.1	<3	6	>0.4	0.4～1.1	0.9	2～3	10^{-7}
2DU2A	50	0.1～0.3	3～10	6	>0.4	0.4～1.1	0.9	2～3	10^{-7}
2DU3A	50	0.3～0.1	10～30	6	>0.4	0.4～1.1	0.9	2～3	10^{-7}
2DU1B	50	<0.1	<3	>20	>0.4	0.4～1.1	0.9	7～12	10^{-7}
2DU2B	50	0.1～0.3	3～10	>20	>0.4	0.4～1.1	0.9	7～12	10^{-7}
2DU3B	50	0.3～0.1	10～30	>20	>0.4	0.4～1.1	0.9	7～12	10^{-7}
2CU1A	10	≤0.2		≥80	≥0.5	0.4～1.1	0.9	≤20	10^{-7}
2CU1B	20	≤0.2		≥80	≥0.5	0.4～1.1	0.9	≤15	10^{-7}
2CU1C	30	≤0.2		≥80	≥0.5	0.4～1.1	0.9	≤15	10^{-7}
2CU1D	40	≤0.2		≥80	≥0.5	0.4～1.1	0.9	≤10	10^{-7}
2CU1E	≥50	≤0.2		≥80	≥0.5	0.4～1.1	0.9	≤10	10^{-7}
2CU2A	10	≤0.1		≥30	≥0.5	0.4～1.1	0.9	≤5	10^{-7}
2CU2B	20	≤0.1		≥30	≥0.5	0.4～1.1	0.9	≤5	10^{-7}
2CU2C	30	≤0.1		≥30	≥0.5	0.4～1.1	0.9	≤5	10^{-7}
2CU2D	40	≤0.1		≥30	≥0.5	0.4～1.1	0.9	≤5	10^{-7}
2CU2E	≥50	≤0.1		≥30	≥0.5	0.4～1.1	0.9	≤5	10^{-7}

表 A3－5　光电三极管参数

参数 型号	最高工作电压 U_{max}/V	暗电流/mA	光电流/mA	光谱范围/μm	峰值波长/μm	结电容/pF	响应时间/s
（数值/条件）		$U_{CE}=10V$	$U_{CE}=10V$, 1000lx			$U_{CE}=10V$	$U_{CE}=10V$, $R_L=1k\Omega$
3DU11	10	0.5～1.0	6	0.4～1.1	0.9	≤8	10^{-5}
3DU12	30	0.5～1.0	6	0.4～1.1	0.9	≤8	10^{-5}
3DU13	50	0.5～1.0	6	0.4～1.1	0.9	≤8	10^{-5}
3DU21	10	1.0～2.0	>20	0.4～1.1	0.9	≤8	10^{-5}
3DU22	30	1.0～2.0	>20	0.4～1.1	0.9	≤8	10^{-5}
3DU23	50	1.0～2.0	>20	0.4～1.1	0.9	≤8	10^{-5}
3DU31	10	>2.0	≥80	0.4～1.1	0.9	≤8	10^{-5}
3DU32	30	>2.0	≥80	0.4～1.1	0.9	≤8	10^{-5}
3DU33	50	>2.0	≥80	0.4～1.1	0.9	≤8	10^{-5}
3DU41	15	≥0.3	≥80	0.4～1.1	0.9	≤8	10^{-5}
3DU42	30	≥0.3	≥80	0.4～1.1	0.9	≤8	10^{-5}
3DU51	15	≥0.3	≥30	0.4～1.1	0.9	≤8	10^{-5}
3DU52	30	≥0.3	≥30	0.4～1.1	0.9	≤8	10^{-5}

表 A3 −6　硅光电电池参数

数 值 \\ 条 件 \\ 型号 参 数	开路电压/mV	短路电流/mA	转换效率/%	面积/mm²
		30℃ 入射光强为 100mW/cm²		
2CR11	450 ~ 500	2 ~ 4	6 ~ 8	2.5 ×5
2CR12	500 ~ 550	2 ~ 4	8 ~ 10	
2CR13	550 ~ 580	2 ~ 4	10 ~ 12	
2CR14	580 ~ 600	2 ~ 4	>12	
2CR21	450 ~ 500	4 ~ 8	6 ~ 8	5 ×5
2CR22	500 ~ 550	4 ~ 8	8 ~ 10	
2CR23	550 ~ 580	4 ~ 8	10 ~ 12	
2CR24	580 ~ 600	4 ~ 8	>12	
2CR31	450 ~ 500	9 ~ 15	6 ~ 8	5 ×10
2CR32	500 ~ 550	9 ~ 15	8 ~ 10	
2CR33	550 ~ 580	9 ~ 15	10 ~ 12	
2CR34	580 ~ 600	9 ~ 15	>12	
2CR41	450 ~ 500	18 ~ 30	6 ~ 8	10 ×10
2CR42	500 ~ 550	18 ~ 30	8 ~ 10	
2CR43	550 ~ 580	18 ~ 30	10 ~ 12	
2CR44	580 ~ 600	18 ~ 30	>12	
2CR51	450 ~ 500	36 ~ 60	6 ~ 8	10 ×20
2CR52	500 ~ 550		8 ~ 10	
2CR53	550 ~ 580		10 ~ 12	
2CR54	580 ~ 600		>12	
2CR61	450 ~ 500	31 ~ 53	6 ~ 8	φ15mm
2CR62	500 ~ 550		8 ~ 10	
2CR63	550 ~ 580		10 ~ 12	
2CR64	580 ~ 600		>12	
2CR71	450 ~ 500	50 ~ 90	6 ~ 8	φ20mm
2CR72	500 ~ 550		8 ~ 10	
2CR73	550 ~ 580		10 ~ 12	
2CR74	580 ~ 600		>12	
2CR81	450 ~ 500	88 ~ 140	6 ~ 8	φ25mm
2CR82	500 ~ 550		8 ~ 10	
2CR83	550 ~ 580		10 ~ 12	
2CR84	580 ~ 600		>12	

238

表 A3－7　光耦合器参数

参数\型号	输入特性				输出特性			传输特性				
	最大工作电流/mA	正向电压/V ($I_f=100mA$)	反向耐压/V (反向电流 $100\mu A$)	反向漏流/μA (反向电压 3V)	暗电流/μA ($I_f=0mA$, $V_{CE}=20V$)	光电流/mA ($I_f=10mA$, $R_f=500\Omega$, $V_{CE}=20V$)	饱和压降/V ($I_f=20mA$, $V_c=10V$, $I_C=2mA$)	传输比/% ($I_f=10mA$, $V_{CE}=20V$)	隔离阻抗/Ω	极间耐压/V	极间电容/pF	频率特性/kHz ($V_{CE}=20V$, $R_E=100\Omega$)
GD311A		1.1	≥5	≤50	≤0.1	1～2	≤2.5	10～20	10^{11}	>500	<2	>50
GD312A						2～4		20～40				
GD313A	50					4～6		60～80				
GD314A						6～8		60～80				
GD315A	50					8～10		80～100				
GD311		1.1	≥5	≤50	≤0.1	1～2	≤0.3	10～20	10^{11}	7500	<2	>100
GD312						2～4		20～40				
GD313	50					4～6		40～60				
GD314						6～8		60～80				
GD315						8～10		80～100				
						光电流/μA	最高工作电压					
GD211A		1.1				20～50	30	0.20～0.5	10^{11}	<500	<2	<400
GD211						50～75		0.5～0.75				
GD212	50					75～100		0.75～1.0				
GD213						100～150		1.0～2.0				
GD214						150～200		2.0～2.5				
GD215						200～300		2.5～3.0				

239

表 A3－8 光电倍增管参数

参数 型号	原型号	阴极尺寸/mm	打拿极	阴极材料	光谱范围/Å	峰值波长/Å	最大工作 电压/kV	阴极输出最大电流 /μA
GDB－125	GDB－31	8×24	9级鼠笼式	锑铯	2000～6500	4000±200	1.5	100
GDB－126	GDB－133	8×24	9级鼠笼式	锑钾铯	3000～6500	3800－4200	1.7	100
GDB－142		8×24	9级鼠笼式	锑钾铯	3000～6500	3800－4200	1.7	100
GDB－143	GDB－32	8×24	9级鼠笼式	锑钾钠铯	3000～8000	4000±200	1.8	100
GDB－146		8×24	9级鼠笼式	锑钾铯	2000～6500	3800－4200	1.5	100
GDB－147		8×24	9级鼠笼式	锑钾钠铯	2000～8500	4000±200	1.5	100
GDB－151		8×24	9级鼠笼式	锑钾钠铯	1650～8500	4000±200	1.5	100
GDB－152		8×24	9级鼠笼式	锑铯	1650～3000	2000	1.5	10
GDB－220	GDB－20	5×10	8级直线式	锑钾铯	3000～6500	3800－4200	1.4	100
GDB－221		5×10	8级直线式	锑钾铯	3000～7000	4000－4400	1.4	100
GDB－235	GDB－35	φ25	8级直线式	锑铯	3000～6500	4000±200	1.7	50
GDB－239	GDB－28B	φ25	11级直线式	银氧铯	4000～12000	8000±1000	1.8	100
GDB－251	GDB－19A	φ34	13级直线式	锑铯	3000～6500	3800－4200	2	200
GDB－410	GDB－22	φ23	11级盒式	铋银氧铯	3000～7500	4800±200	2	500
GDB－423	GDB－23	φ34	11级盒式	铋银氧铯	3000～8500	4000±200	2	500
GDB－525	GDB－10M	φ40～45	11级百叶窗	锑铯	3000～6500	4400±300	2	100
GDB－576	GDB－51	φ77～80	11级百叶窗	锑铯	3000～6500	4000±200	1.8	200

表 A3 - 9　一些常用国内探测器的性能

探测器	模式	响应波段 $\Delta\lambda/\mu m$	峰值比探测率 $D_{\lambda p}$ $/(cm \cdot Hz^{1/2} \cdot W^{-1})$	响应时间 τ/s	面积 A/mm^2	阻值 r	工作温度 T/K
LATGS	热释电	1 ~ 38 （KBr 窗口）	$3 \sim 10 \times 10^8$	$< 10^{-3}$	φ1mm	$\geqslant 10^{11}\Omega$	300
LiTaO$_3$	热释电	2 ~ 25 （Ge 窗口）	$4 \sim 5 \times 10^8$	$< 10^{-3}$	1.8 × 1.8	$\geqslant 10^{12}\Omega$	300
锰 – 镍 – 钴氧化物	热敏 （浸没）	2 ~ 25 （Ge 窗口）	$2 \sim 5 \times 10^8$	$2 \sim 3 \times 10^3$	有效 ϕ4 以上	$200k\Omega \sim 250k\Omega$	300
PbS	光导	1 ~ 3	$5 \sim 7 \times 10^{10}$	$1 \sim 10 \times 10^{-4}$	0.1 ~ 10	$100k\Omega \sim 500k\Omega$	300
PbS	光导	1 ~ 3.7	1×10^{11}	$1 \sim 3 \times 10^{-4}$	有效 ϕ1 以上	$100k\Omega \sim 500k\Omega$	196
InAs	光伏	1 ~ 3.8	$1 \sim 2 \times 10^9$	$< 10^{-6}$	1 ~ 2	$20\Omega \sim 50\Omega$	300
InSb	光导 （浸没）	2 ~ 7	2×10^9	$< 10^{-7}$	有效 ϕ4 以上	$50\Omega \sim 100\Omega$	300
InSb	光伏	3 ~ 5	$0.5 \times 1.6 \times 10^{11}$	$< 10^{-8}$	0.3 ~ 30	$1k\Omega \sim 10k\Omega$	77
HgCdTe	光伏	7 ~ 14	$0.1 \sim 1 \times 10^{10}$	$< 5 \times 10^{-9}$	0.01 ~ 0.2	$30k\Omega \sim 100k\Omega$	77
HgCdTe	光导	8 ~ 14	$0.5 \sim 1 \times 10^8$	$< 10^{-6}$	0.1 ~ 0.2	$50k\Omega \sim 100k\Omega$	193
HgCdTe	光导 （浸没）	2 ~ 5	$0.5 \sim 1 \times 10^{10}$	$< 10^{-6}$	有效 ϕ4	$300k\Omega \sim 10^3 k\Omega$	300
HgCdTe	光导	2 ~ 5	$2 \sim 5 \times 10^9$	$< 10^{-6}$	0.5	$300k\Omega \sim 10^3 k\Omega$	253
PbSnTe	光伏	8 ~ 14	$0.1 \sim 1 \times 10^{10}$	$< 10^{-8}$	0.3 ~ 1	$20k\Omega \sim 50k\Omega$	77
Ge: Hg	光导	6 ~ 14	$2 \sim 4 \times 10^{10}$	$< 10^{-7}$	0.1 ~ 10	$10^2 k\Omega \sim 10^3 k\Omega$	38

表 A3 – 10　国外某些探测器的性能

探测器材料	工作模式	响应波段 $\Delta\lambda/\mu m$	峰值波长 $\lambda_p/\mu m$	峰值比探测率 $D_{\lambda p}/(cm \cdot Hz^{1/2} \cdot W^{-1})$	上升时间 $\tau/\mu s$	工作温度 T/K
热　电						
钽酸锂（LiTaO$_3$）	热释电	0.2 ~ 500		3×10^8	10^4 s	300
高莱管	气动	0.4 ~ 1000		10^{10}	2×10^4 s	300
铌酸锶钡（SBN）	热释电	2 ~ 20		$10^8 \sim 5 \times 10^2$	5×10^4	300
硫酸三甘肽（TGS）	热释电	0.1 ~ 300		10^9	10^4	300
热敏电阻	热敏	0.1 ~ 300		2.5×10^3	1.5×10^3	300
半　导　体						
硫化铅（PbS）	光导	1 ~ 3.5	2.4	8×10^{10}	200	300
硫化铅（PbS）	光导	1 ~ 4	2.6	2×10^{11}	1×10^3	195
硫化铅（PbS）	光导	1 ~ 4.5	3	2×10^{11}	1×10^3	77
硒化铅（PbSe）	光导	1 ~ 5	4	2×10^9	< 3	300
硒化铅（PbSe）	光导	1 ~ 6	4.5	2×10^{10}	30	195
硒化铅（PbSe）	光导	1 ~ 7	5	1.5×10^{10}	50	77
锑化铟（InSb）	光伏	1 ~ 6	5	$(1 \sim 3) \times 10^{11}$	0.02 ~ 0.2	77
碲锡铅（PbSnTe）	光伏	1 ~ 14	10	2×10^{10}	1	77
碲镉汞（HgCdTd）	光伏	1 ~ 24	4 ~ 21	3×10^{10}	0.05 ~ 0.5	77
锗						
本征锗（Ge）		0.5 ~ 1.6	1.5	10^{12}	0.02	243
锗掺金（Ge:Au）	光导	1 ~ 10	5	10^{10}	0.01 ~ 0.1	77
锗掺汞（Ge:Hg）	光导	1 ~ 14.5	10	$(1 \sim 2) \times 10^{10}$	0.01 ~ 0.1	5
锗掺铜（Ge:Cu）	光导	1 ~ 31	12,21	2×10^{10}	0.01 ~ 0.1	5
锗掺镉（Ge:Cd）	光导	1 ~ 24	19	$(2 \sim 3) \times 10^{10}$	0.01 ~ 0.1	5
锗掺锌（Ge:Zn）	光导	1 ~ 41	39	$(1 \sim 2) \times 10^{10}$	0.01 ~ 0.1	5
锗掺镓（Ge:Ga）	光导	1 ~ 150	100	2×10^{10}	< 1	4
硅						
本征硅（Si）	光伏	0.5 ~ 1.05	0.84	$(1 \sim 5) \times 10^{12}$	< 1	300
硅掺锌（Si:Zn）	光导	1 ~ 3.3	2.5	10^{11}	< 1	212

附录Ⅳ　成像器件参数表

表 A4-1　典型光阴极像管特性参数

型　号	材　料	峰值波长 /nm	峰值量子效率 /%	峰值灵敏度 /(mA/W)	积分灵敏度 （μA/lm）	暗电流(25℃) （fA/cm²）
S-1	Ag-O-Cs	800	0.43	2.8	30	900
S-20	Na₂KSb[Cs]	420	18.8	64	200	0.3
S-25	Na₂KSb[Cs]	420	12.7	43	250	1

表 A4-2　典型荧光粉像管特性参数

型　号	材　料	峰值波长/nm	半宽波长/nm	发光效率/(lm/W)	发光颜色	余辉/ms
$Y_8(K_{11})$	ZnS:Ag	460	425~489	28.4	蓝	0.22
$Y_{14}(P_{31})$	ZnS:Cu	528	495~568	77.9	黄绿	0.1
$Y_{21}(P_{20})$	(Zn,Cd)S:Ag	540	501~585	91	黄绿	0.66
$Y_7(K_{49})$	(Zn,Cd)S:Ag	540	503~588	90.5	黄绿	0.5
$Y_{12}(K_{40})$	Zn(S,Se)Cu	550	503~596	67.8	黄绿	0.6

表 A4-3　典型变像管特性参数

型　号 参　数	倒像管 6929	倒像管 6914	选通管 2561
光阴极材料	S-1	S-1	S-20
光阴极灵敏度/（μA/lm）	30	30	≥250
红外响应/（mA/W）			
800nm	2.8	2.8	15~30
850nm			10~25
荧光屏材料			P-20
放大率	0.75	0.75	0.96~1.0
转换系数或增益	≥10	≥10	≥100
最低中心分辨率/（lp/mm）	50	50	60
最低边缘分辨率/（lp/mm）	12	12	50

型 号 参 数	倒像管 6929	倒像管 6914	选通管 2561
MTF/%			
2.5 lp/mm			≥ 95%
16lp/mm			≥65%
25lp/mm			≥ 50%
35lp/mm			≥30 %
最大畸变			≥5 %
等效背景照度/ulx			0.2
工作电压/kV	12	16	15
长度/英寸	2.30	2.90	3.22
直径/英寸	1.35	1.90	1.88
注:1 英寸 =2.54cm			

表 A4 - 4　第一代、第二代和第三代像增强器特性参数

参 数		第一代像增强器 三级级联	第二代像增强器		第三代像增强器 NEA 光阴极倒像管
			倒像管	近贴式	
长度(光阴极至荧光屏)/mm		190	40	30	101
外径(包括电源外套)/mm		70	52	43	66
图像直径/mm		25	18	18	38.8
重量(包括电源)/g		880	140	106	850
最小光阴极 灵敏度	白光/(μA/lm)	220	225	240	320
	0.8μm/(μA/W)	15	15	10	32
	0.85μm/(μA/W)	6	6	6	18
极限分辨率 /(lp/mm)	像面中心	25	38	22 ~ 28	25
	像面边缘	23	38	22 ~ 28	25
MTF/%	5lp/mm	83	92	85	(2.2lp/mm)95
	20lp/mm	30	43	18	(16lp/mm)28
在像面直径80%处的畸变/%		22	14	–	16
增益(倍)		$(2 \sim 5) \times 10^4$	连续可调至10^5	连续可调至1.5×10^4	$(4.8 \sim 9.6) \times 10^4$
防强光		否	可	可	可
最低可探测的照度		2.5×10^{-6}	10^{-5}	10^{-5}	$<10^{-5}$

表 A4 - 5　摄像管特性参数

管类型	灵敏度 /(μA/lm)	极限分辨率 (电视行)	ν	光谱范围/μm	第三场 残余信号/%	暗电流/nA
PbO 管	400	750	≈ 1	可见光	< 10	< 1
硅靶管	4350	600	1	0.4 ~ 1.1	< 10	10 ~ 50
CdSe 异质	2760	750	0.9 ~ 0.95	峰值(0.65 ~ 0.85)	< 10	≤ 1
结靶管	4×10^5	600	1	可见光	< 10	10 ~ 50
SIT 管	4×10^4	600/cm	≈ 1	决定于光阴极	< 10	–
SEC 管				决定于光阴极		

表 A4 - 6　　几种典型面阵 CCD 的参数

型号＼参数	光敏单元尺寸 /μm	分辨单元数	饱和曝光量 /(μJ/cm²)	暗电流/nA	感光度	生产厂家（公司）
IT—CCD	23H×13.5V	384×490	—	0.5	F1.4 250lx	日电
IT—CCD	36H×14V	245×492	—	1—2	F1.4 250lx	索尼
FT—CCD	12H×14V	570×488	—	1—2	F1.4 500lx	
IT—CCD	22H×13V	492×400	—	0.4	F1.4 350lx	东芝
IT—CCD	23H×13.5V	385×488	—	1	—	夏普
MOS	23H×13.5V	384×485	—	0.1	F1.4 500lx	日立
MEC IT—CCD	24H×14V	379×502	—	—	—	松下
CPD	24H×28V 24H×14V	384×485	—	—	F1.4 400lx	
N—CCD （2/3 英寸）	24H×14V	404×506	—	—	F1.4 100lx	
N—CCD （1/2 英寸）	17.2H×10V	404×506	—	—	—	
NXA1011（A）	15.6H×10V	576×604	—	—	—	飞利浦
NXA1031（A）	18.6H×9V	490×610	—	—	—	
RCASID 52501	30H×10V	510×320	0.4	—	—	美国 RCA
VS1024	12H×12V	1024×1024	—	—	—	FordAcro
RAO256BAG011	40H×40V	256×256	0.4	—	—	EG&G
CCD211	12H×18V	488×380	—	—	—	仙童
TC242（A）	—	486×774	—	—	—	Texas Instr

注：1 英寸 =2.54cm

表 A4-7　红外 CCD 的研制水平表

型号	探测器材料	元件数	单元器件尺寸/μm²	响应波长/μm	背景光密度/(光子/s·cm²)	工作温度/K	$D_{A*}(\lambda_p f_1)$/(cm·Hz$^{1/2}$·W^{-1})	积分时间/ms	时钟频率/kHz	转移效率
IRCCD	HgCdTe	32 / 16×4	41×41	4.5~4.2	FOV=20	77	$5.6×10^{12}$		100 / 200	0.9996~0.995
	InSb	20	35×32	-5.3	10^{12}	65 / 77	$6.4×10^{11}$	5	100	0.995
IRCCD	HgCdTe	32×16	41×41	4.2~5.5				2.9		0.995~0.9999
	HgCdTe	20	35×32	0~4.45	FOV=30	60~77		0.8	100	0.98
	HgCdTe	32×32 / 8×8		0~4.8		77	$3.5×10^{11}$	0.6	$1.6×10^3$	0.995
IRCID	InSb	64 / 32×32	43×56	0~4.8	$4.7×10^{14}$	77	$3.4×10^{11}$	2.3	445	
		32 / 16×24	100×100 / 51×51	4.12	$8.5×10^{18}$		$2.9×10^{11}$			
		32 / 8×8	200×200	0~4.8			$3×10^{11}$ / $5×10^{10}$			0.97
	HgCdTe			0~4.3		200 / 472				
				0~12		77				
光伏阵列+SiCCD	InSb	32×32	90×90	0~5	$2×10^{12}$	80	$5×10^{12}$	17	256	
	InAsSb	32×32	0~3.95	0~3.95	$3×10^{12}$ / $2×10^{14}$		$1.5×10^{12}$ / $6×10^{12}$			
	PbSnTe	6	50×50	0~10		77 / 60	$2×10^{10}$ / $5×10^{10}$	10^4	$2×10^3$	0.9997
非本征 CCD	Si(In)	2×32 / 32×32	25×50 / 100×100	0~8 / 0~8		60			25	
		22×96		0~8		45~55				
	Si(Ga)	32×16		0~8		18				
		32×96 / 32×16		0~18 / 0~18		20~25				
肖特基势垒	Pt-Si	256 / 25×50	10×200 / 43×43	1.2~4.6		80	$2.4×10^9$ / $6.6×10^8$	30		0.99998

表 A4 – 8　几种典型线阵 ICCD 的特性参数

型号	像敏单元数	像元尺寸/μm²	响应度/(V/lx·s)	饱和曝光量/(lx·s)	饱和输出电压/V	像敏单元不均匀度/%	暗信号电压/mV	总传输效率/%	输出阻抗/kΩ	直流功率损耗/mW	动态范围	驱动频率/MHz	特　点
TCD101C	1728	15×15	0.6	0.83	0.5	±10	0.8	95	1.7	29	600	1.0	单路输出
TCD102C	2048	14×14	1.08	1.0	1.0	±10	10	95	0.9	30	600	1.0	有采样保持电路
TCD102D	2048	14×14	1.08	1.0	1.0	10	1.8	95	0.9	30	600	1.0	有采样保持电路
TCD103C	2592	11×11	1.05	1.05	1.0	±10	1.8	95	0.5	100	600	2.5	单路输出
TCD106C	5000	7×7	1.2	0.83	1.0	20	2.0	95	0.4	150	500	1.0	单、双路两种方式输出
TCD132D	1023	14×14	12	0.25	3.0	10	15	92	1.0			1.0	内有驱动器，采样保持电路
TCD142D	2048	14×14	6.0	0.25	1.5	10	1.5	92	1.0	45	1500	2.0	单路输出
MN3660	2048	14×14		0.5	0.7	20	0.5	90				10.0	单路输出，有采保
MN3664	5000	7×7	0.38	0.4	0.8	20	0.4	90				7.0	双路输出
μPD3573	2048	14×14	20.4	0.3	2.0	10	3.0		0.5	30		2.0	单路输出
μPD3571	5000	7×7	1.5	1.0	2.0	±10	2.0		0.5	100		24	双路输出
RL1024D	1024	13×13	2.3	47 μJ/cm²	1.3	3	0.5		2.0	126	13000	20	双路输出
RL1284D	512	18×18	2.4	0.45	1.5	±5	1.0		1.5	600	7500	15	双路输出

参 考 文 献

［1］张彤. 光电接收器件及其应用. 北京:高等教育出版社,1987.
［2］张彤. 光电成像器件及其应用. 北京:高等教育出版社,1987.
［3］康华光. 电子技术基础(模拟部分). 第4版. 北京:高等教育出版社,2006.
［4］童诗白. 电子技术基础(上册). 北京:人民教育出版社,1980.
［5］华成英. 模拟电子技术基本教程. 北京:清华大学出版社,2007.
［6］华成英,童诗白. 模拟电子技术基础. 第4版. 北京:高等教育出版社,2006.
［7］李清泉,黄昌宁. 集成运算放大器原理及应用. 北京:科学出版社,1980.
［8］秦积荣. 光电检测原理及应用(上册). 北京:国防工业出版社,1985.
［9］刘贤德. CCD及其应用原理. 武汉:华中理工大学出版社,1990.
［10］安毓英. 光电子技术. 北京:电子工业出版社,2003.
［11］柳桂国. 检测技术及应用. 北京:电子工业出版社,2003.
［12］卢春生. 光电探测技术及应用. 北京:机械工业出版社,1992.
［13］曾庆勇. 微弱信号检测. 杭州:浙江大学出版社,1993.
［14］袁祥辉. 固体图像传感器及其应用. 重庆:重庆大学出版社,1992.
［15］王庆有. 光电技术. 第2版. 北京:电子工业出版社,2008.
［16］雷玉堂,王庆有,等. 光电检测技术. 北京:中国计量出版社,2006.
［17］唐文彦. 传感器. 第4版. 北京:机械工业出版社,2008.
［18］孙长库,叶声华. 激光测量技术. 天津:天津大学出版社,2000.
［19］冯其波. 光学测量技术与应用. 北京:清华大学出版社,2008.
［20］孙传友,孙晓斌. 感测技术基础. 北京:电子工业出版社,2007.
［21］威拉德森 R K,比尔 A C. 红外探测器.《激光与红外》编辑组,译. 北京:国防工业出版社,1973.
［22］[美]无线电公司. 光电学手册. 史斯,伍琐,译. 北京:国防工业出版社,1978.
［23］张记龙. 光电信息技术与应用. 北京:国防工业出版社,2008.
［24］Hovel H J. Semiconductors and Semimetals. New York：IBM Corporation. 1975.
［25］Palmer G,et al. Imple Neodymium Rod Fiber－Optic Temperature Sensor,Techncial Gigest OFC／OFS,1985. 142.
［26］Dils J J. Optical Fiber Teermomerty. J. Appl. Phys. 1973：1198.